Couture Knit

Couture Knit

Couture Knit

極/美/ *Couture Knit* 訂/製/

時尚棒針花樣典藏集

260款

時尚棒針花樣典藏集260款　序言

自2005年我的第一本花樣編精選集《Couture Knit時尚棒針花樣典藏集250款》出版後，轉眼間已經過了十個年頭。

若加上2009年開始出版的Couture Knit春夏特刊系列，至今已孕育出十七冊作品。這次，能夠有機會將其中的作品彙整為第二冊的棒針花樣編精選集，實在令我感到非常高興。

這次除了增加扇形花樣、圓形剪接（肩襠）外，緣飾的數量也增加了。無論看到哪款花樣，都讓我不禁回想起設計花樣時的點點滴滴，因此挑選花樣時總是猶豫不決。

如此精心挑選集結成冊的編織花樣集，若能成為讀者們編織時的靈感來源，那將是我最樂見而開心的事情。

當我構思花樣時，總是緊盯著某一個花樣。時而將花樣拆開分解，時而將花樣重新組合的試編過程中，眼看著當初構思的花樣不斷地產生變化，不由得更想看看接下來的發展，試編的雙手也因此而停不下來。設計編織的過程有時候很順利，當然，更多時候則是遭遇挫敗而嘆息。不過對我而言，這樣的過程非常重要，將來我還是會繼續懷著這種心情持續編織生涯。

感謝讀者們的熱情支持，讓我能夠順利的走上編織之路，今後，我會一邊感謝擁有持續編織的幸福，一邊一步一腳印的往前邁進。

最後，謹藉此篇幅向協助出版《極美訂製・時尚棒針花樣典藏集260款》的各位致上最深摯的謝意。

志田瞳

Contents

素材提供／ダイヤ毛糸株式会社

鏤空花樣
Lacy Patterns

將掛針與2併針或3併針等針法組合設計而成的鏤空花樣，
亦可加入玉針或皺褶繡般的圖案，結合各種花樣展現豐富的樣貌。

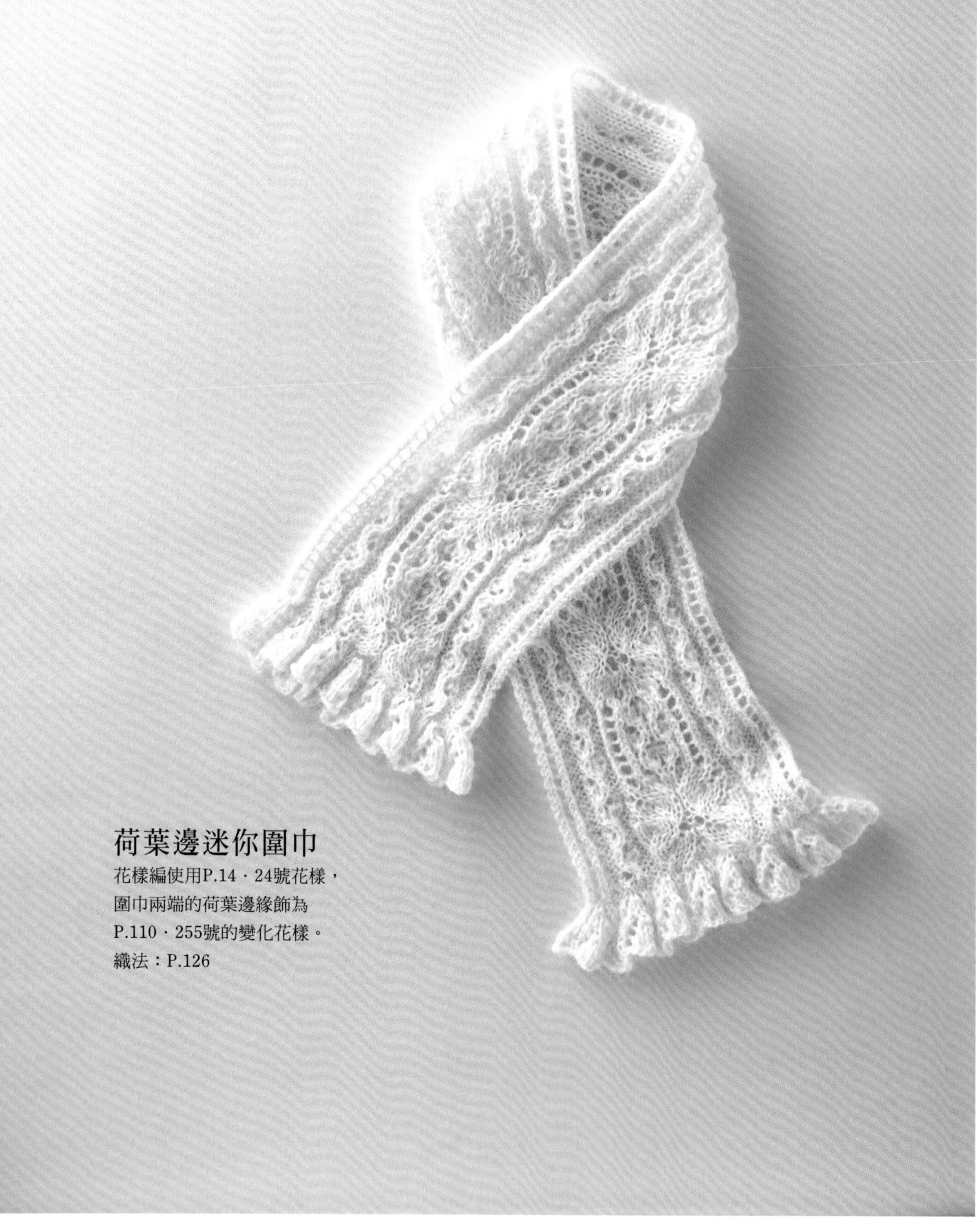

荷葉邊迷你圍巾

花樣編使用P.14．24號花樣，
圍巾兩端的荷葉邊緣飾為
P.110．255號的變化花樣。
織法：P.126

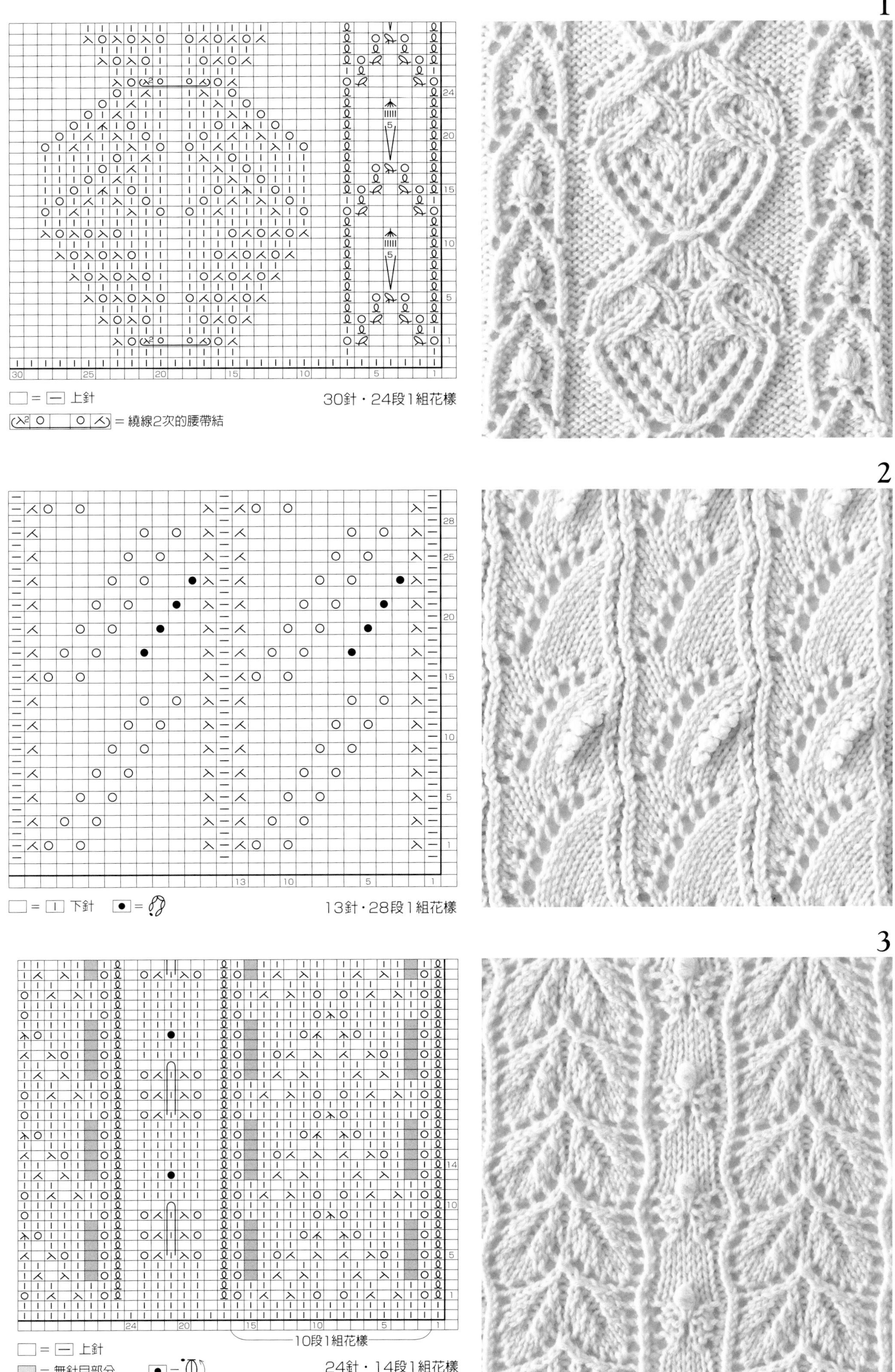
1
□ = ─ 上針
30針・24段1組花樣
= 繞線2次的腰帶結
2
□ = | 下針
13針・28段1組花樣
3
□ = ─ 上針
■ = 無針目部分
10段1組花樣
24針・14段1組花樣

4

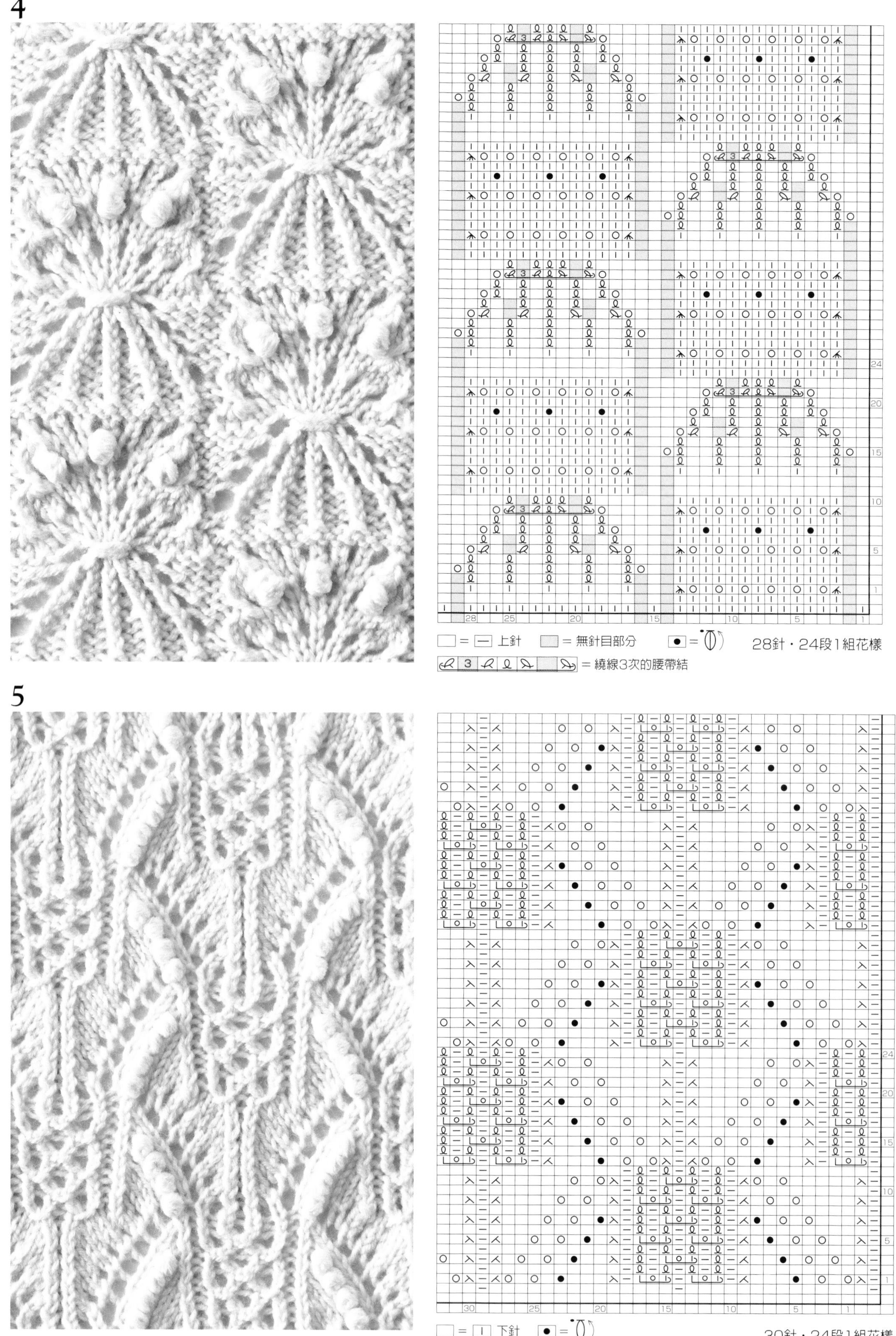
□ = ⊟ 上針　▒ = 無針目部分　● =
28針・24段1組花樣
= 繞線3次的腰帶結

5

□ = ▯ 下針　● =
30針・24段1組花樣

6

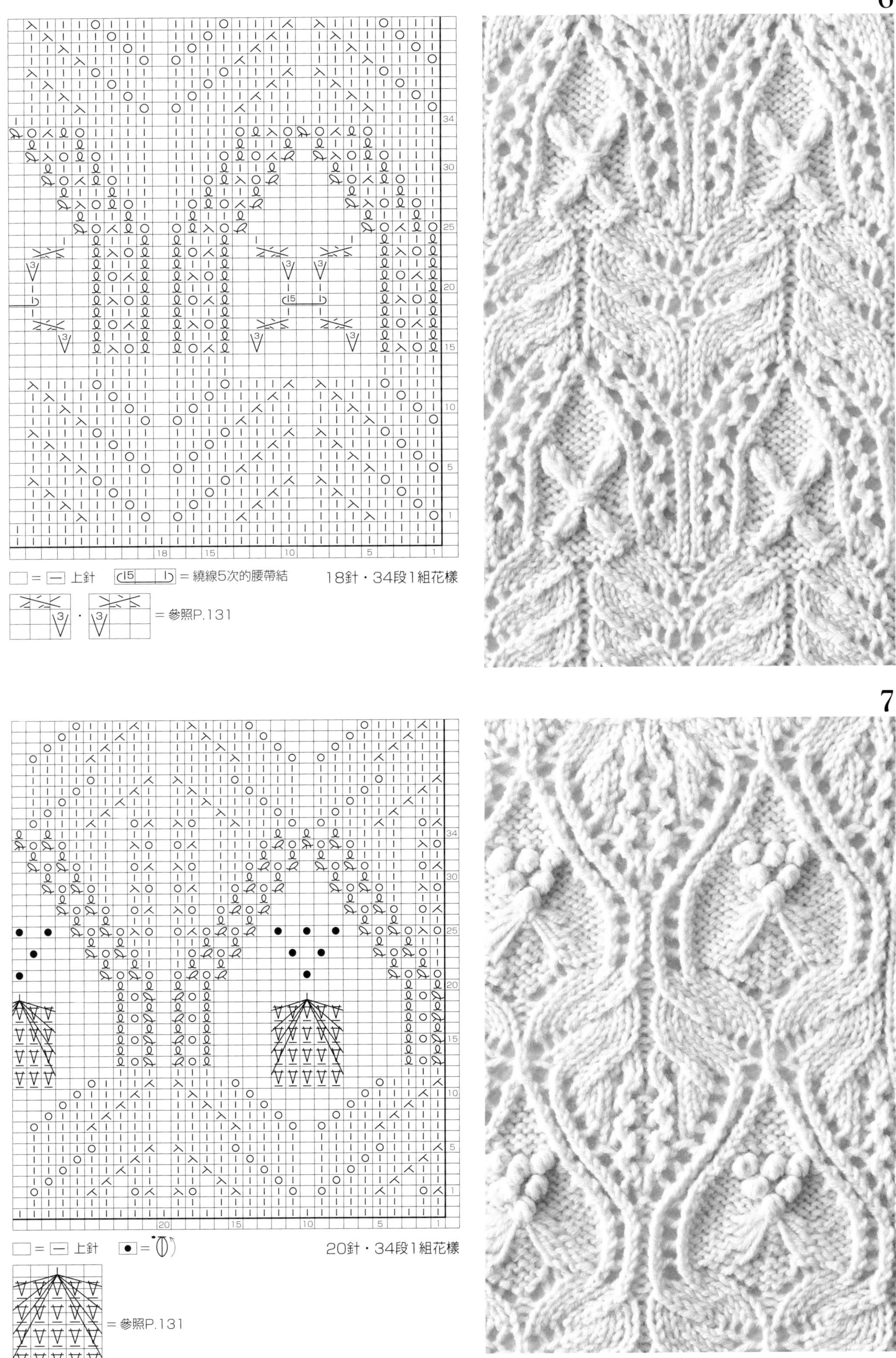

□＝□ 上針　(15)＝繞線5次的腰帶結　18針・34段1組花様

＝參照P.131

7

□＝□ 上針　●＝

20針・34段1組花様

＝參照P.131

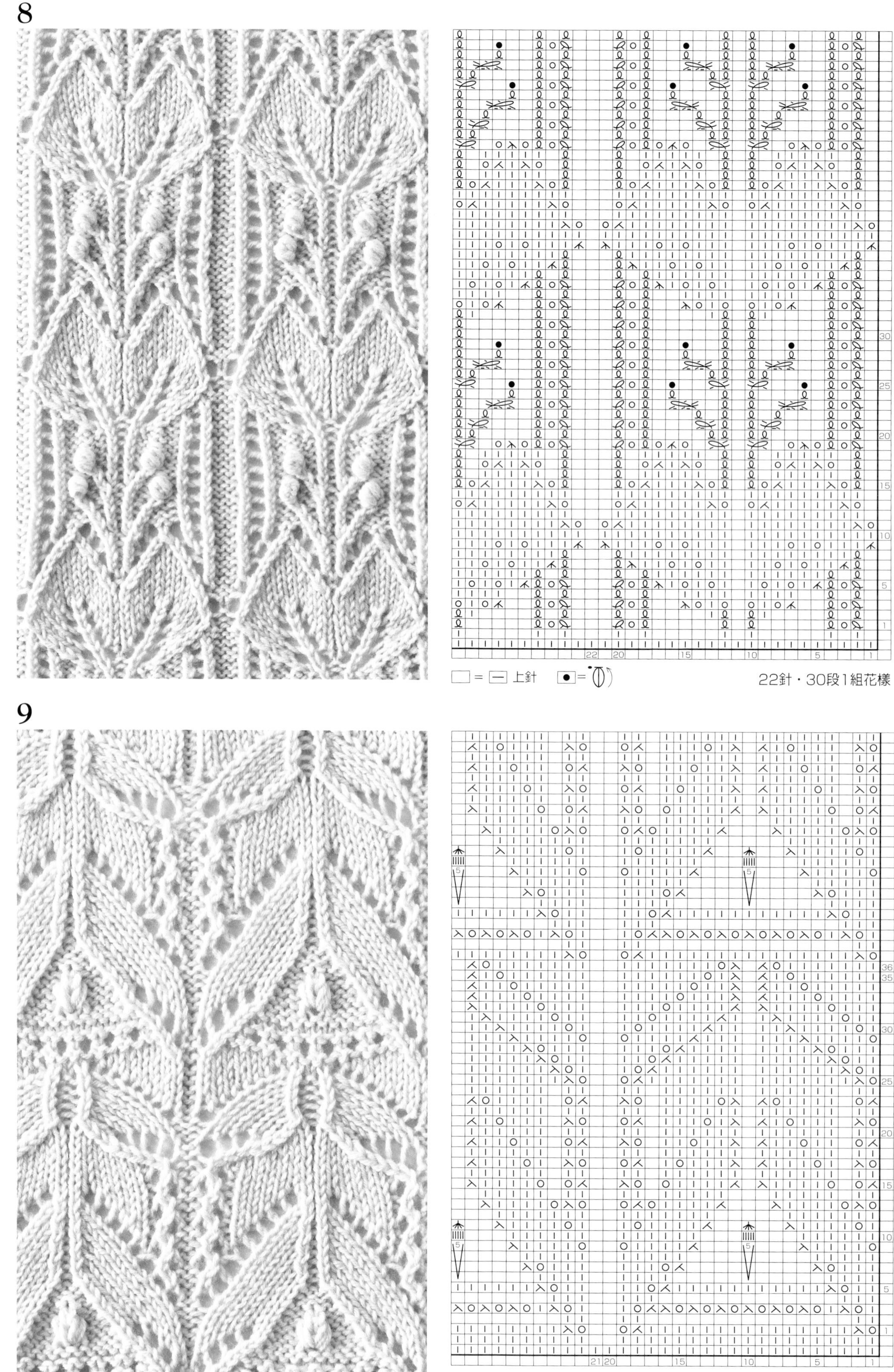
8
□ = ㊀ 上針
22針・30段1組花樣
9
□ = ㊀ 上針
21針・36段1組花樣

10

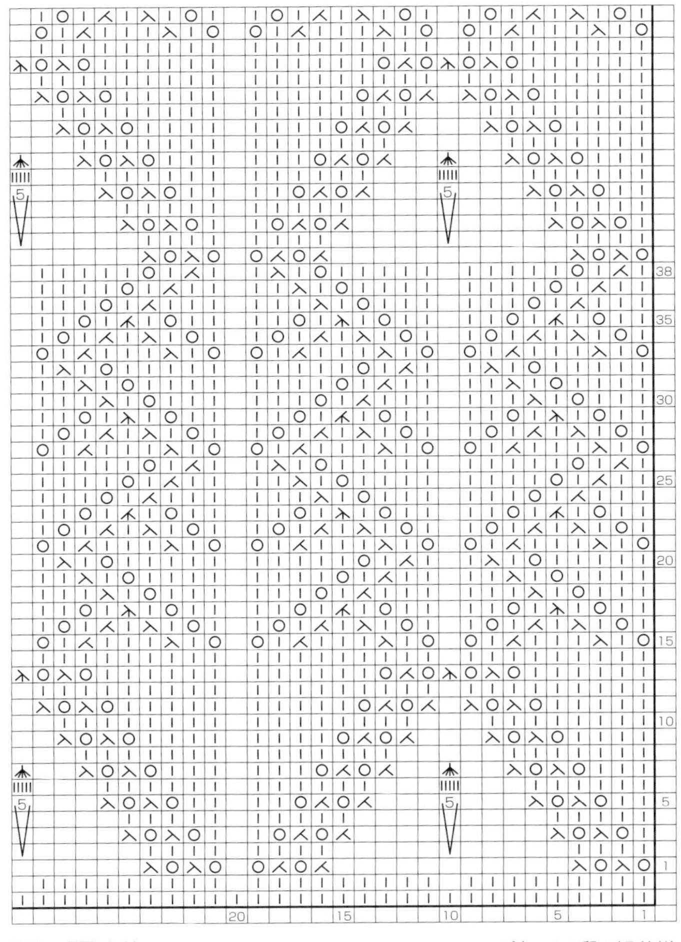

□ = ⊟ 上針

20針・38段1組花樣

11

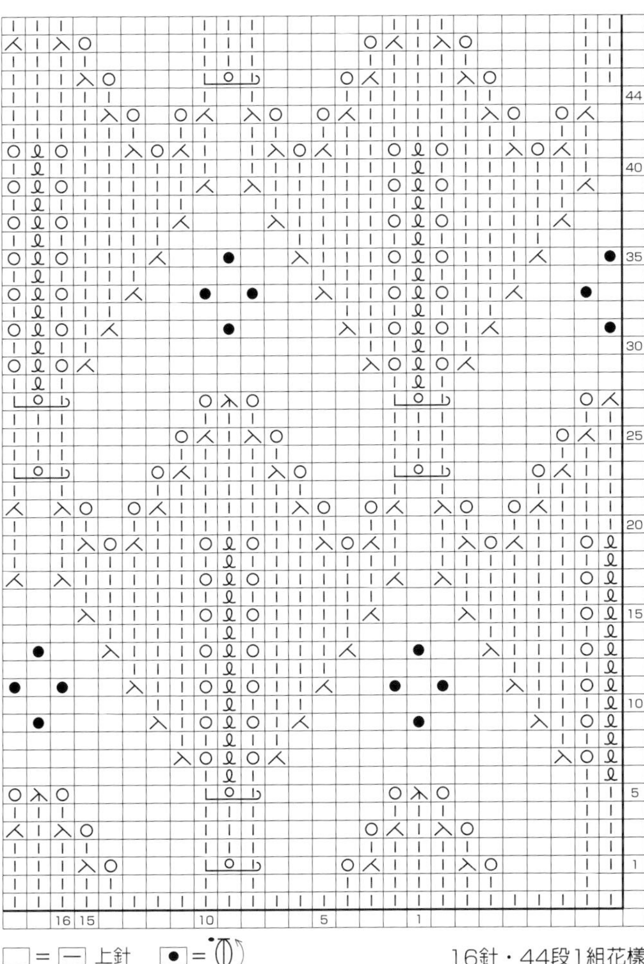

□ = ⊟ 上針　●=

16針・44段1組花樣

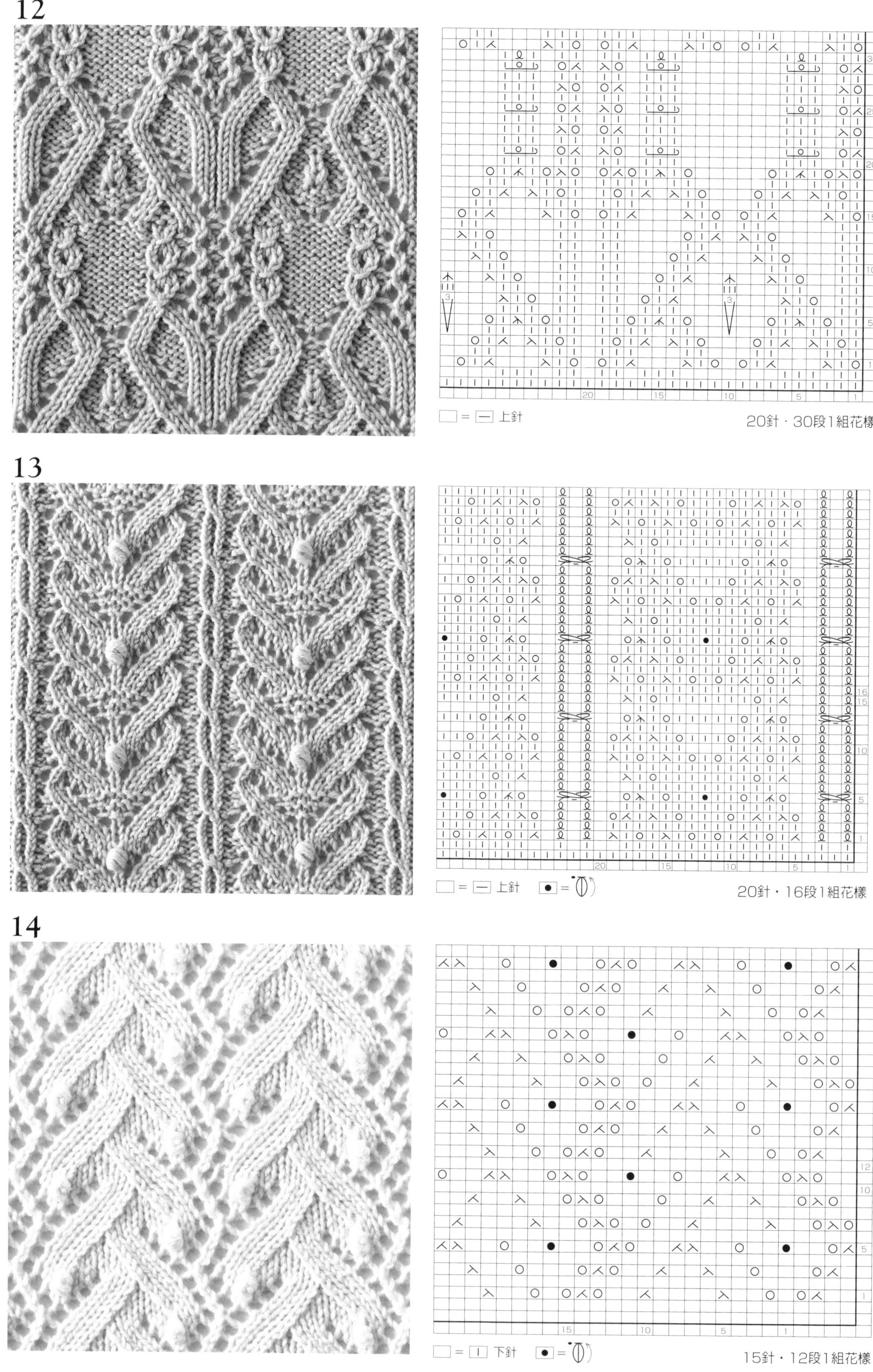
12
□ = ─ 上針
20針・30段1組花樣
13
□ = ─ 上針　● =
20針・16段1組花樣
14
□ = ｜ 下針　● =
15針・12段1組花樣

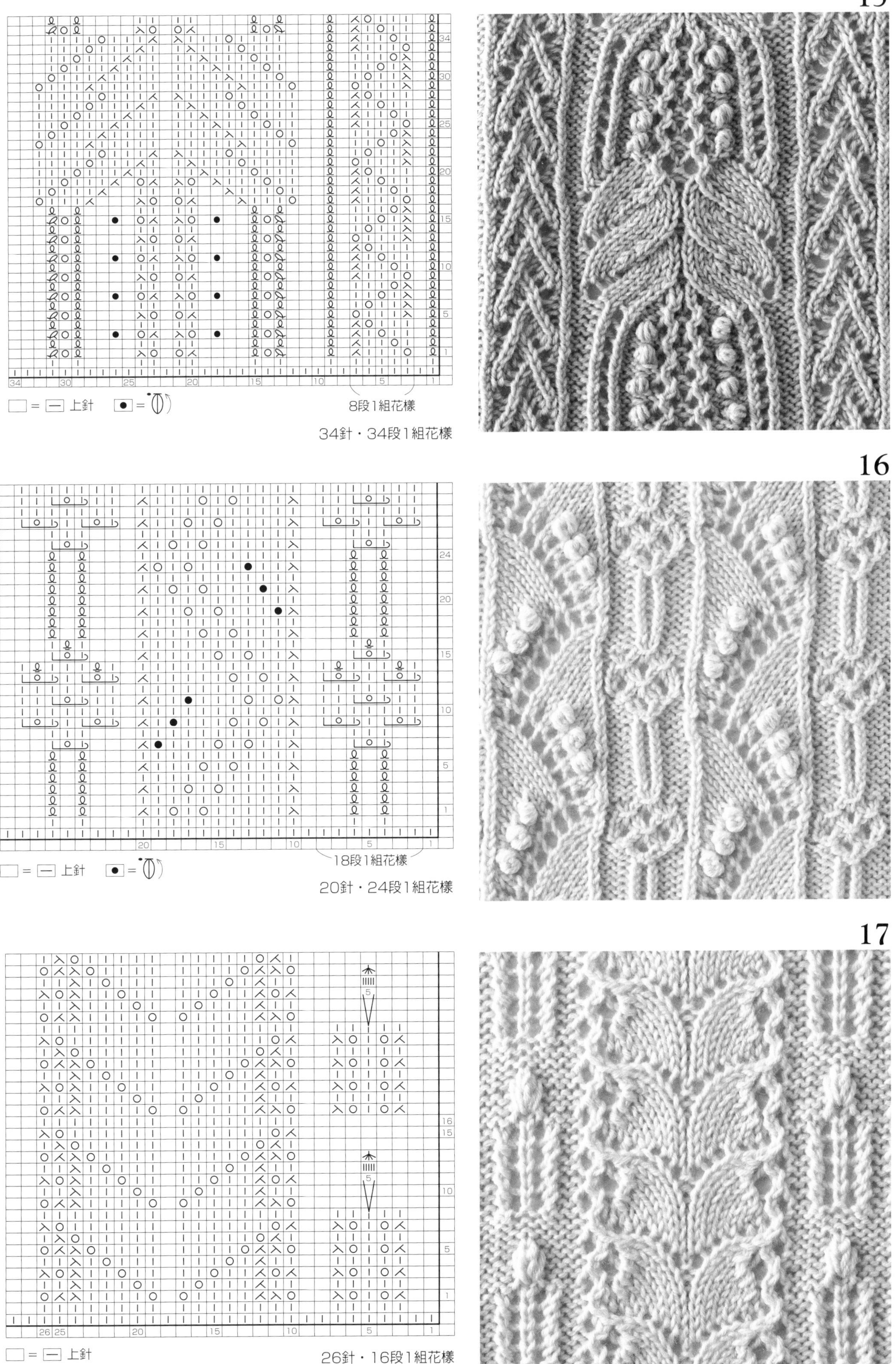
15
□ = ー 上針
8段1組花樣
34針・34段1組花樣
16
□ = ー 上針
18段1組花樣
20針・24段1組花樣
17
□ = ー 上針
26針・16段1組花樣

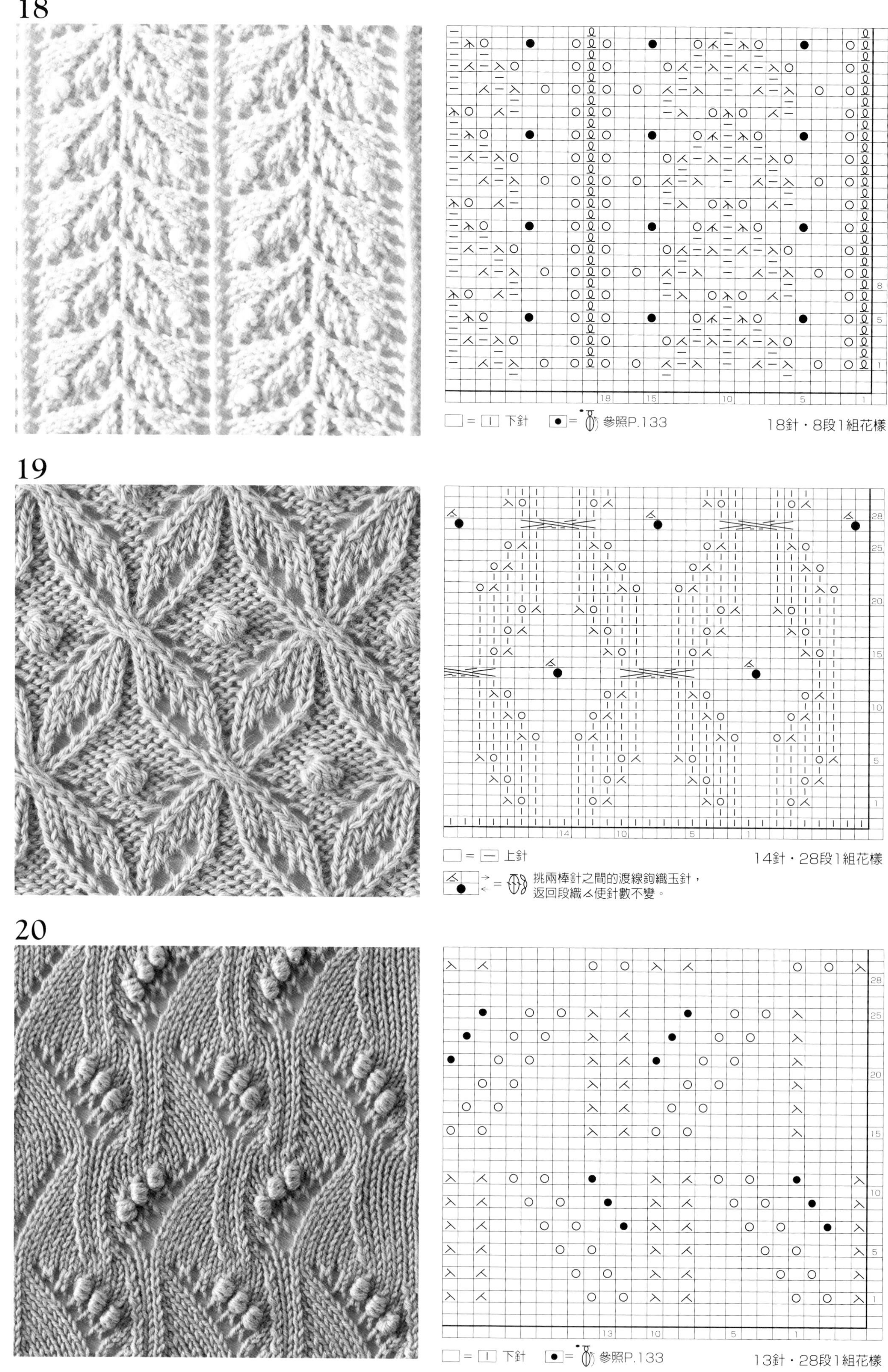
18
□ = ⏐ 下針
● = 參照P.133
18針・8段1組花樣
19
□ = ━ 上針
挑兩棒針之間的渡線鉤織玉針，
返回段織⋌使針數不變。
14針・28段1組花樣
20
□ = ⏐ 下針
● = 參照P.133
13針・28段1組花樣

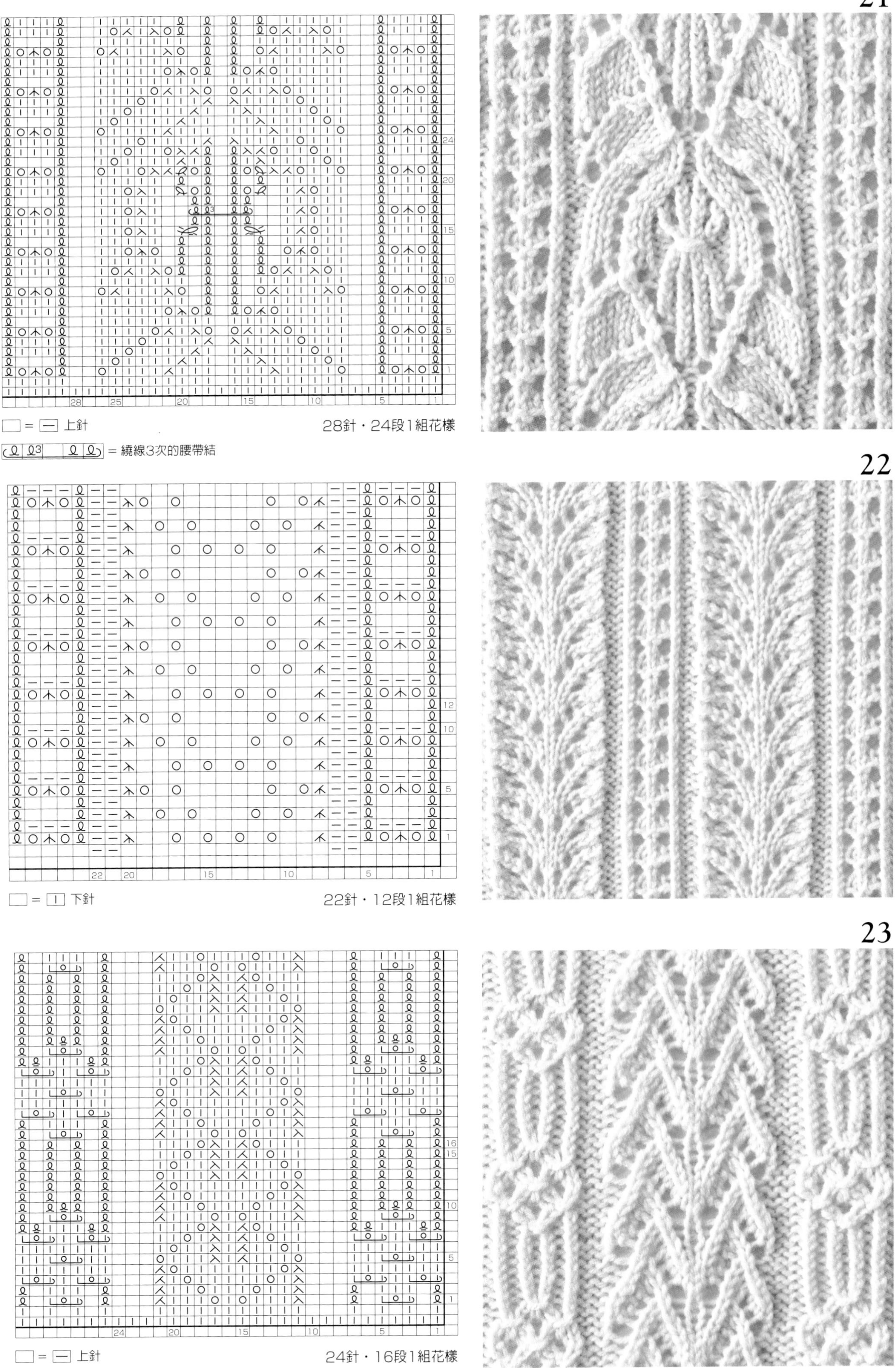
21
□ = ㊀ 上針
28針・24段1組花樣
= 繞線3次的腰帶結
22
□ = ① 下針
22針・12段1組花樣
23
□ = ㊀ 上針
24針・16段1組花樣

24

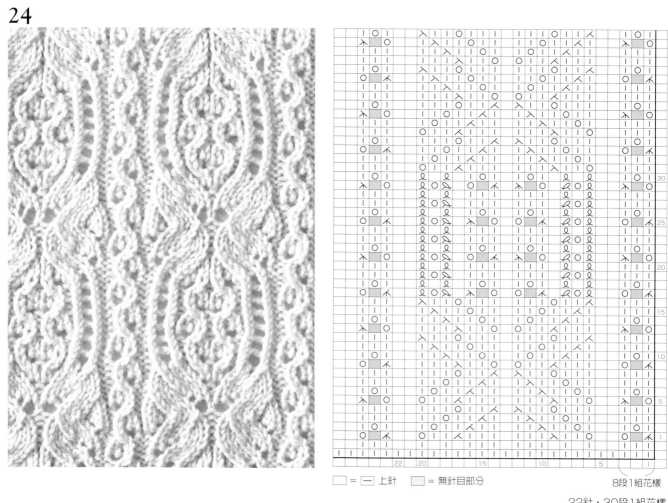

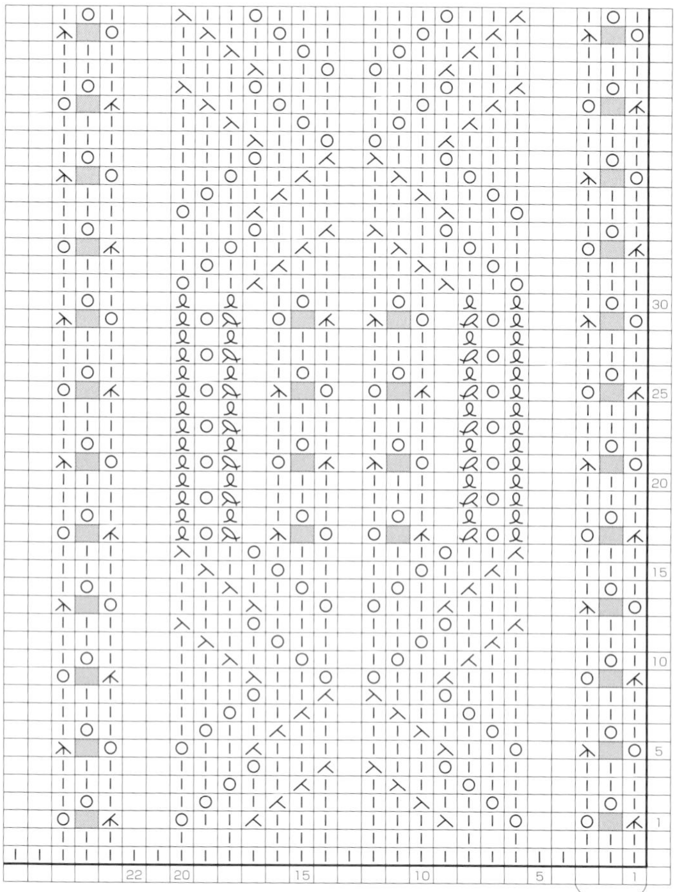

□ = 一 上針　▨ = 無針目部分

8段1組花樣

22針・30段1組花樣

25

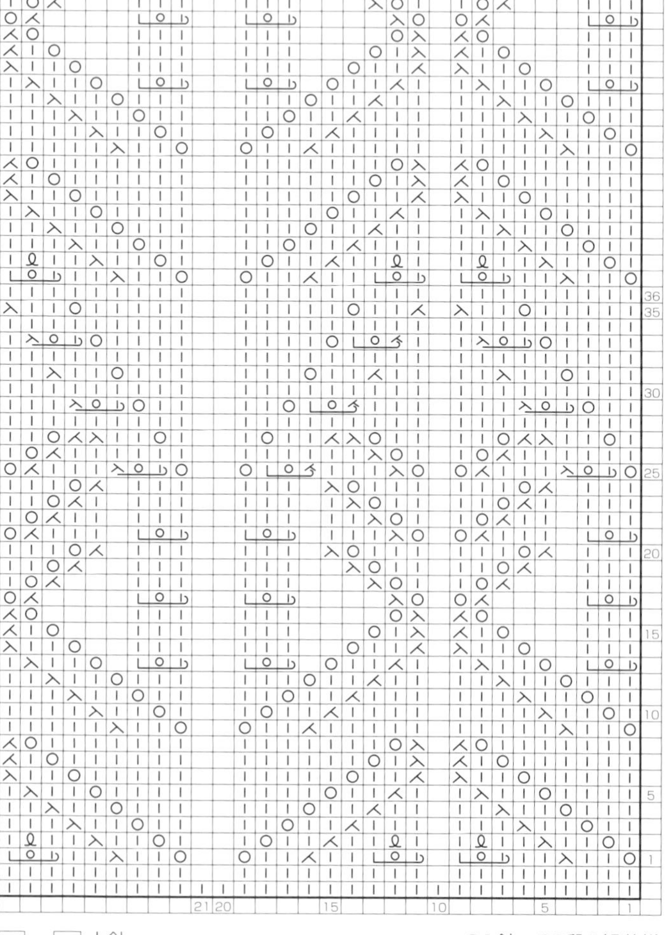

□ = 一 上針

21針・36段1組花樣

= 參照P.135

26

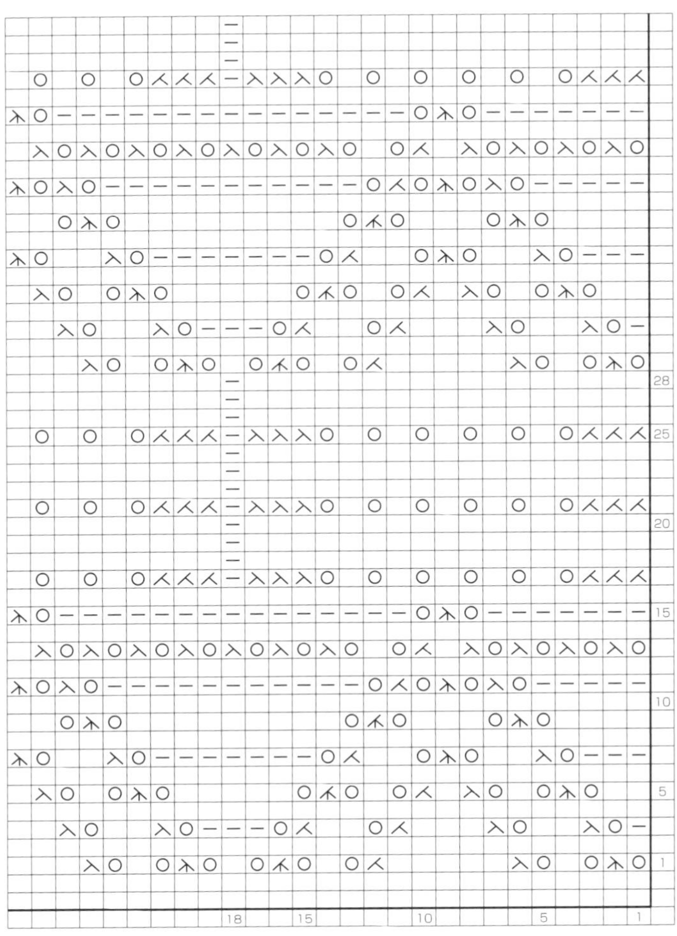

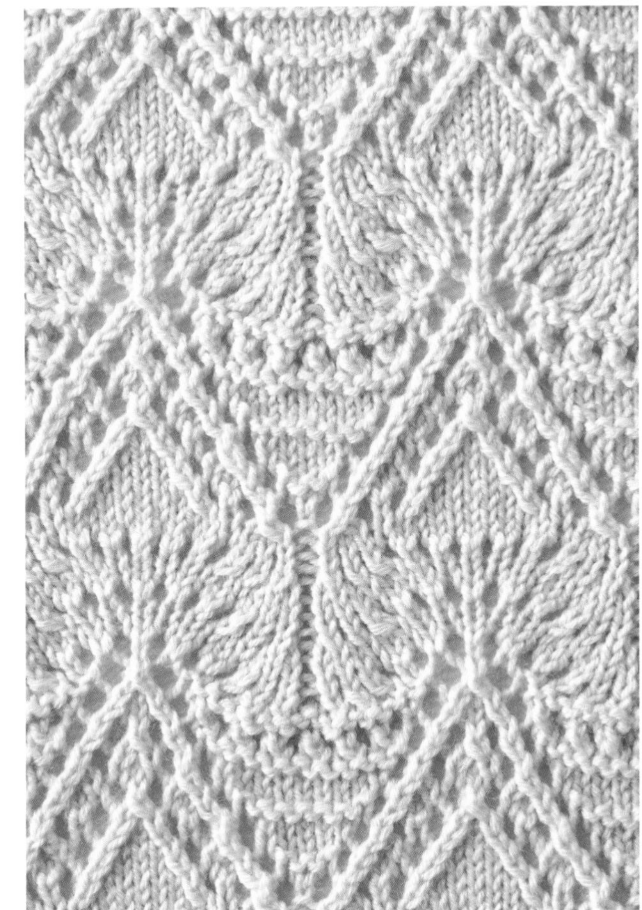

□ = ⏐ 下針

18針・28段1組花樣

27

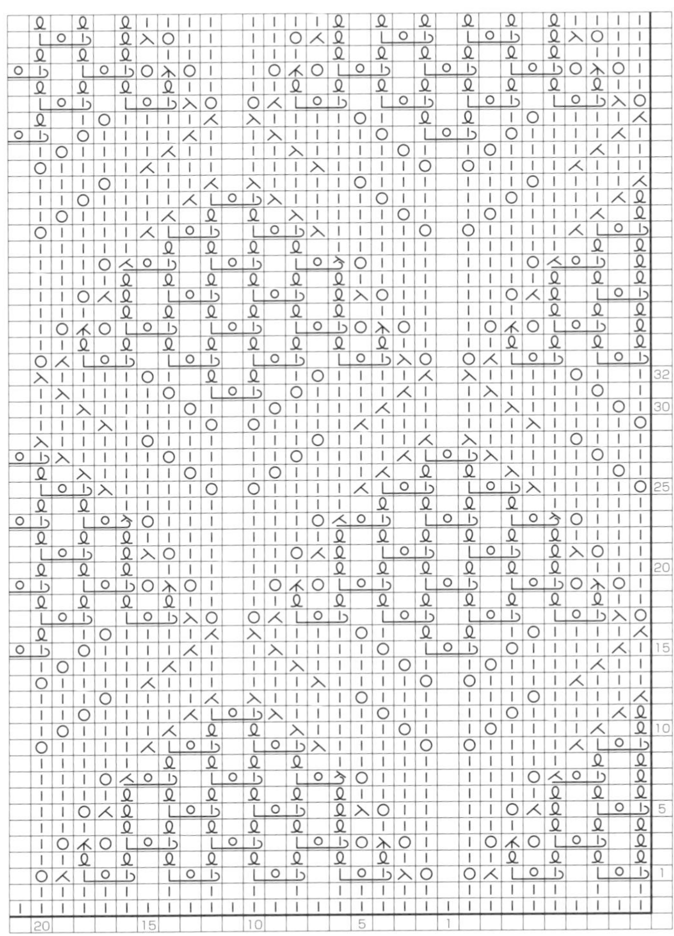

□ = ─ 上針

20針・32段1組花樣

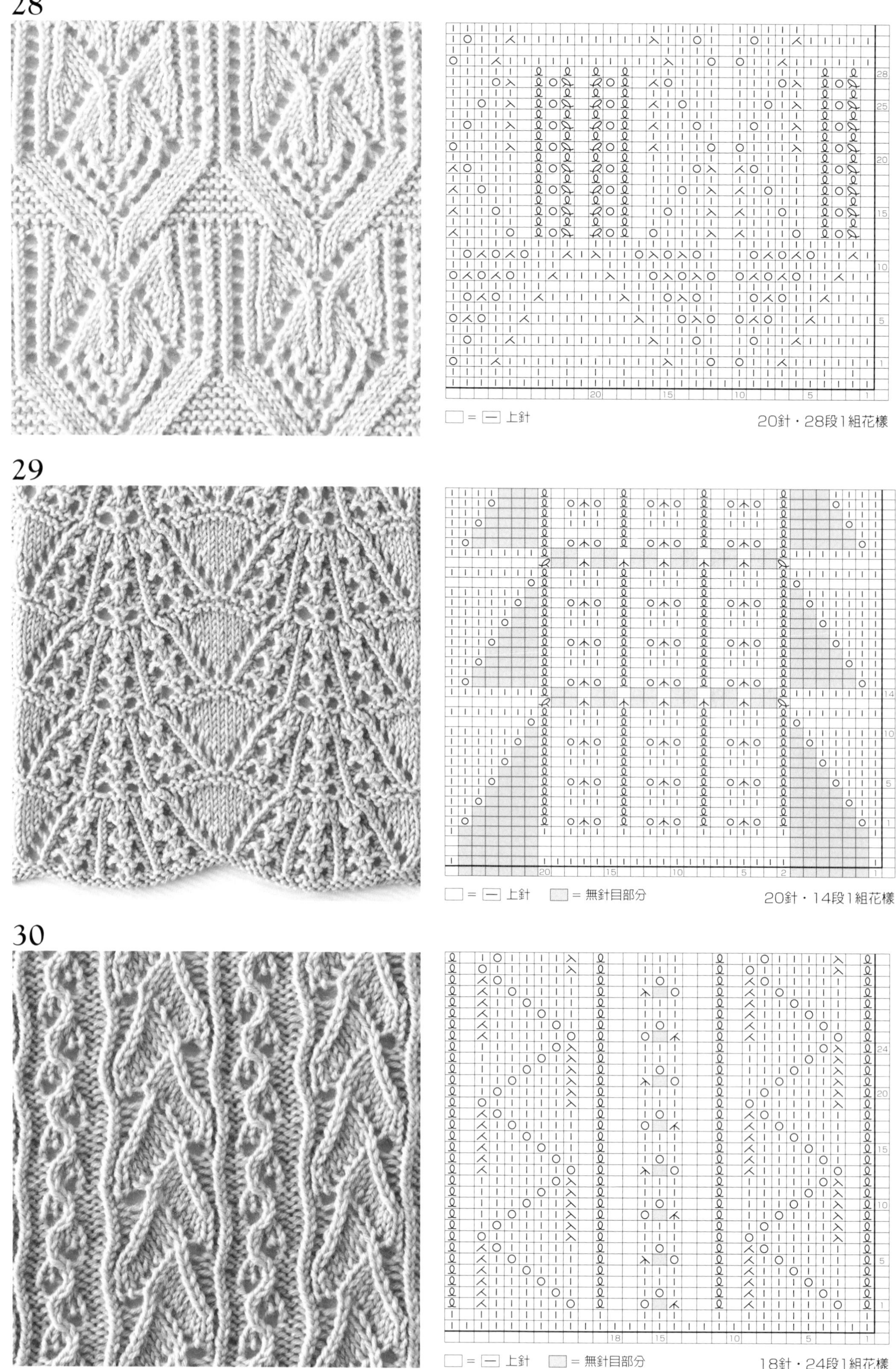

28

□ = ⊟ 上針

20針・28段1組花樣

29

□ = ⊟ 上針　▒ = 無針目部分

20針・14段1組花樣

30

□ = ⊟ 上針　▒ = 無針目部分

18針・24段1組花樣

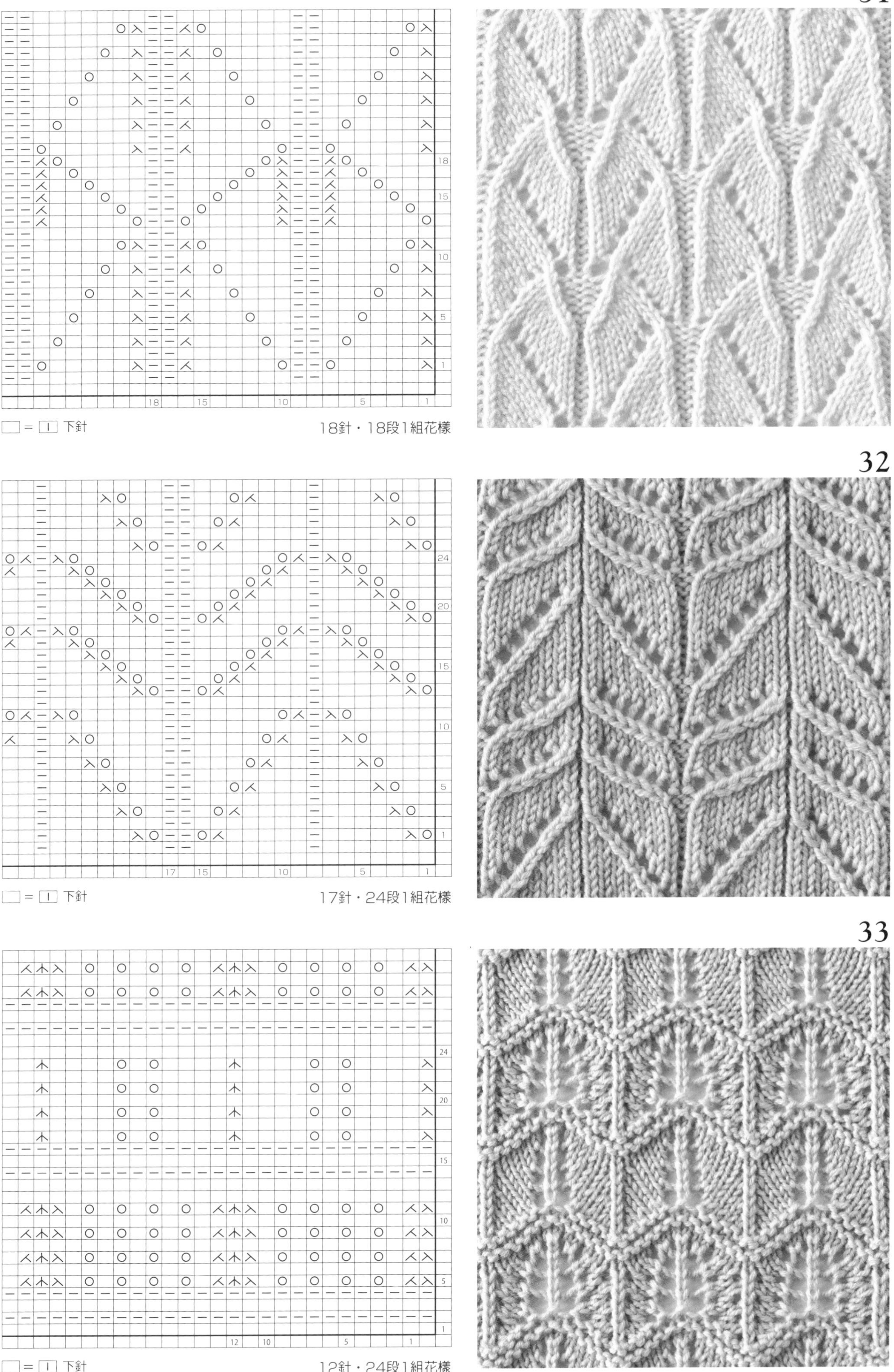

31

□ = [丨] 下針

18針・18段1組花樣

32

□ = [丨] 下針

17針・24段1組花樣

33

□ = [丨] 下針

12針・24段1組花樣

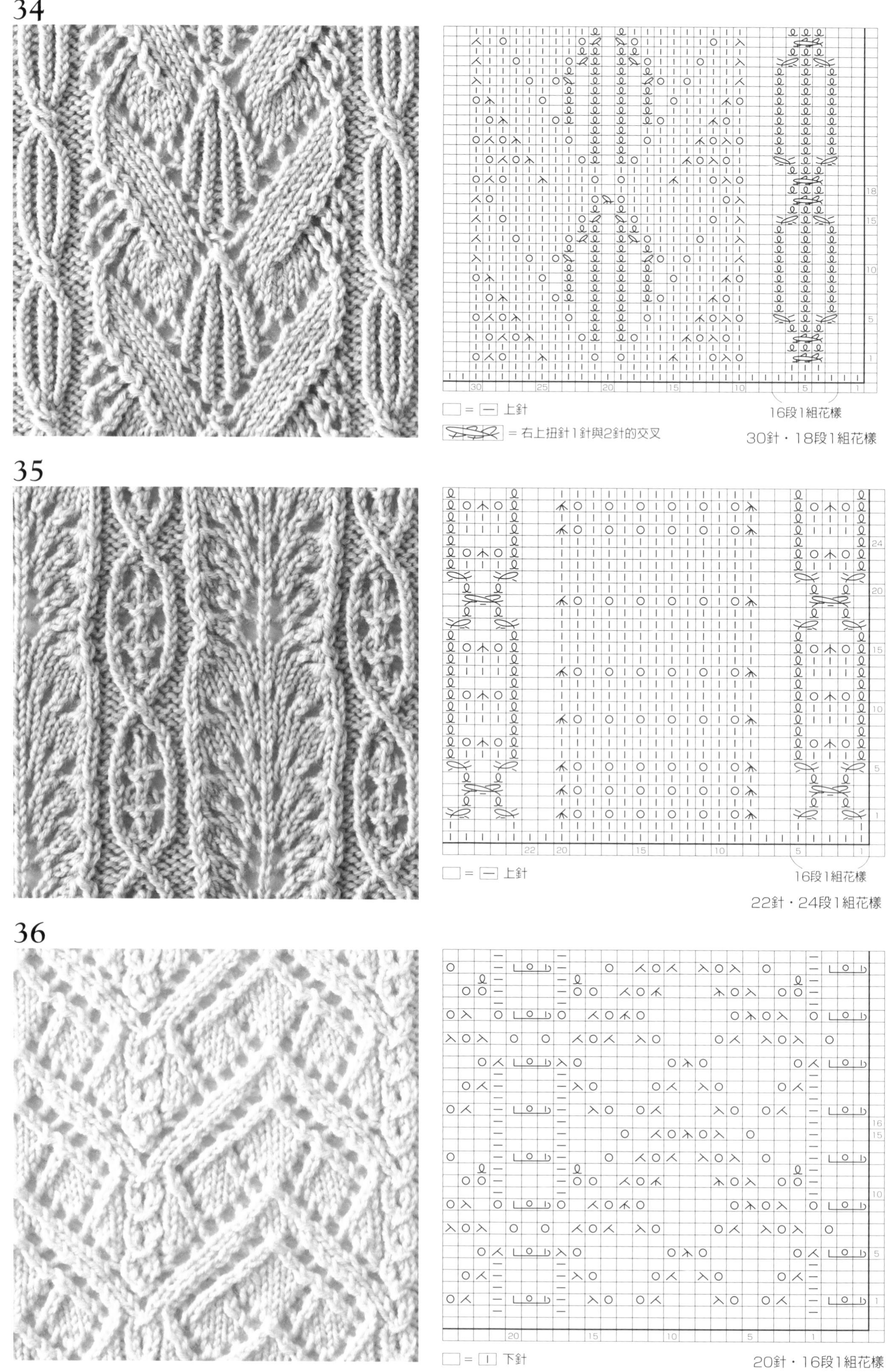
34
□ = ─ 上針
= 右上扭針1針與2針的交叉
16段1組花樣
30針・18段1組花樣
35
□ = ─ 上針
16段1組花樣
22針・24段1組花樣
36
□ = │ 下針
20針・16段1組花樣

37

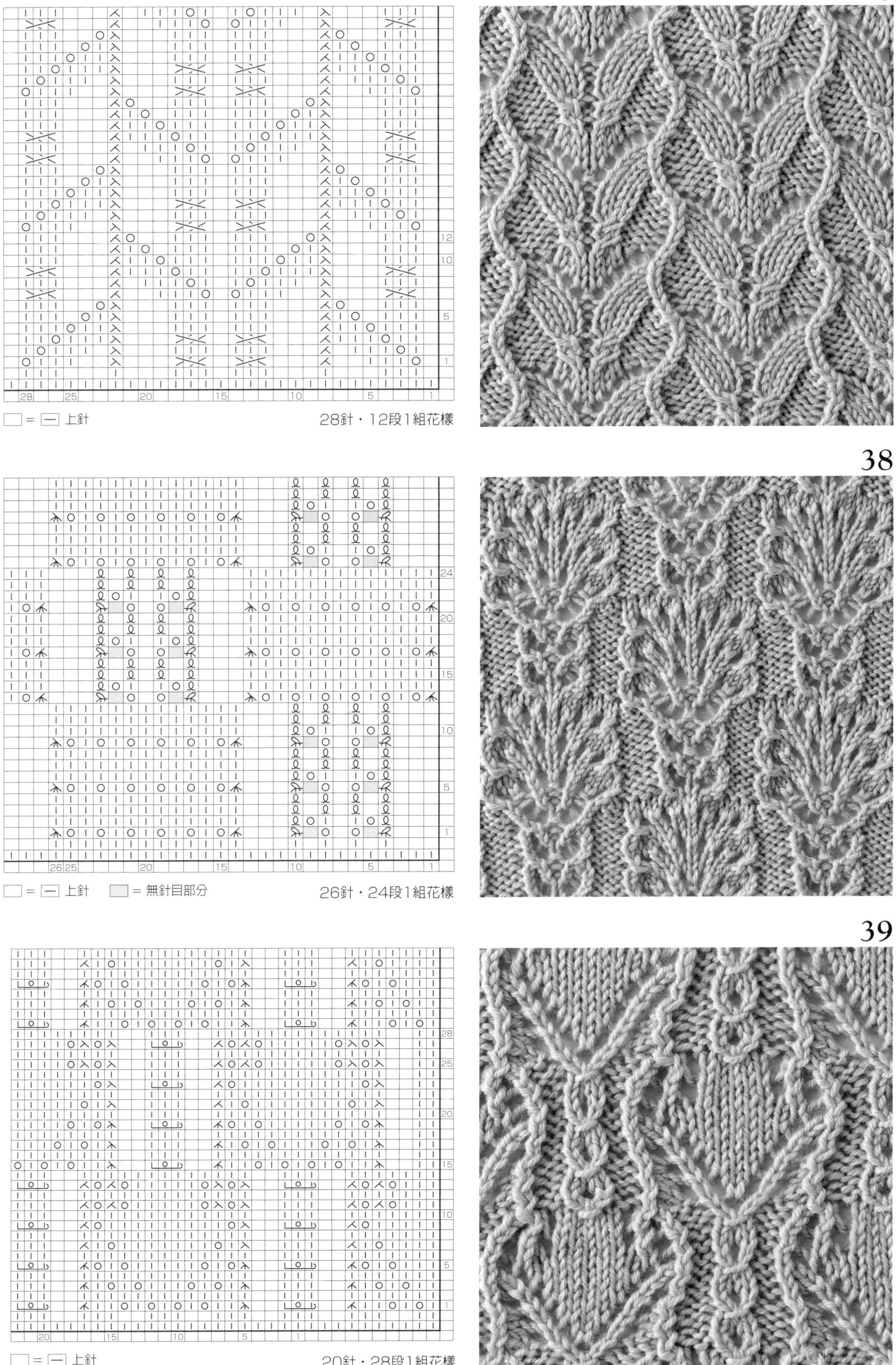

□ = ⊟ 上針

28針・12段1組花樣

38

□ = ⊟ 上針　▒ = 無針目部分

26針・24段1組花樣

39

□ = ⊟ 上針

20針・28段1組花樣

40

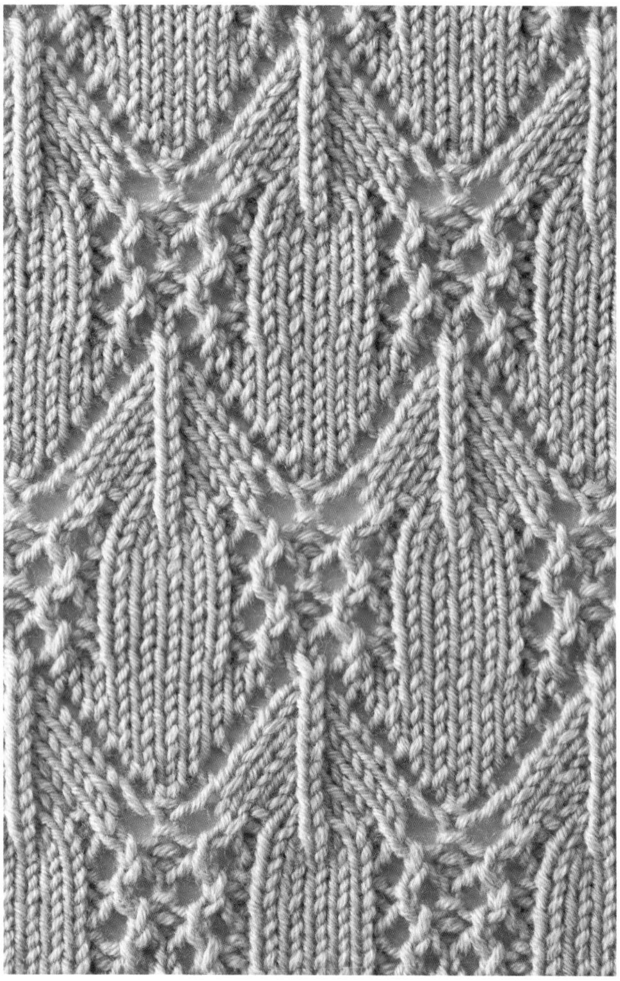

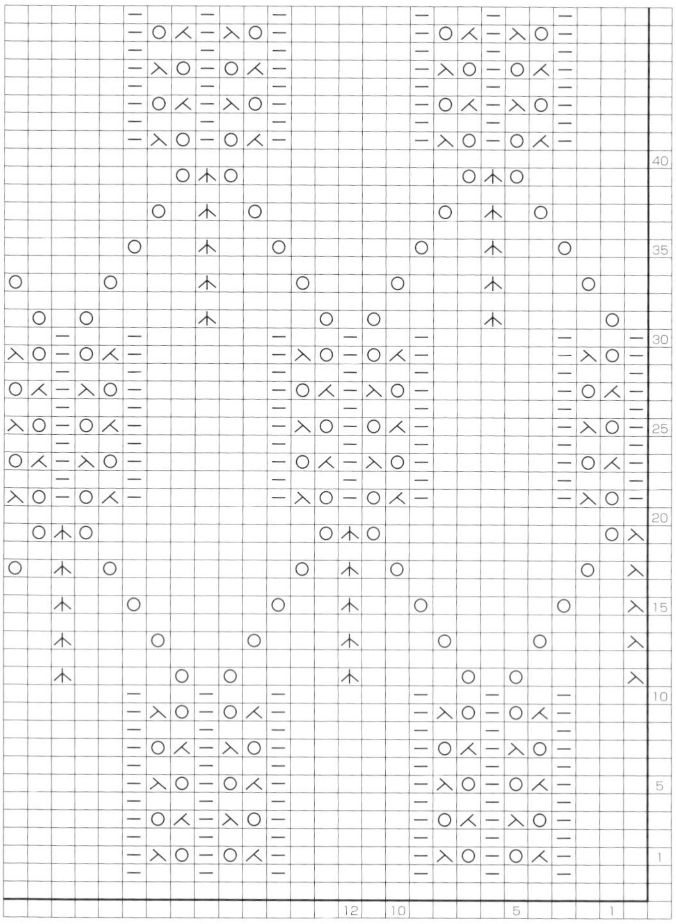

□ = Ⅰ 下針

12針・40段1組花樣

41

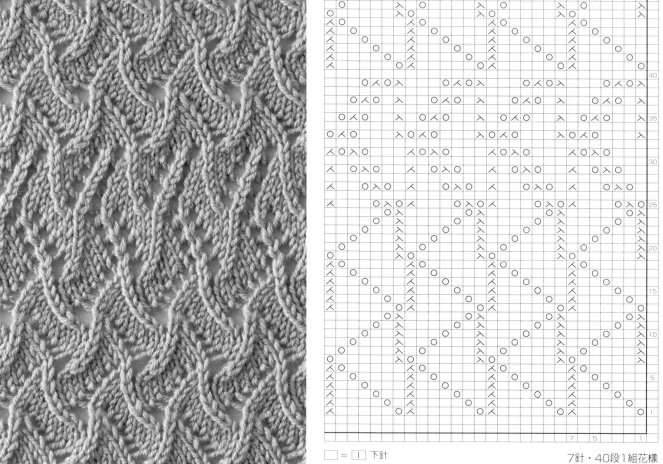

□ = Ⅰ 下針

7針・40段1組花樣

42

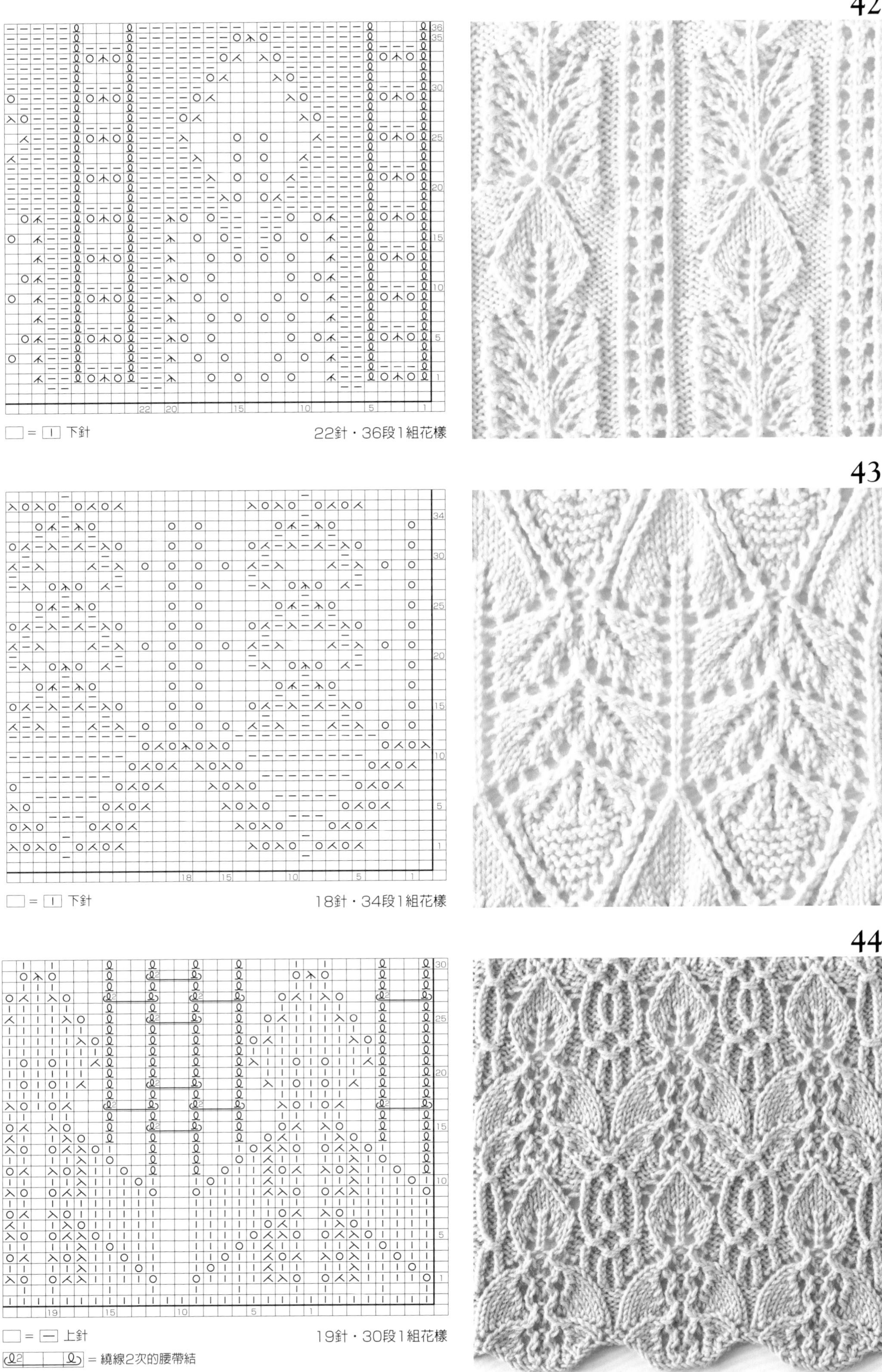

□ = 丨 下針

22針・36段1組花樣

43

□ = 丨 下針

18針・34段1組花樣

44

□ = 一 上針

19針・30段1組花樣

= 繞線2次的腰帶結

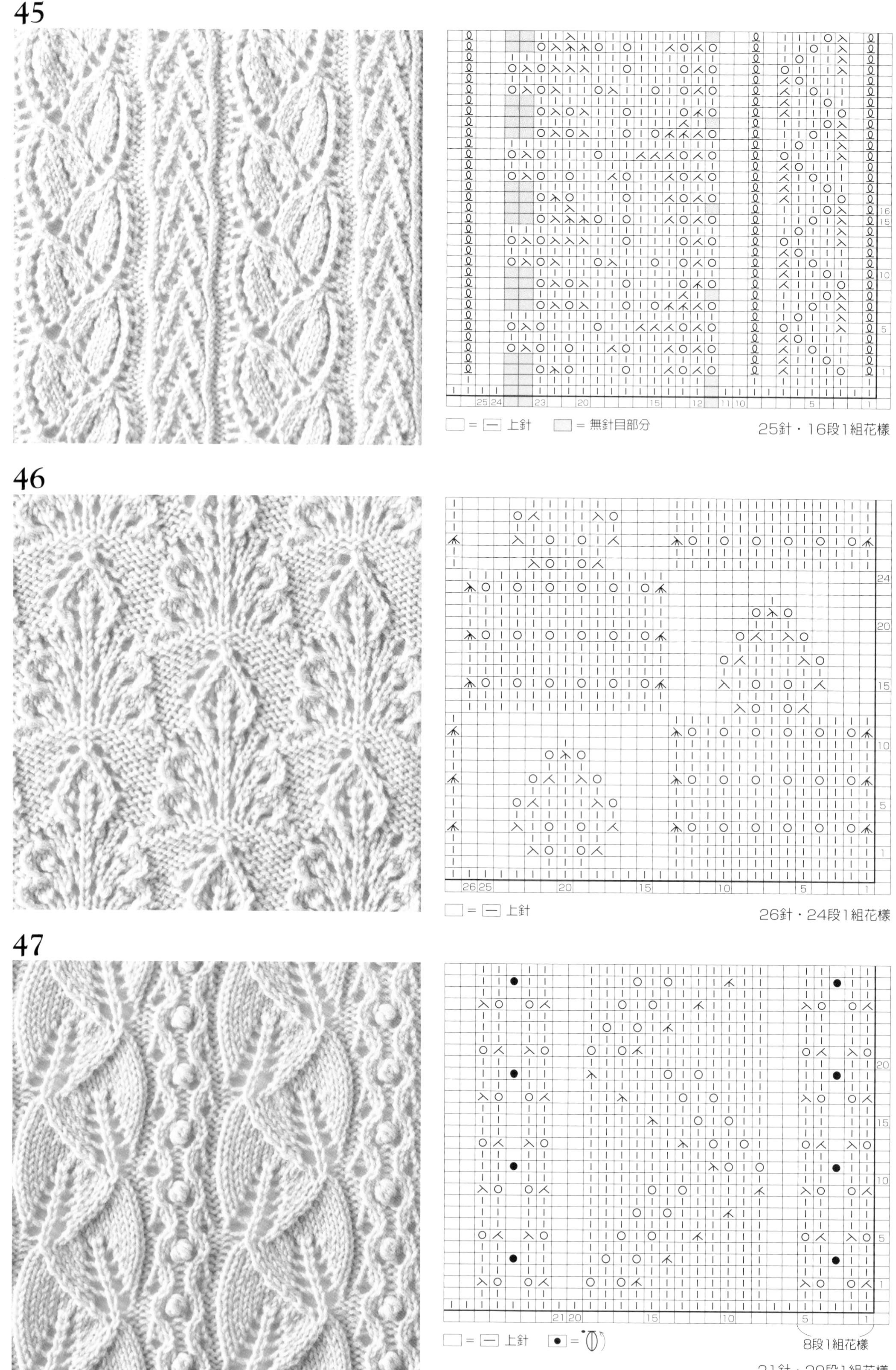
45
□ = ─ 上針
□ = 無針目部分
25針・16段1組花樣
46
□ = ─ 上針
26針・24段1組花樣
47
□ = ─ 上針
8段1組花樣
21針・20段1組花樣

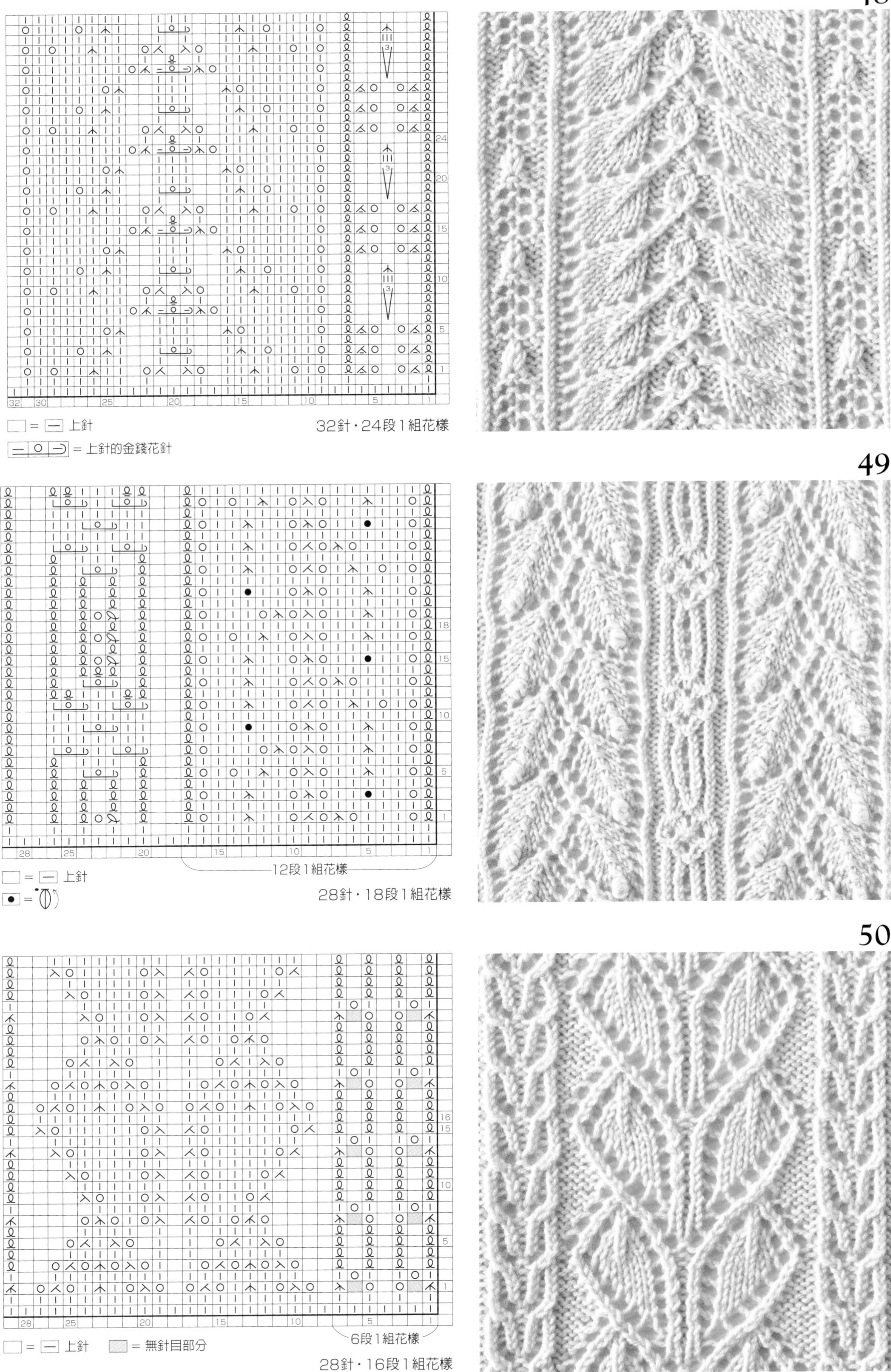
48
□ = ㊀ 上針
32針・24段1組花樣
= 上針的金錢花針
49
12段1組花樣
□ = ㊀ 上針
28針・18段1組花樣
50
6段1組花樣
□ = ㊀ 上針 ▒ = 無針目部分
28針・16段1組花樣

51

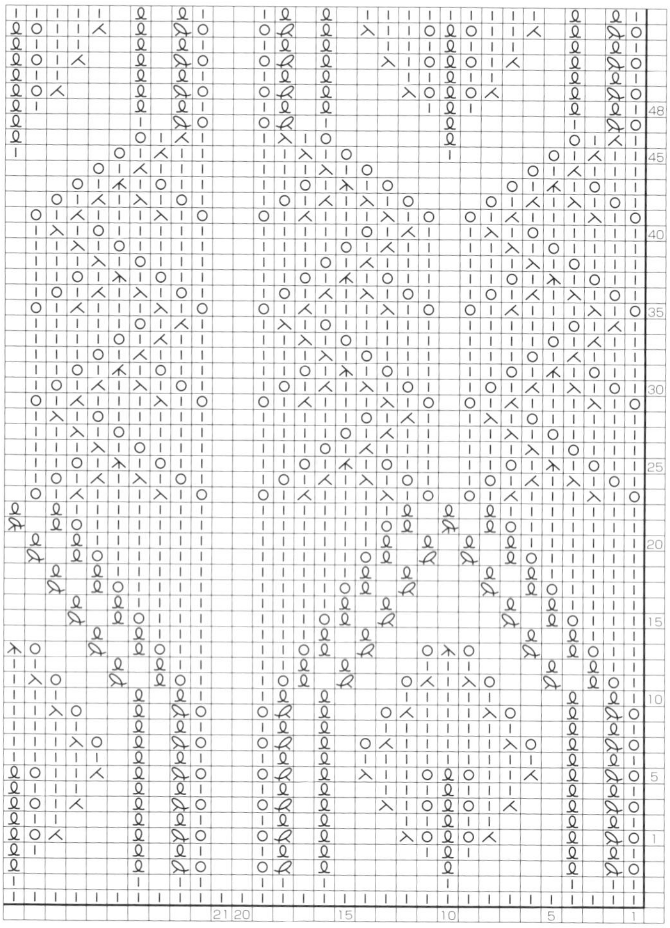

□ = ㊀ 上針

21針・48段1組花樣

52

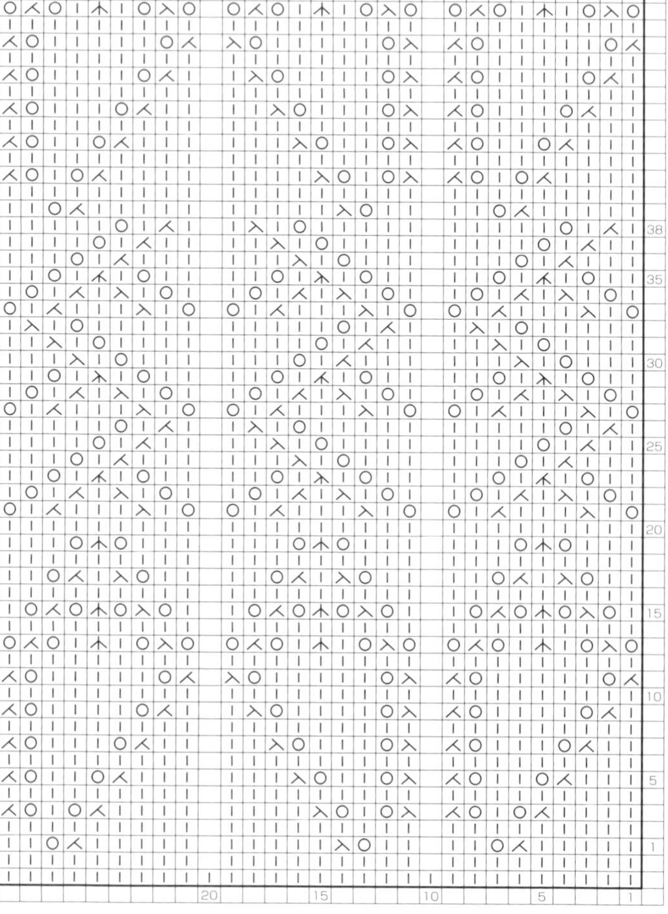

□ = ㊀ 上針

20針・38段1組花樣

53

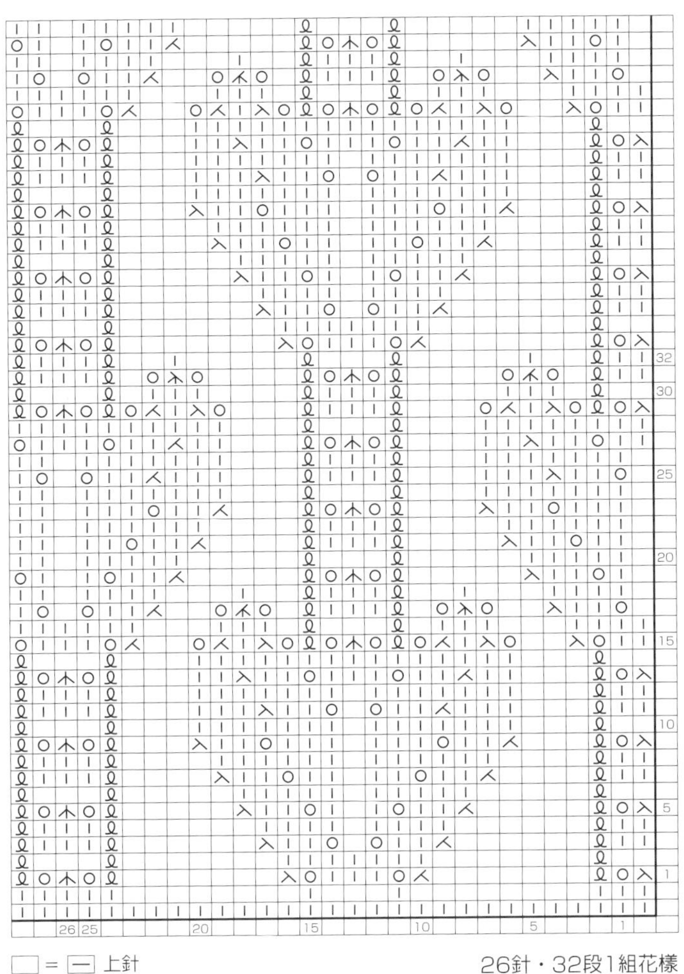

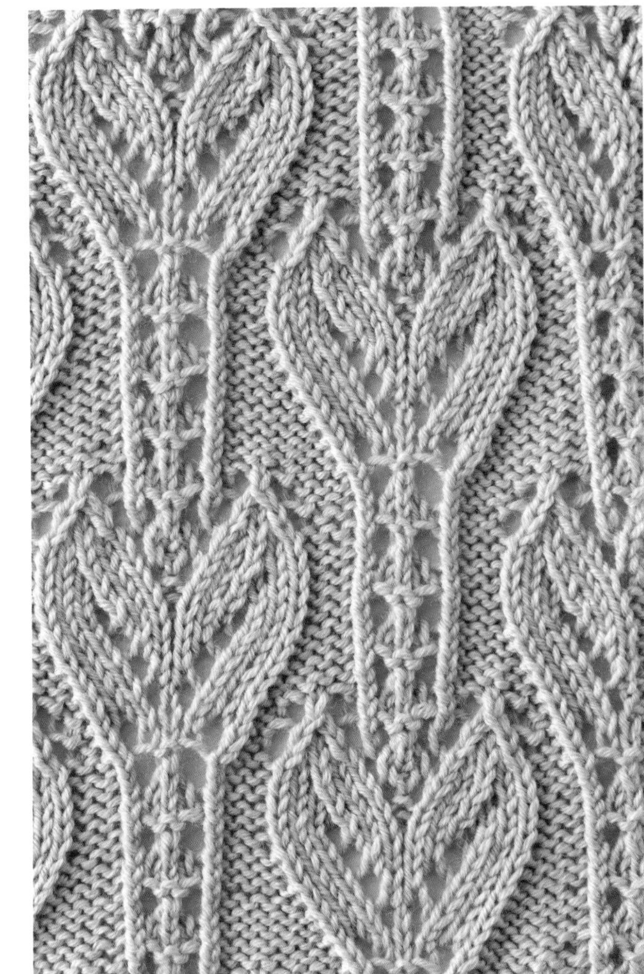

□ = ㊀ 上針

26針・32段1組花樣

54

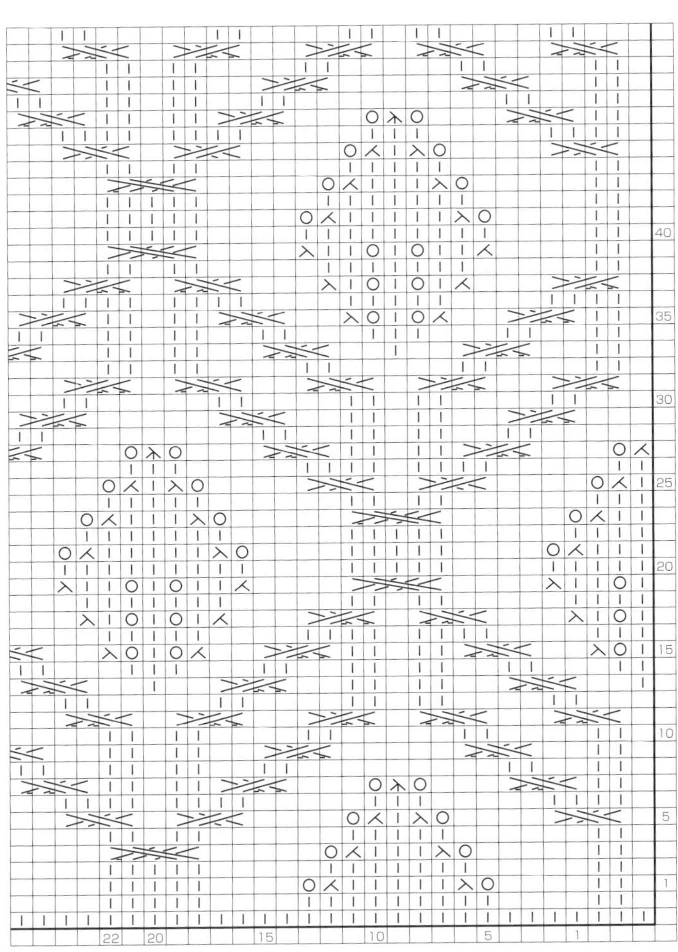

□ = ㊀ 上針

22針・40段1組花樣

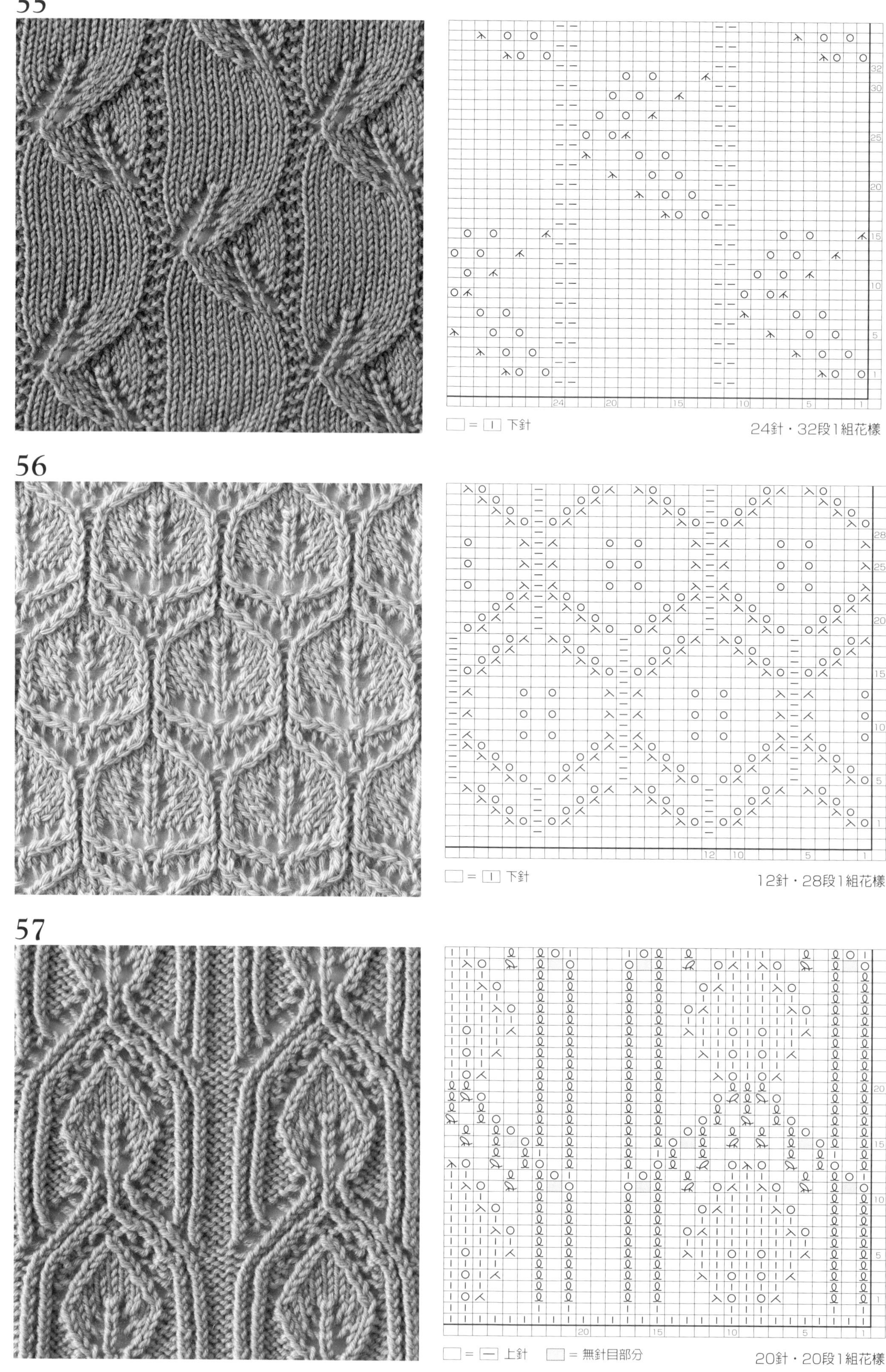
55
□ = □ 下針
24針・32段1組花樣
56
□ = □ 下針
12針・28段1組花樣
57
□ = ㅡ 上針
□ = 無針目部分
20針・20段1組花樣

58

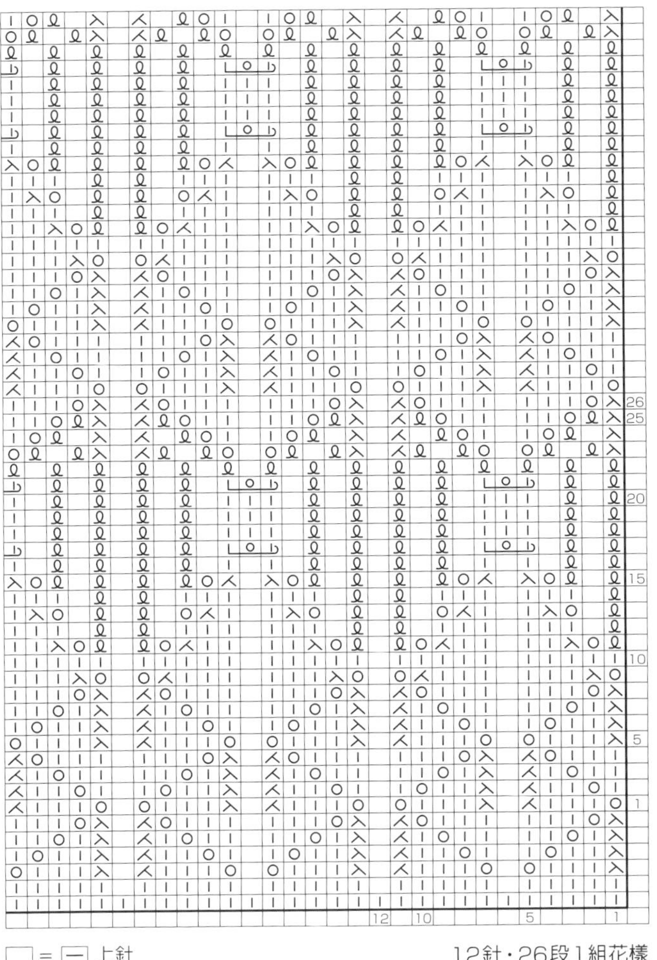

□ = ㅡ 上針

12針・26段1組花樣

59

別鎖起針的鬆緊針

□ = ㅡ 上針

16針・30段1組花樣

= 繞線3次的腰帶結

鏤空花樣

扇形花樣

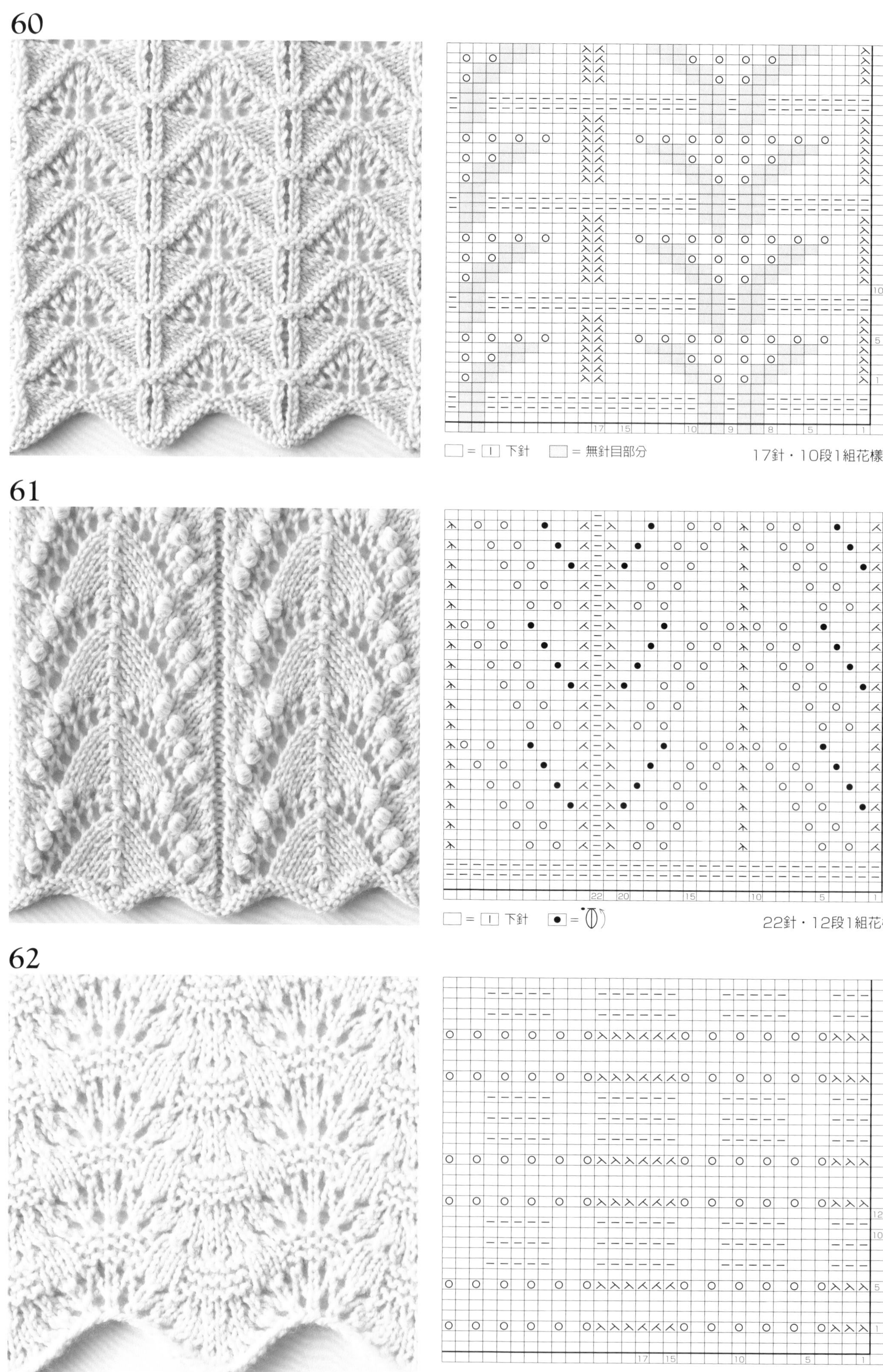

60
= 下針
= 無針目部分
17針・10段1組花樣
61
= 下針
22針・12段1組花樣
62
= 下針
17針・12段1組花樣

63

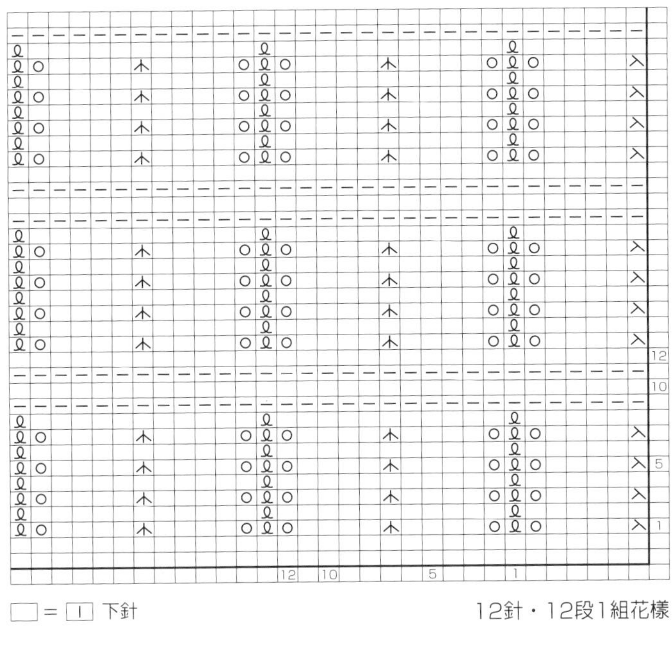

□ = [|] 下針

12針・12段1組花樣

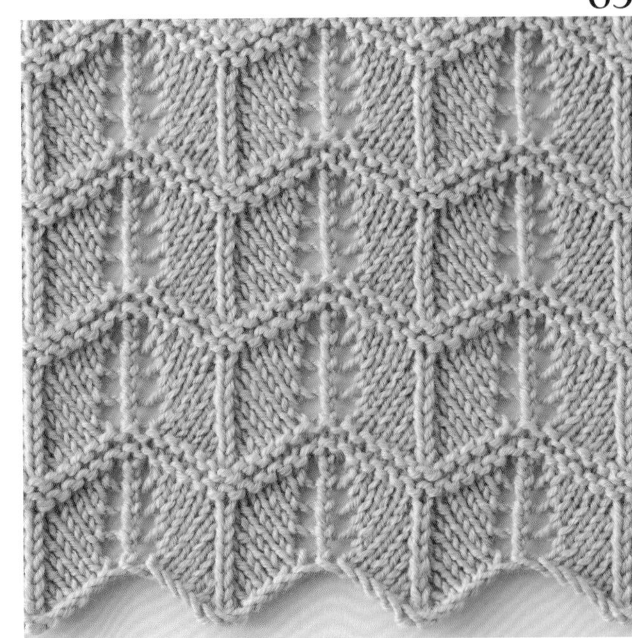

64

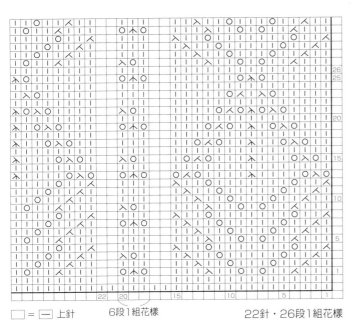

□ = [—] 上針

6段1組花樣

22針・26段1組花樣

65

□ = [—] 上針

15針・32段1組花樣

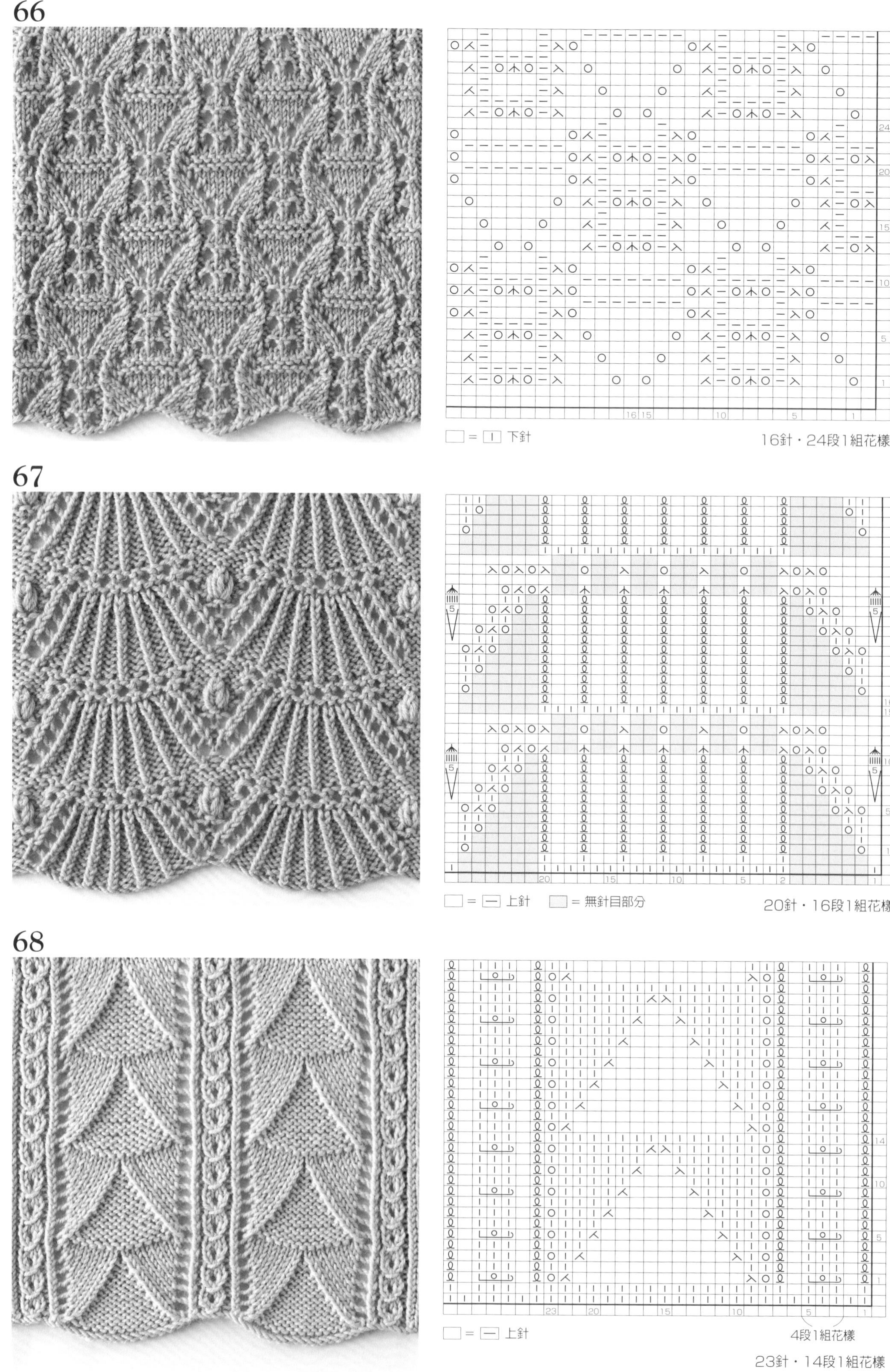
66
□ = 丨 下針
16針・24段1組花樣
67
□ = 一 上針　□ = 無針目部分
20針・16段1組花樣
68
□ = 一 上針
4段1組花樣
23針・14段1組花樣

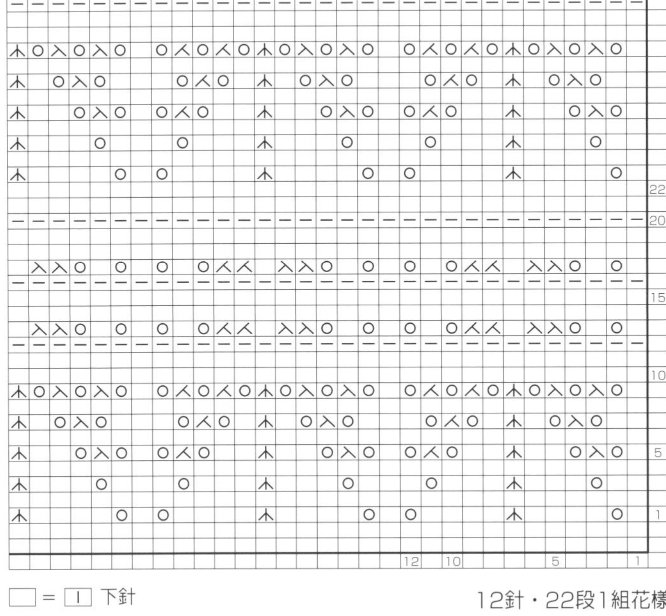

□ = Ⅰ 下針

12針・22段1組花樣

69

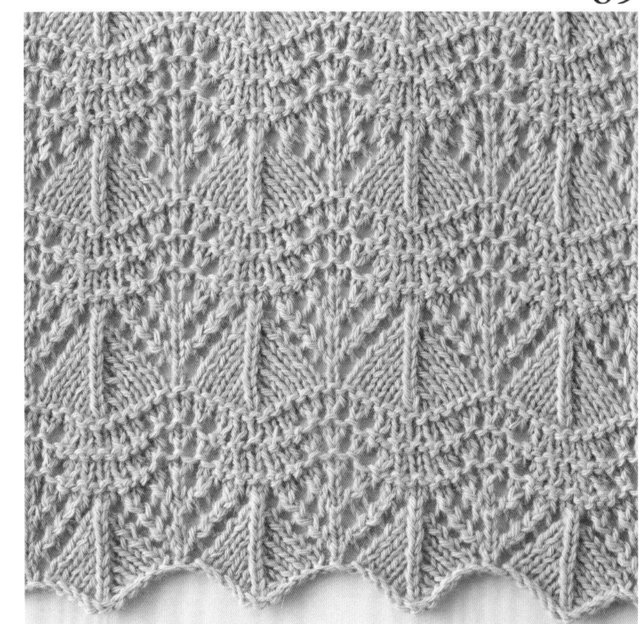

70

□ = — 上針　● = (bobble symbol)

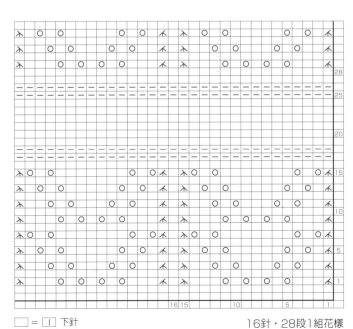

12針・28段1組花樣

71

□ = Ⅰ 下針

16針・28段1組花樣

72

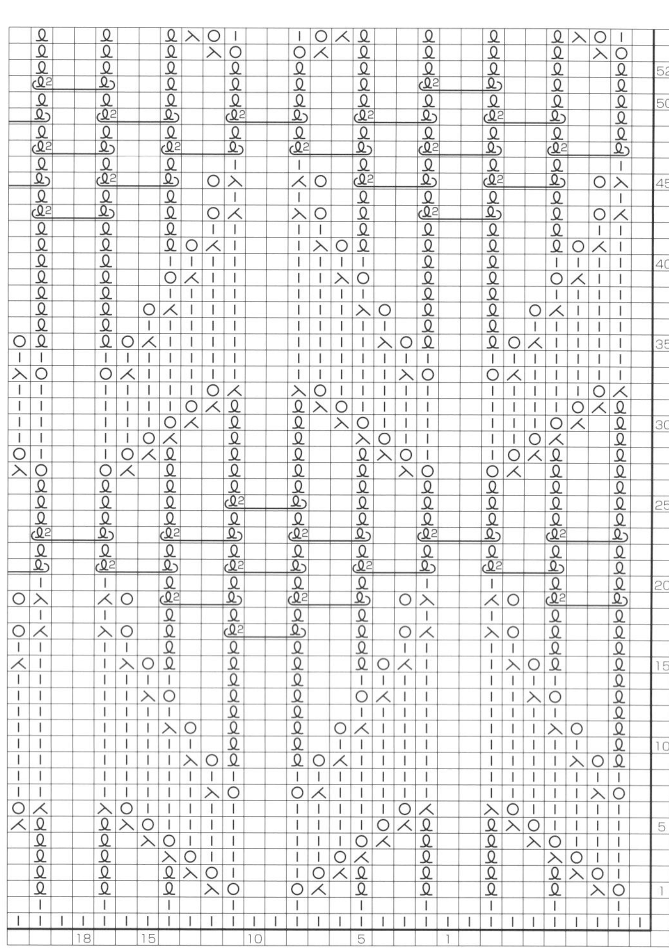

□ = ㊀ 上針

18針・52段1組花樣

= 繞線2次的腰帶結

73

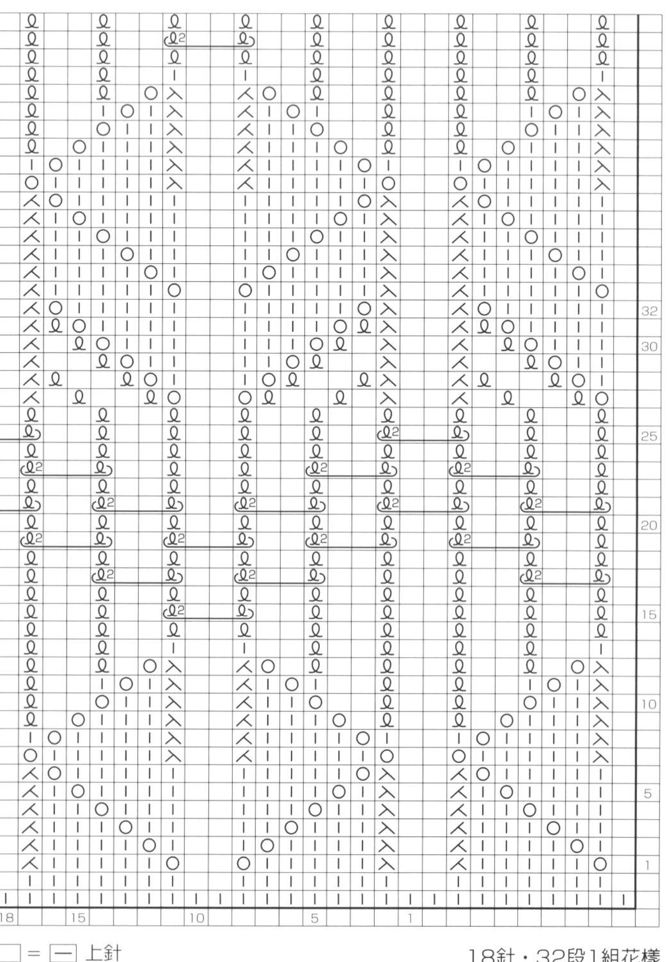

□ = ㊀ 上針

18針・32段1組花樣

= 繞線2次的腰帶結

74

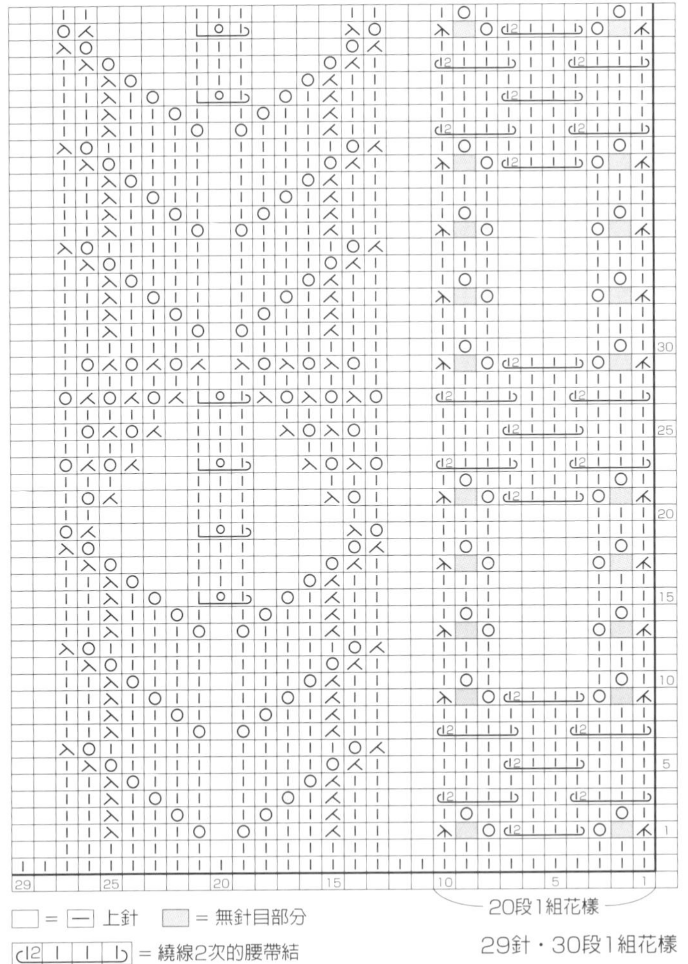

□ = ㅡ 上針　▨ = 無針目部分

(2) = 繞線2次的腰帶結

20段1組花樣

29針・30段1組花樣

75

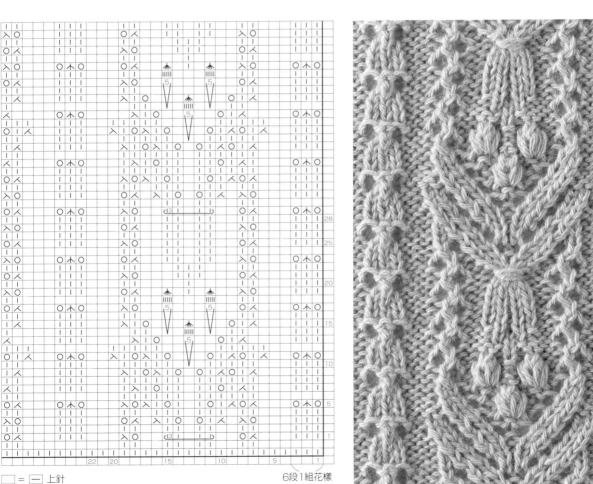

□ = ㅡ 上針

(3) = 繞線3次的腰帶結

6段1組花樣

22針・28段1組花樣

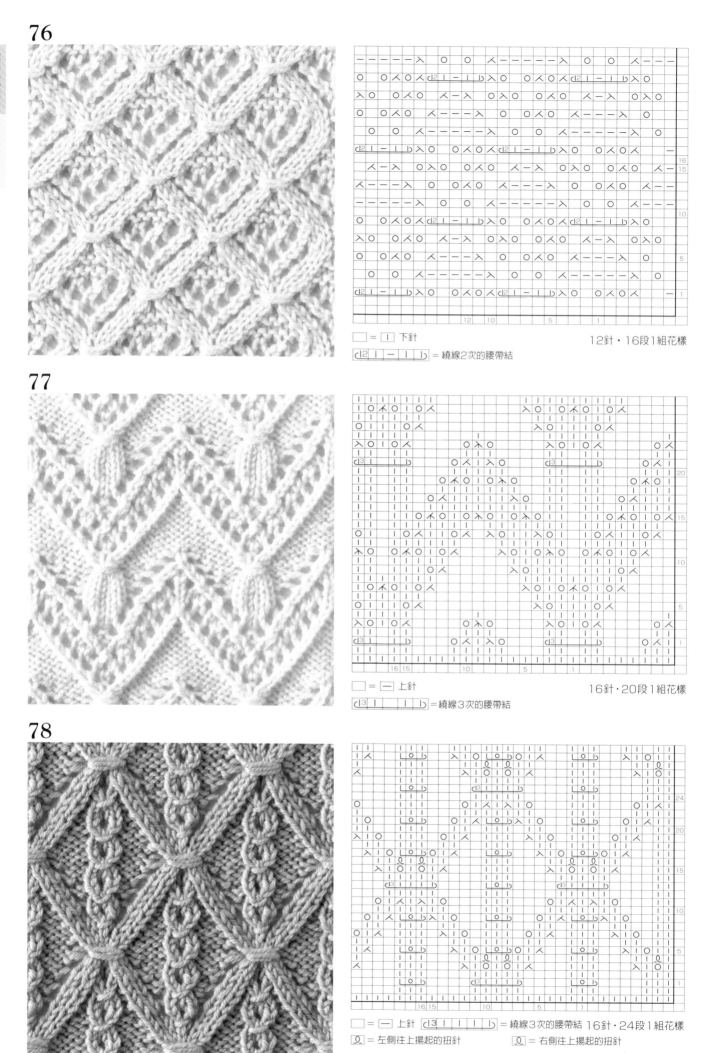

76

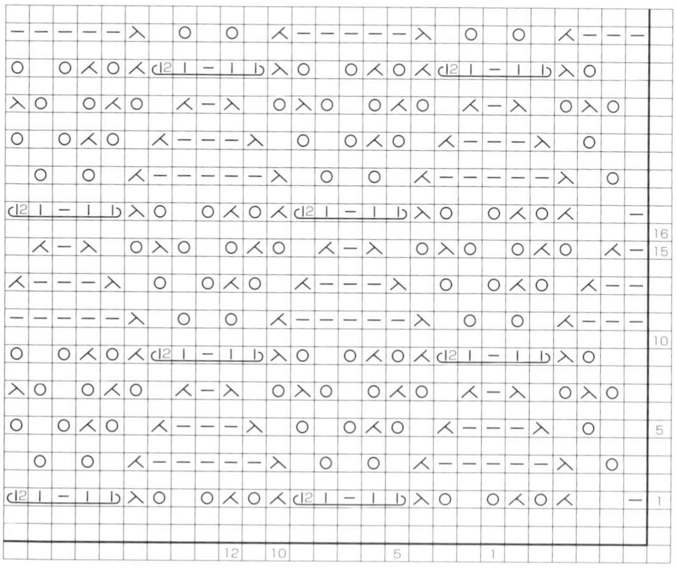

□ = [|] 下針

[symbol] = 繞線2次的腰帶結

12針・16段1組花樣

77

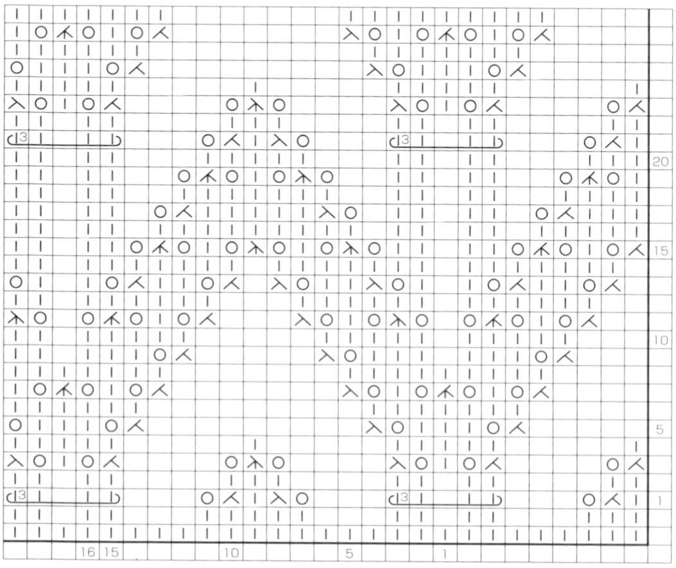

□ = [—] 上針

[symbol] = 繞線3次的腰帶結

16針・20段1組花樣

78

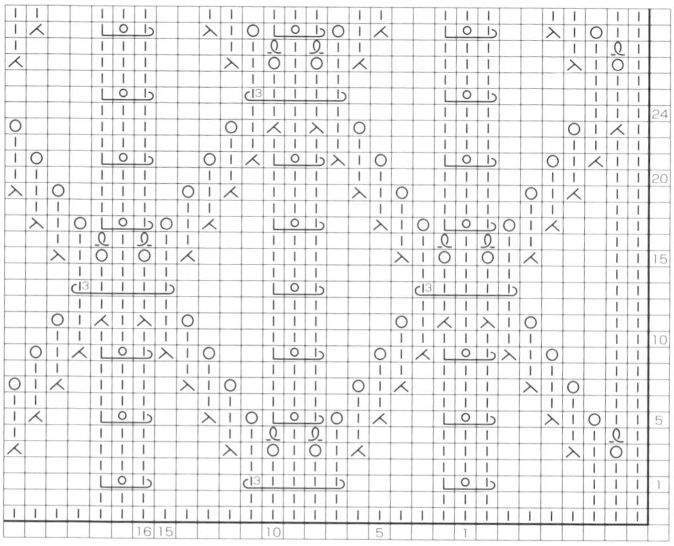

□ = [—] 上針

[symbol] = 繞線3次的腰帶結

16針・24段1組花樣

[symbol] = 左側往上揚起的扭針

[symbol] = 右側往上揚起的扭針

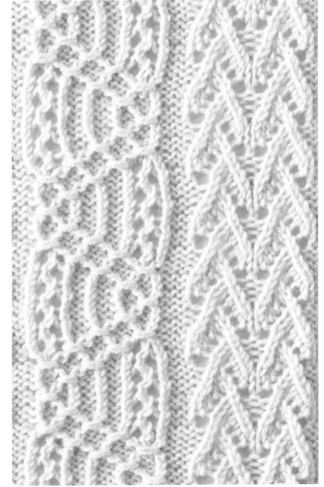

79

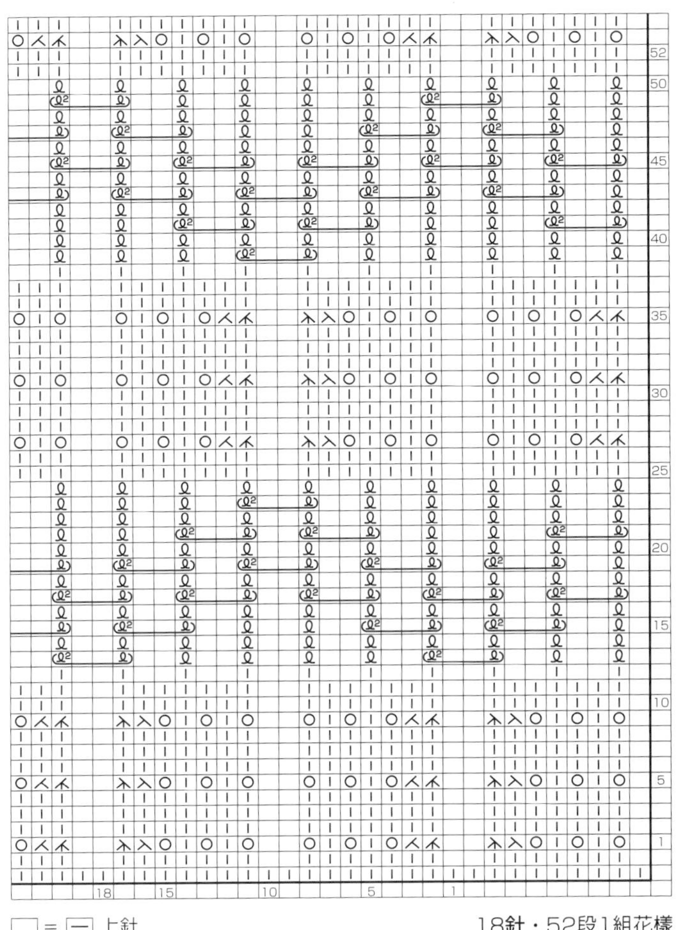

□ = [—] 上針

18針・52段1組花樣

= 繞線2次的腰帶結

80

□ = [—] 上針

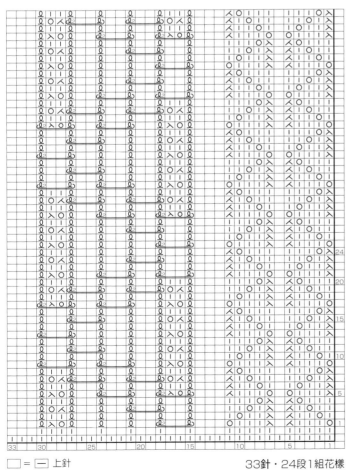

33針・24段1組花樣

= 繞線2次的腰帶結

81

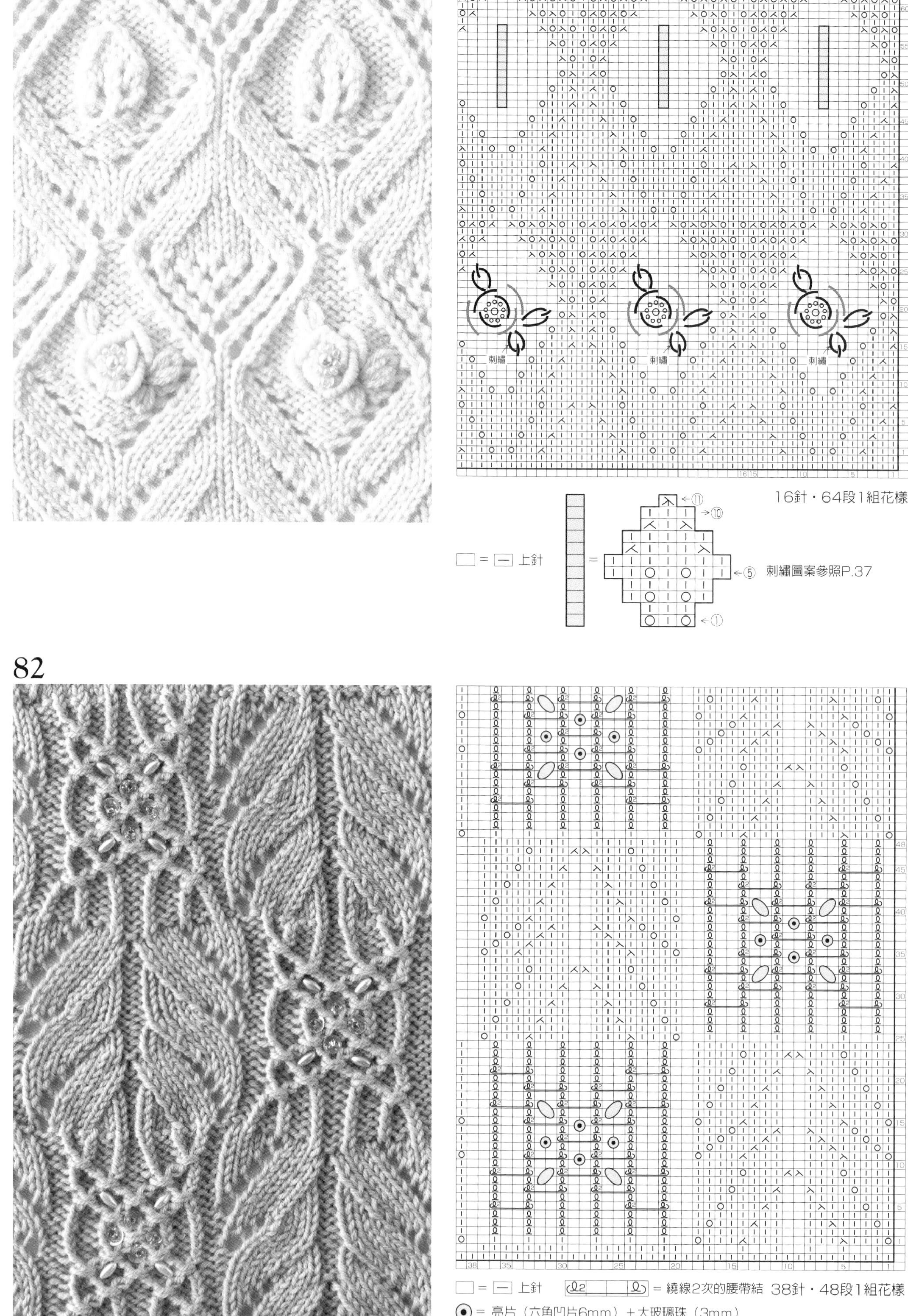
刺繡
16針・64段1組花樣
□ = ⊟ 上針
刺繡圖案參照P.37
38針・48段1組花樣
= 繞線2次的腰帶結
= 亮片（六角凹片6mm）＋大玻璃珠（3mm）
= 橢圓珍珠（3×6mm）

82

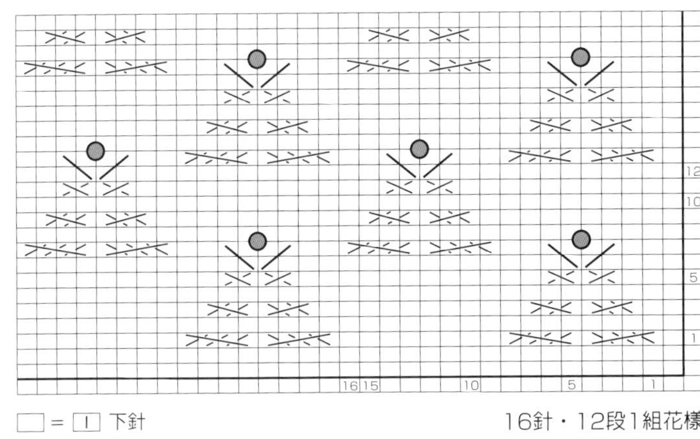

□ = □ 下針　　16針・12段1組花樣

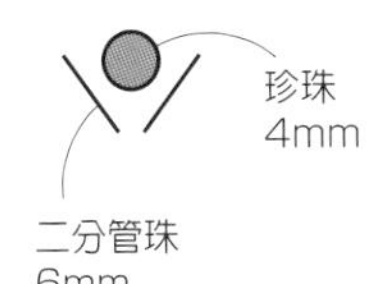

81 刺繡圖案（原寸）

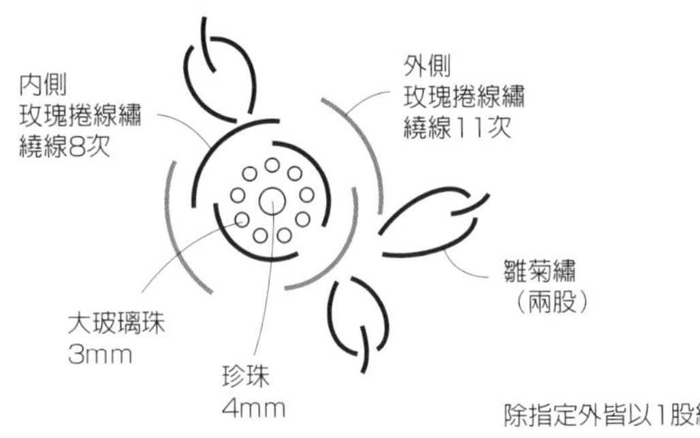

除指定外皆以1股線繡縫

84

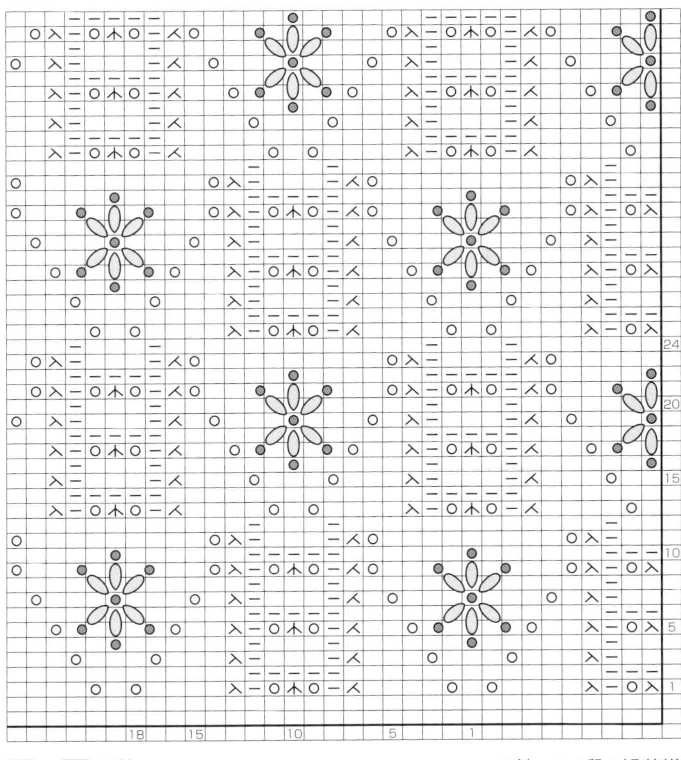

□ = □ 下針　　18針・24段1組花樣

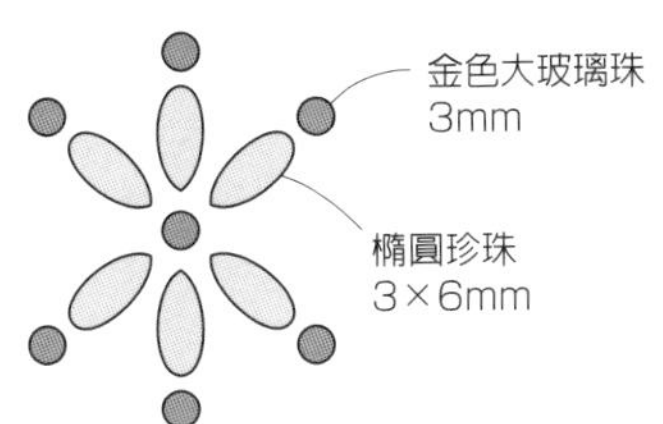

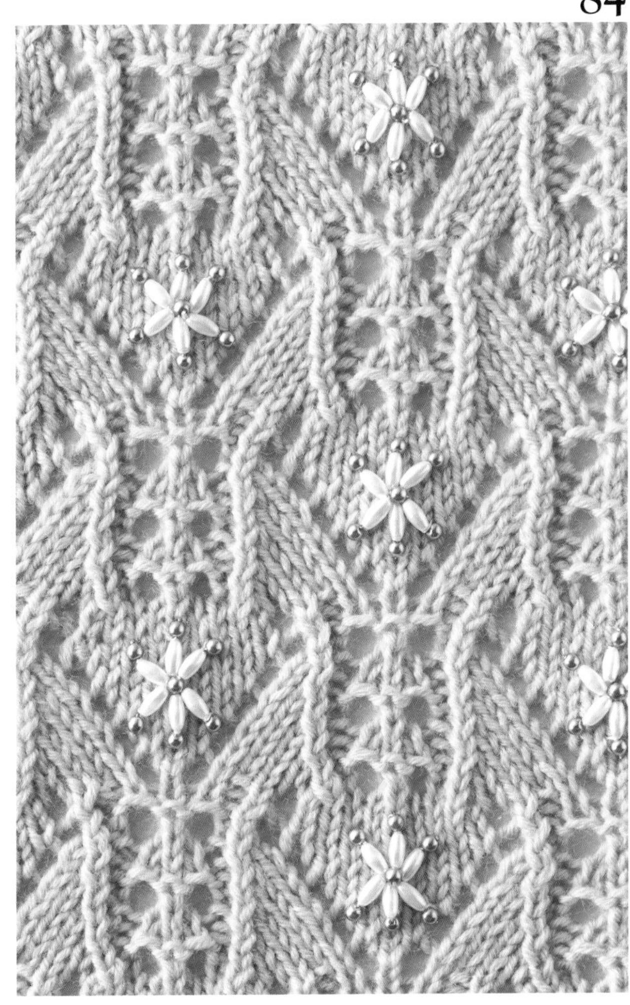

地模樣&交叉花樣
Various Patterns

風格自然的地模樣，以及藉由針目交叉而成，宛如浮雕般美麗的交叉花樣，
兩者皆是編織基本款針織作品時廣泛採用的設計花樣。

織一雙溫暖雙腳的手織襪

花樣編使用P.47．106號花樣。
織法：P.127

85

86

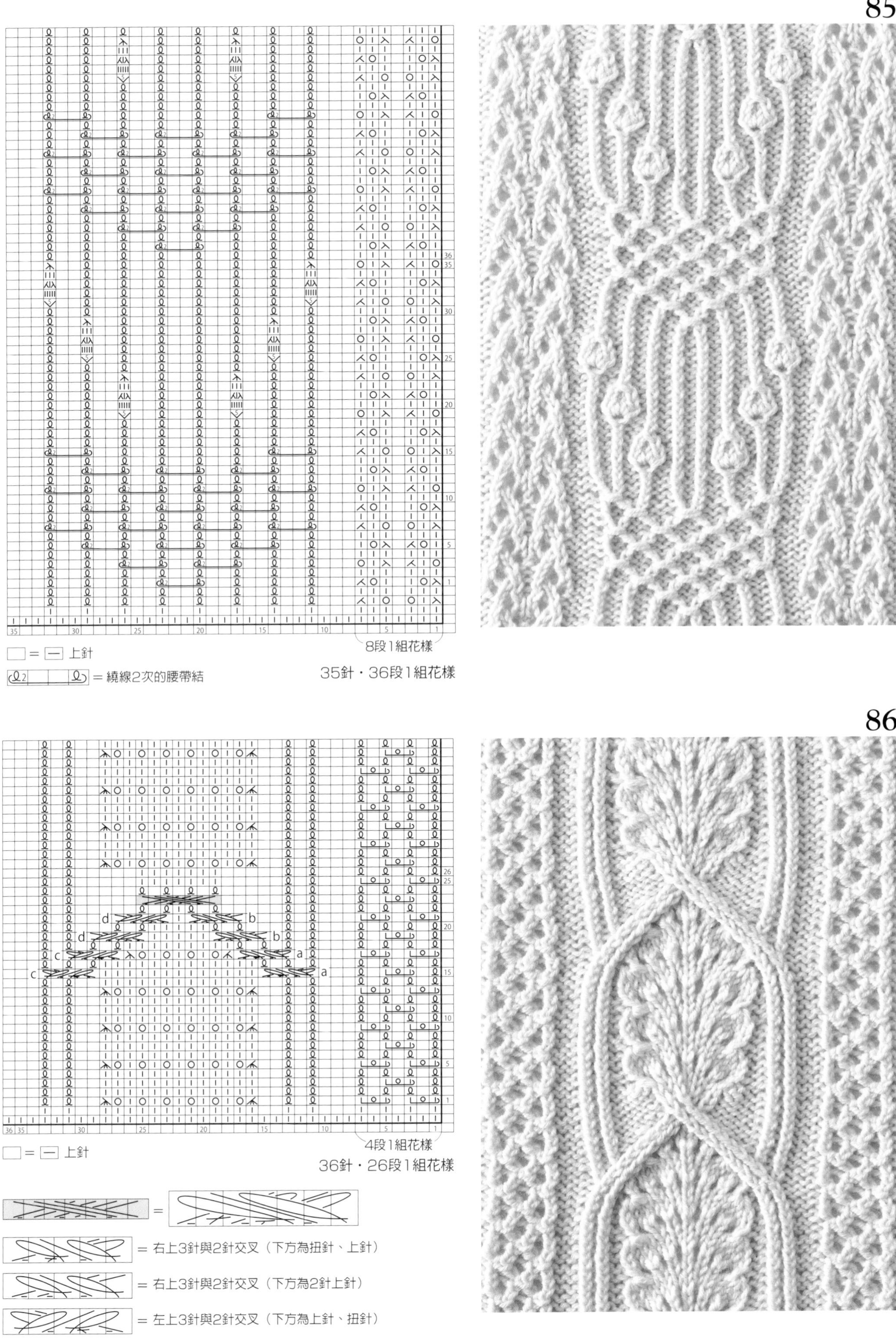

□ = ⊟ 上針
= 繞線2次的腰帶結
8段1組花樣
35針・36段1組花樣
□ = ⊟ 上針
4段1組花樣
36針・26段1組花樣
a = 右上3針與2針交叉（下方為扭針、上針）
b = 右上3針與2針交叉（下方為2針上針）
c = 左上3針與2針交叉（下方為上針、扭針）
d = 左上3針與2針交叉（下方為2針上針）

87

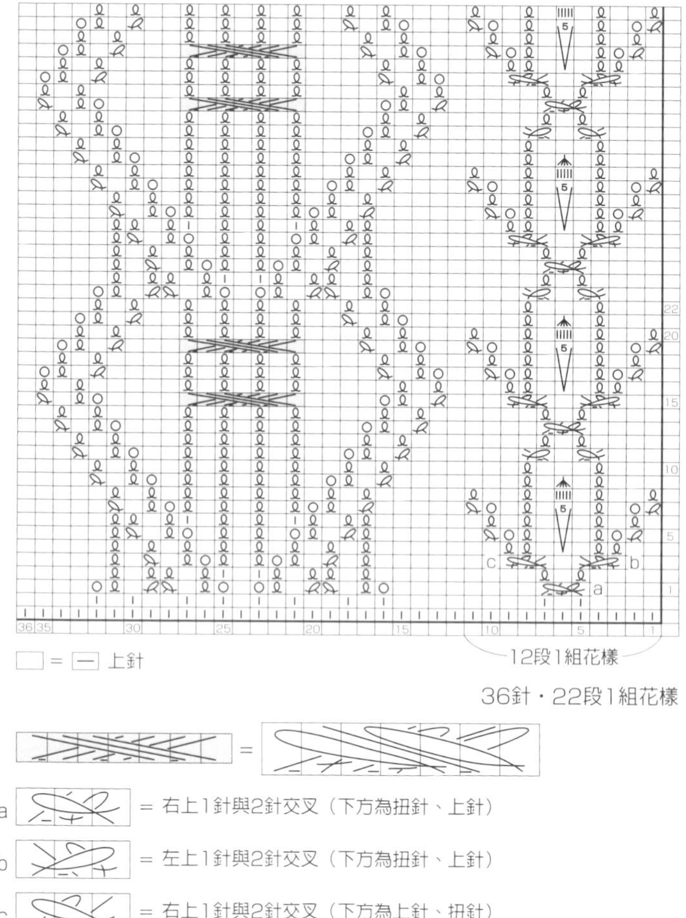
12段1組花樣
□ = ⊟ 上針
36針・22段1組花樣
a = 右上1針與2針交叉（下方為扭針、上針）
b = 左上1針與2針交叉（下方為扭針、上針）
c = 右上1針與2針交叉（下方為上針、扭針）

88

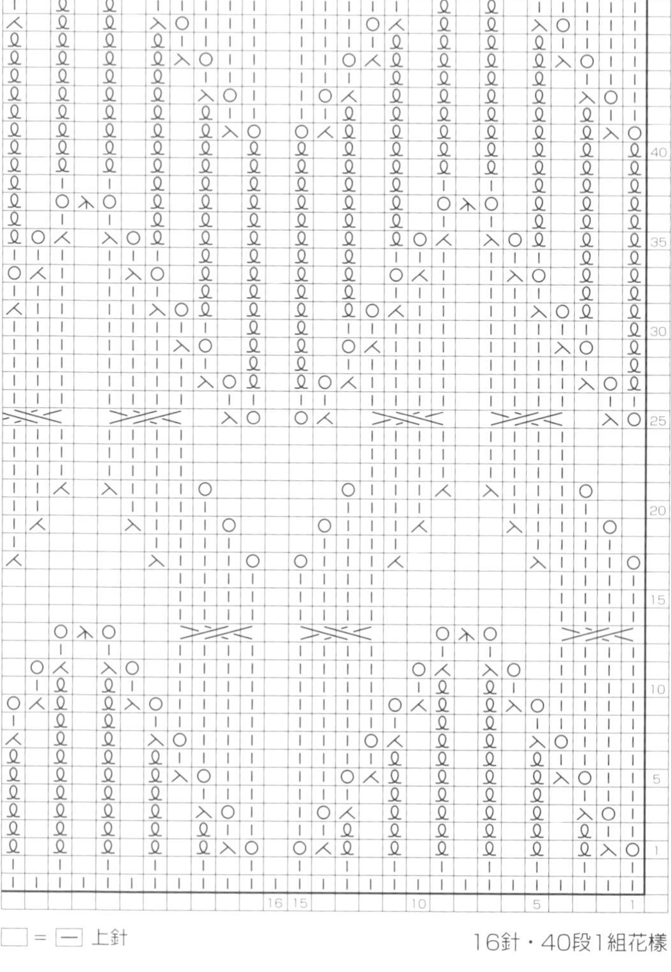
□ = ⊟ 上針
16針・40段1組花樣

89

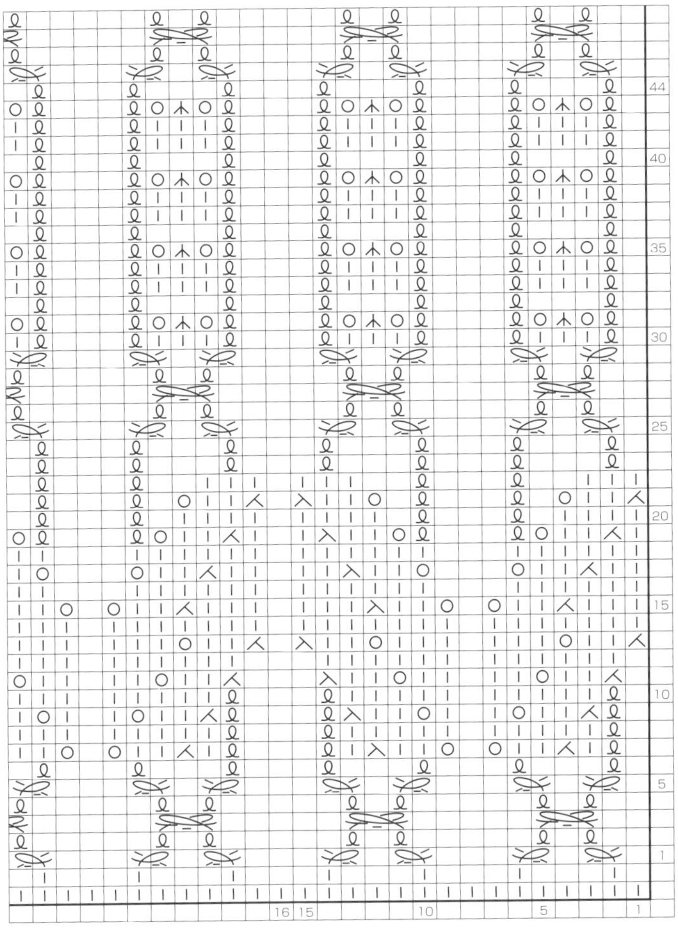

□ = ─ 上針　　16針・44段1組花樣

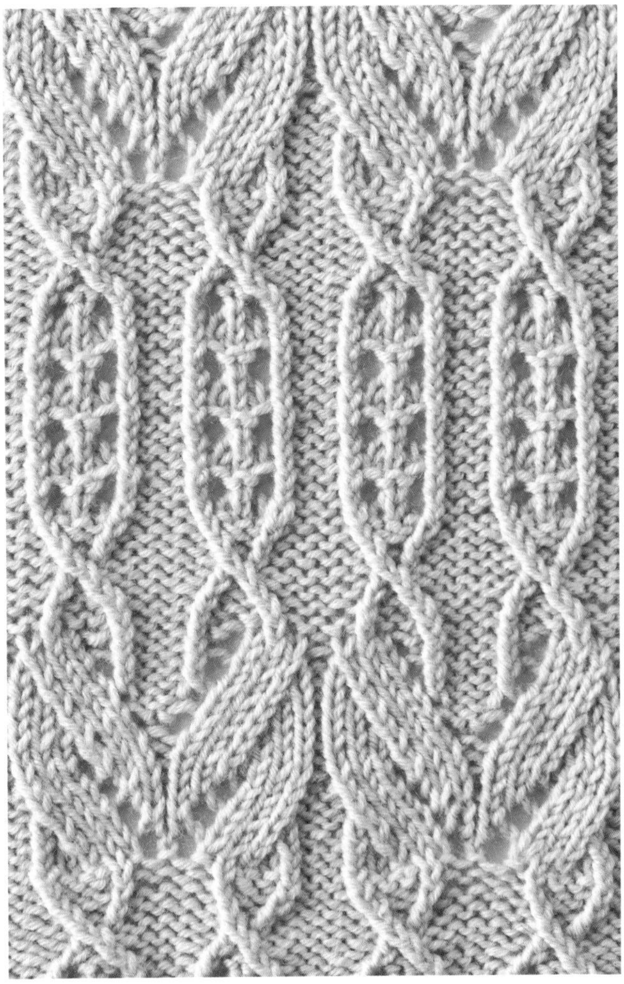

90

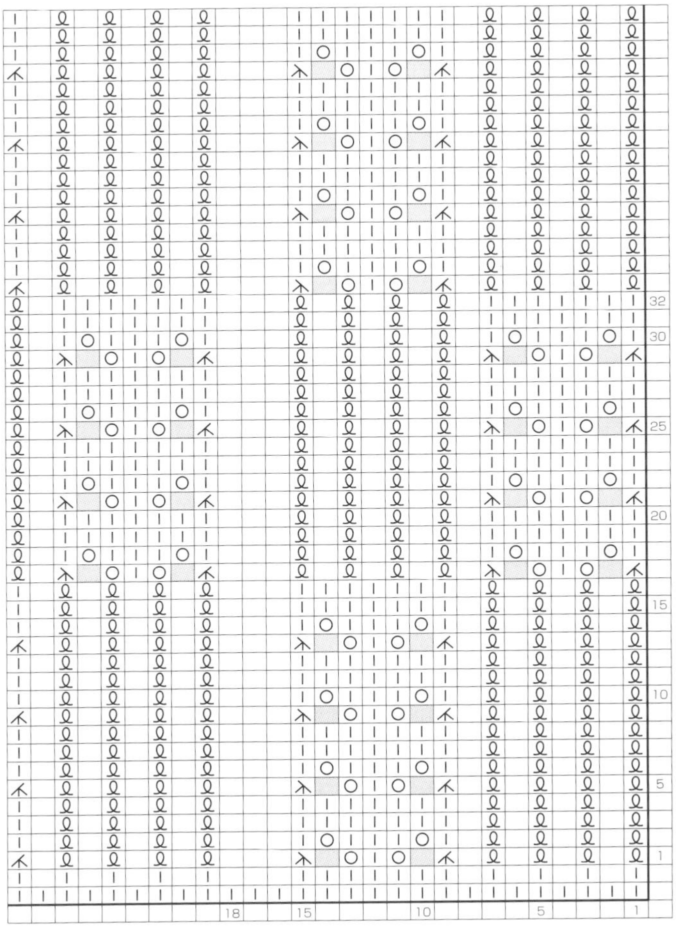

□ = ─ 上針　■ = 無針目部分　　18針・32段1組花樣

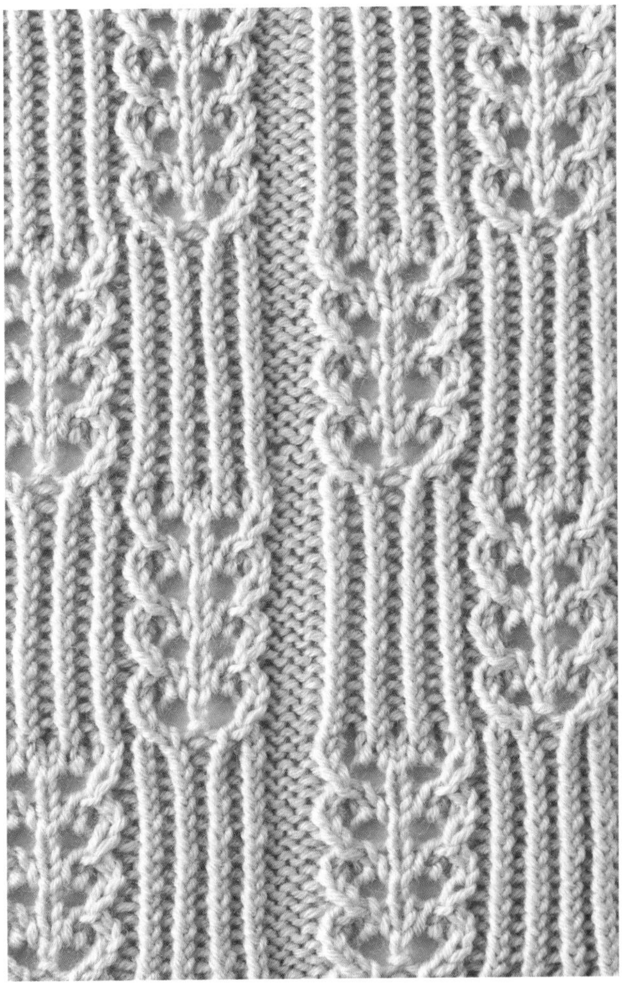

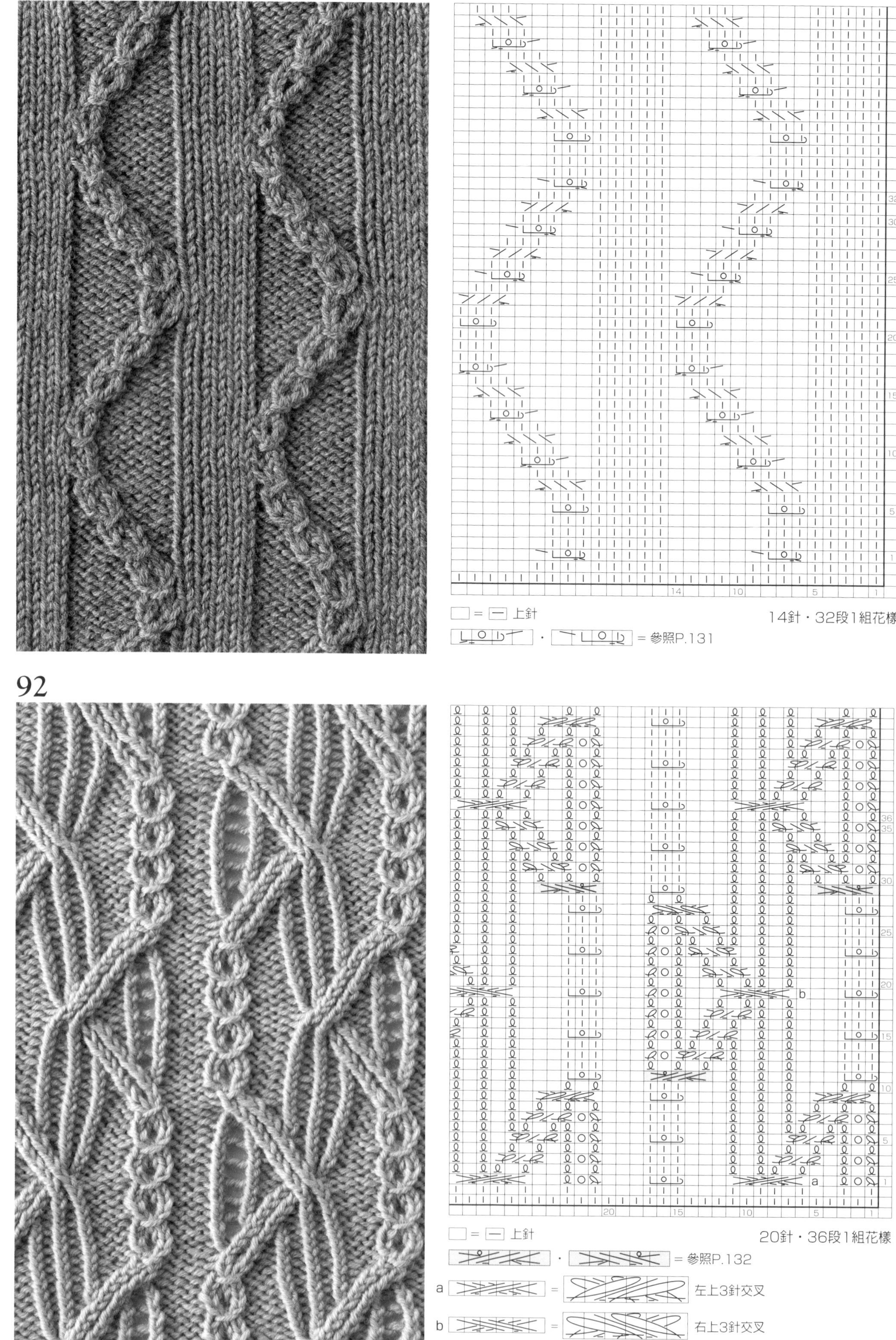
91
□ = ㊀ 上針
14針・32段1組花樣
= 參照P.131
92
□ = ㊀ 上針
20針・36段1組花樣
= 參照P.132
a
左上3針交叉
b
右上3針交叉

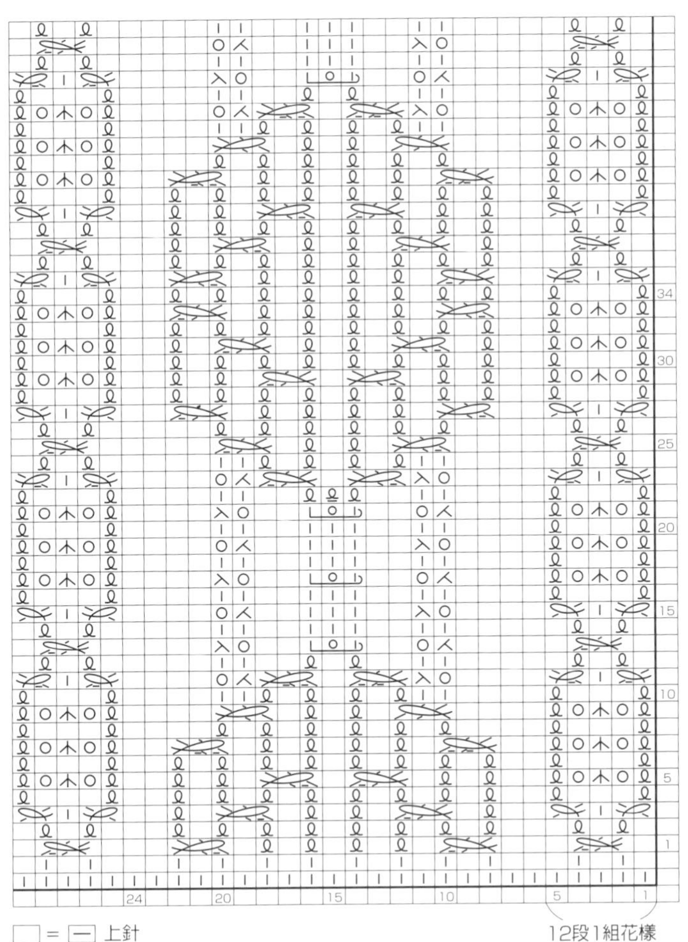

24針・34段1組花樣

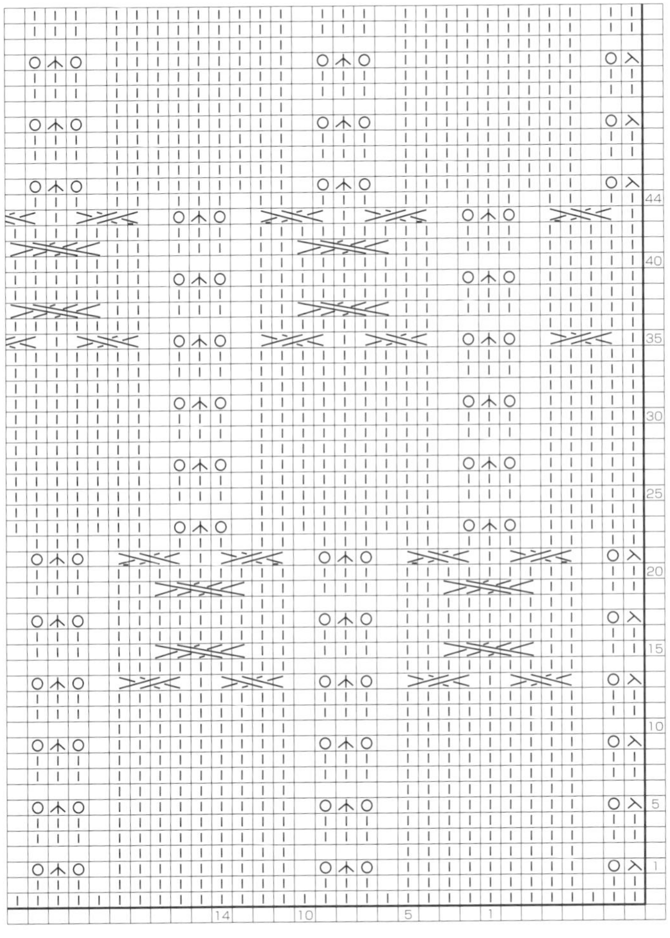

14針・44段1組花樣

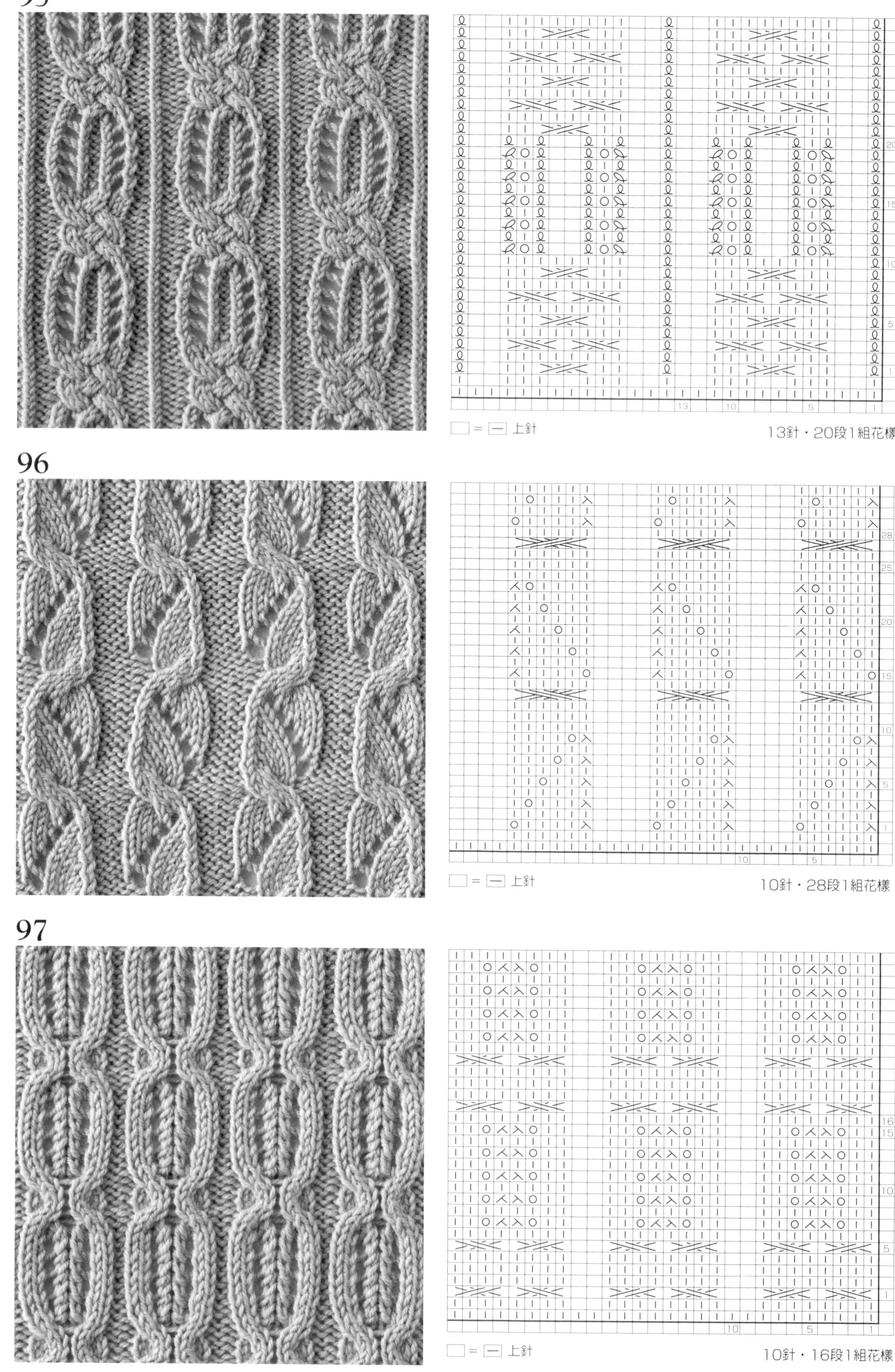
95
□ = ⊟ 上針
13針・20段1組花樣
96
□ = ⊟ 上針
10針・28段1組花樣
97
□ = ⊟ 上針
10針・16段1組花樣

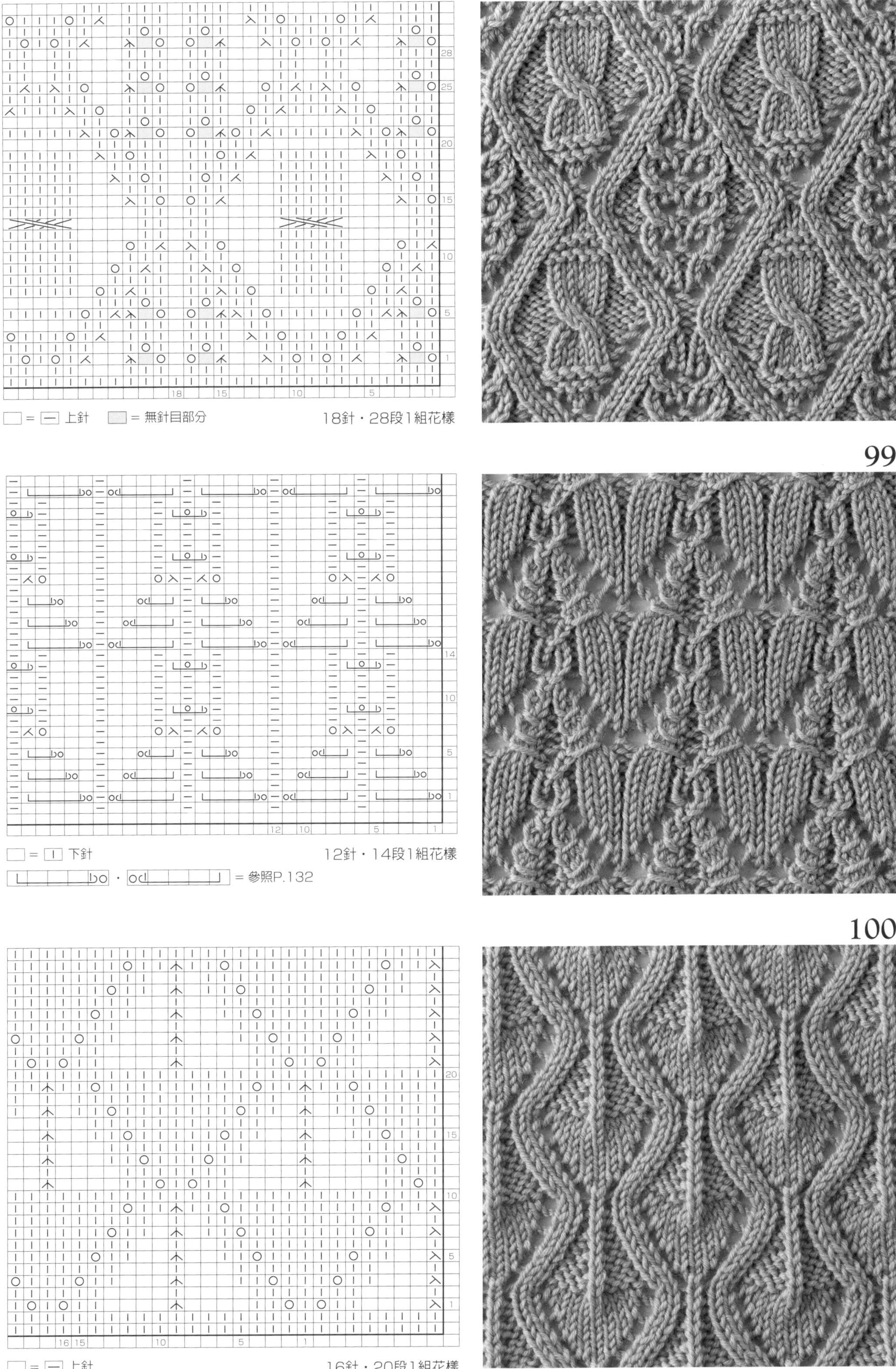

98

□＝㊀ 上針　▨＝無針目部分

18針・28段1組花樣

99

□＝Ⅰ 下針

12針・14段1組花樣

＝參照P.132

100

□＝㊀ 上針

16針・20段1組花樣

101

102

103

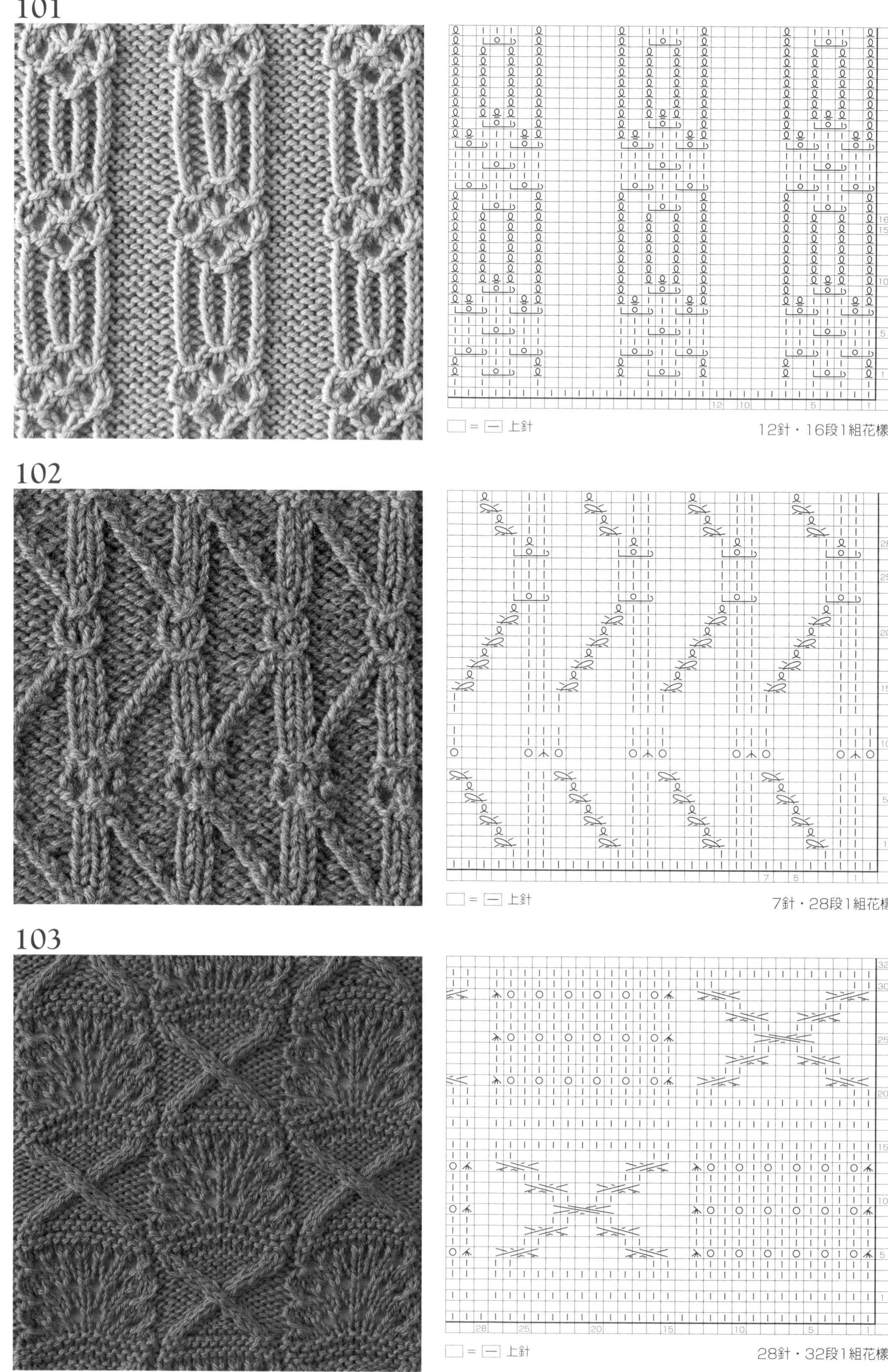

地模樣

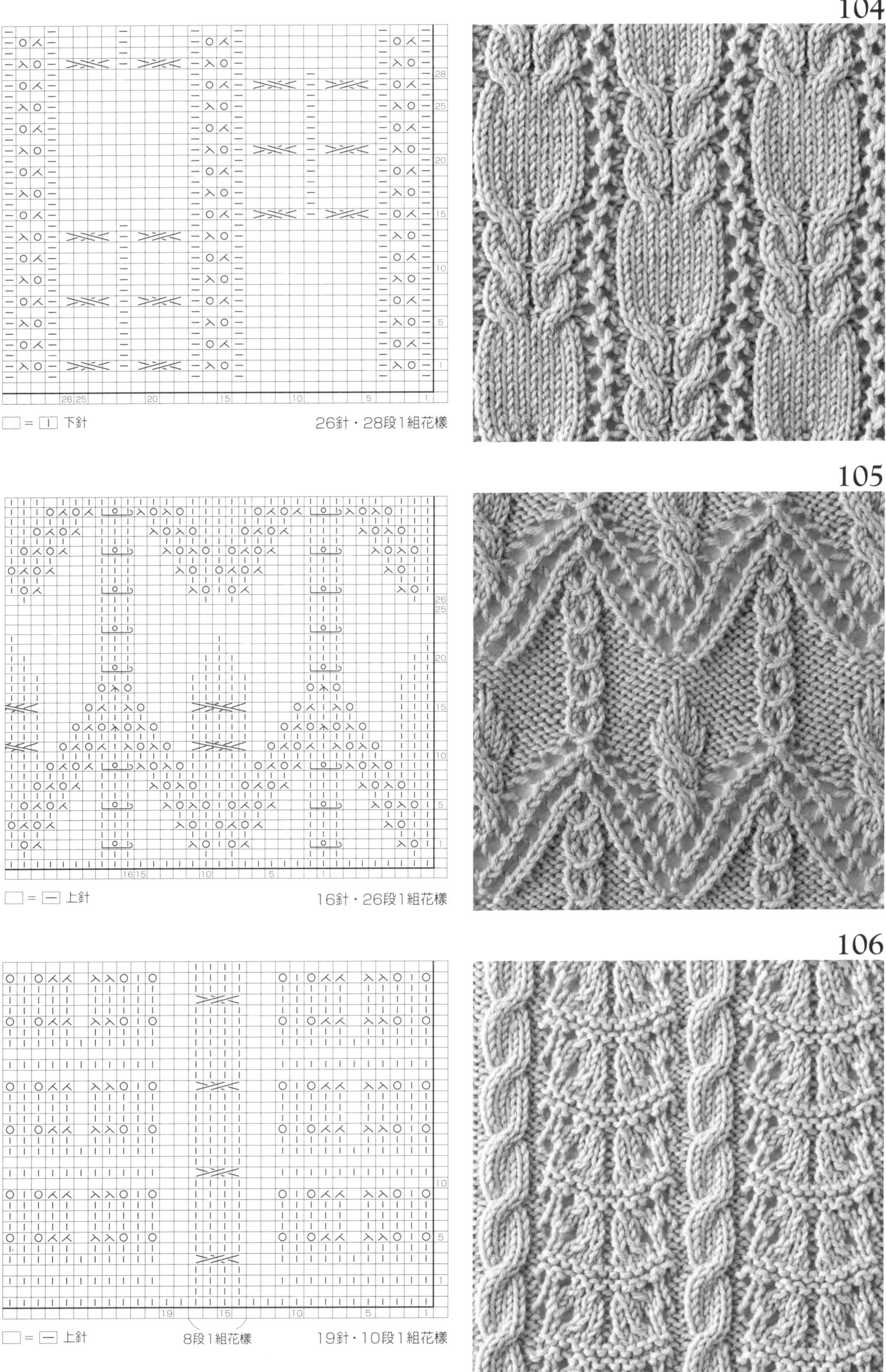
104
□ = 丨 下針
26針・28段1組花樣
105
□ = 一 上針
16針・26段1組花樣
106
□ = 一 上針
8段1組花樣
19針・10段1組花樣

107

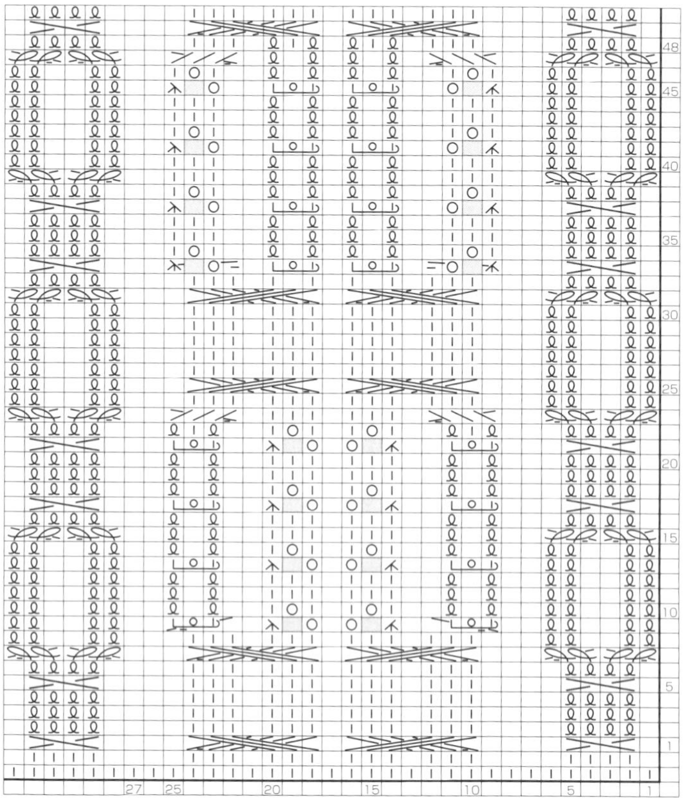

交叉花樣

□ = ㊀ 上針　▨ = 無針目部分

27針・48段1組花樣

[cable symbol] = [cable symbol] 右上扭針2針交叉

[symbol]・[symbol] = 參照P.131

[symbol]・[symbol] = 參照P.132

108

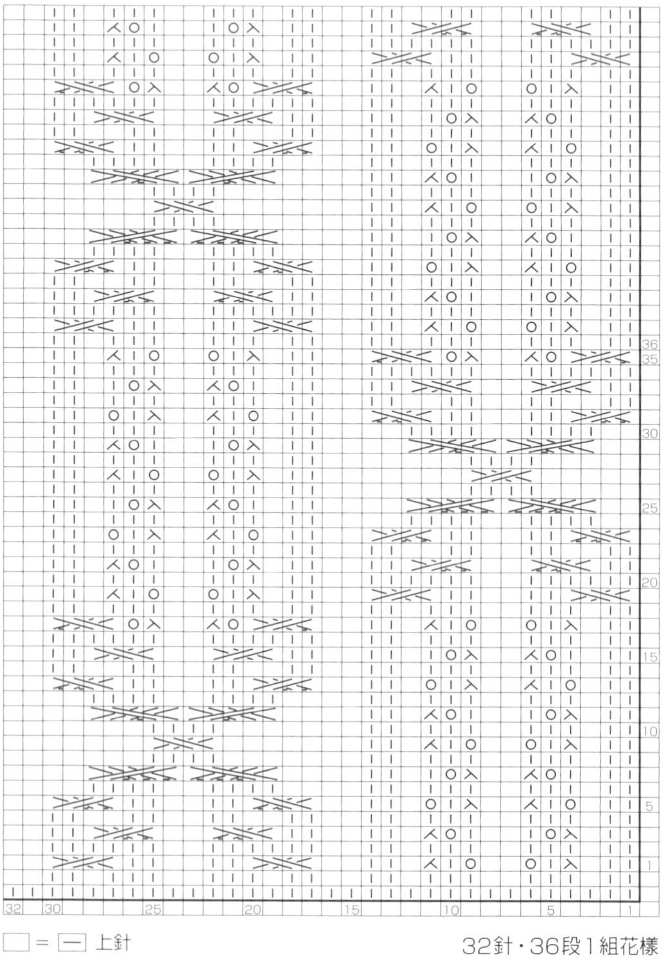

□ = ㊀ 上針

32針・36段1組花樣

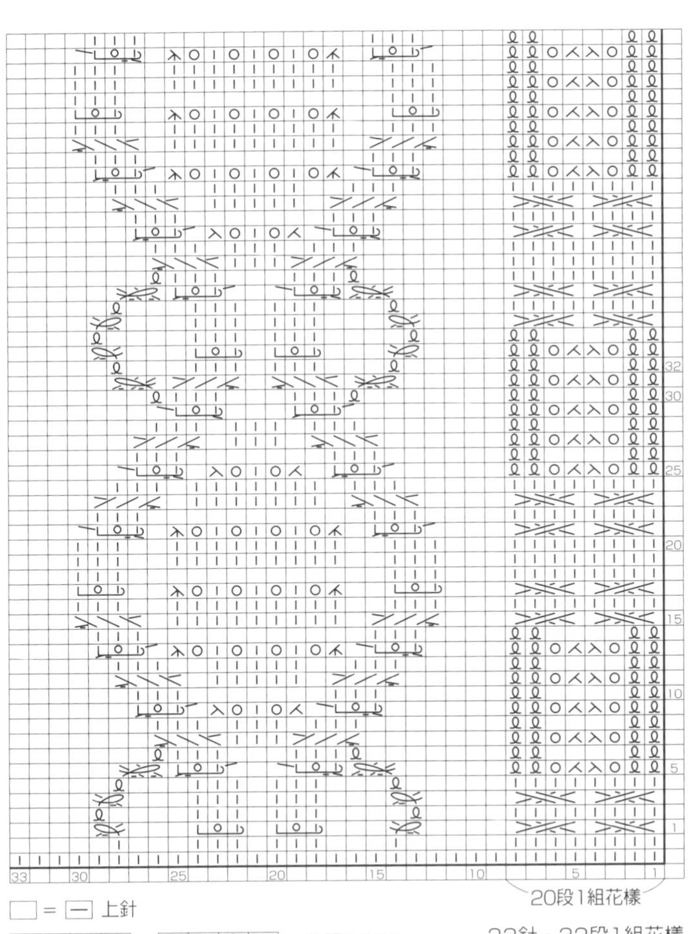

□ = ㈠ 上針

= 參照P.131

= 參照P.131

33針・32段1組花樣

110

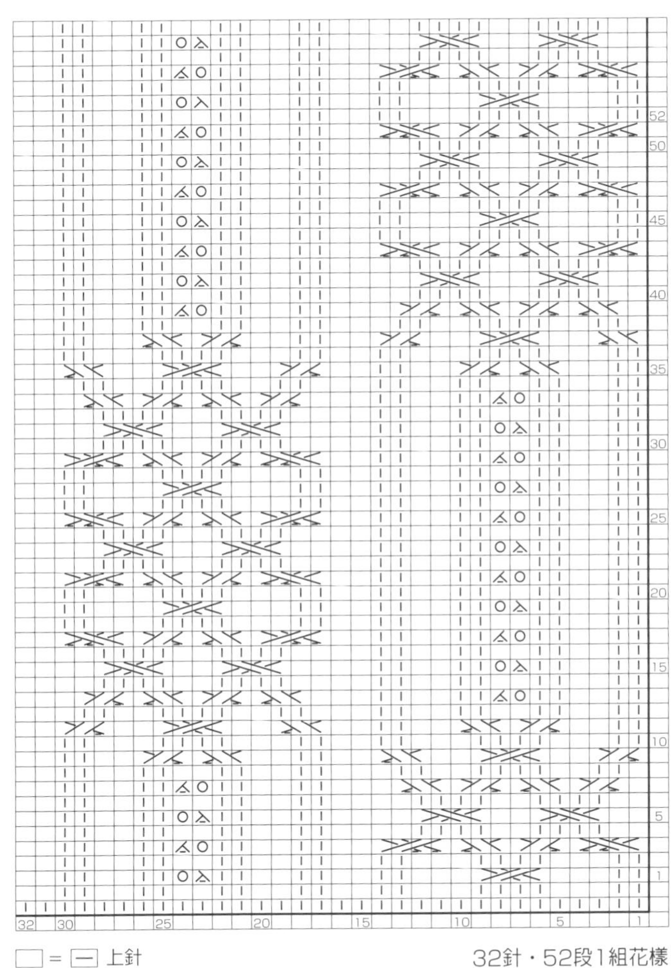

□ = ㈠ 上針

32針・52段1組花樣

111

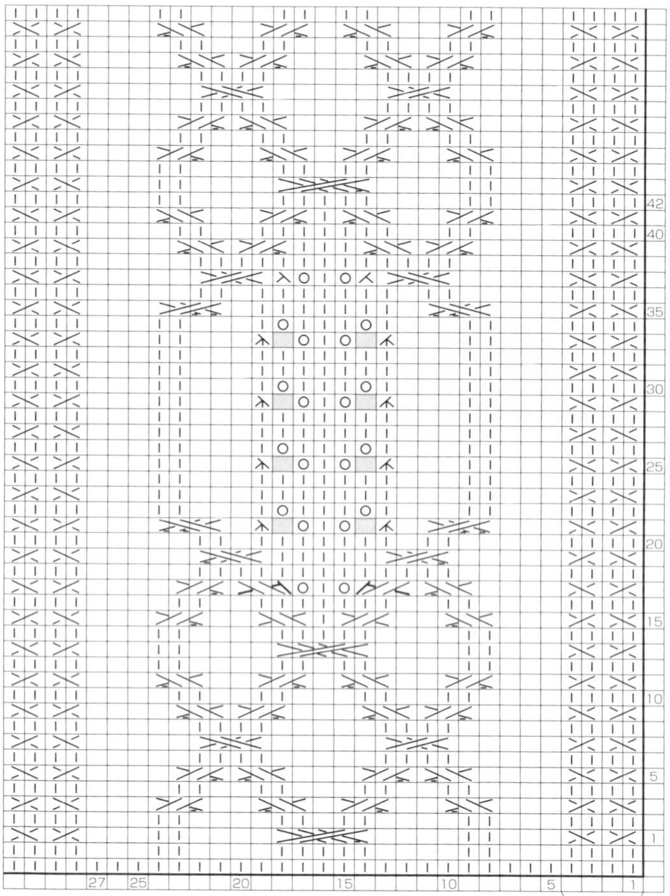

□＝㊀ 上針　▒＝無針目部分

4段1組花樣

○ ⟋ ⟍ ・ ⟋ ⟍ ○ ＝一邊交叉，一邊編織掛針與2併針。

27針・42段1組花樣

112

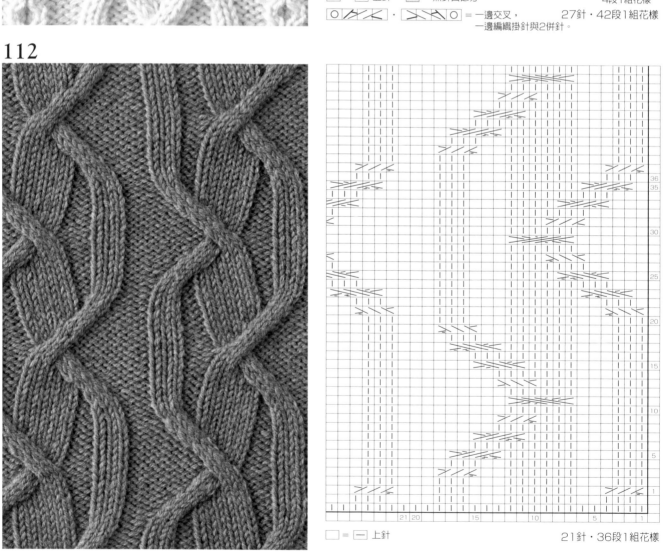

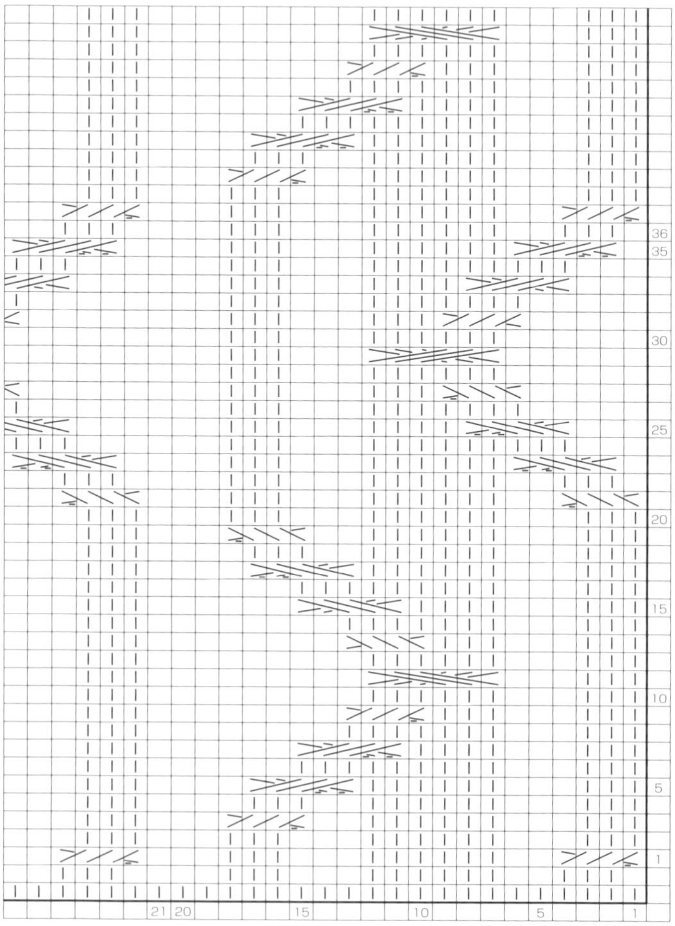

□＝㊀ 上針

21針・36段1組花樣

交叉花樣

113

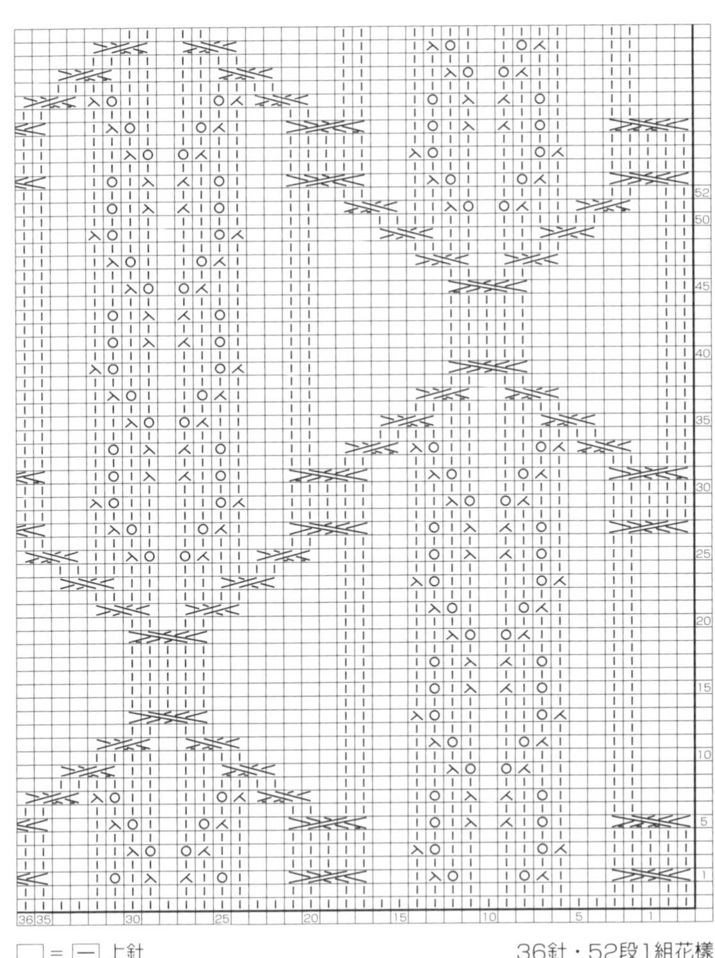

□ = ⊟ 上針

36針・52段1組花樣

114

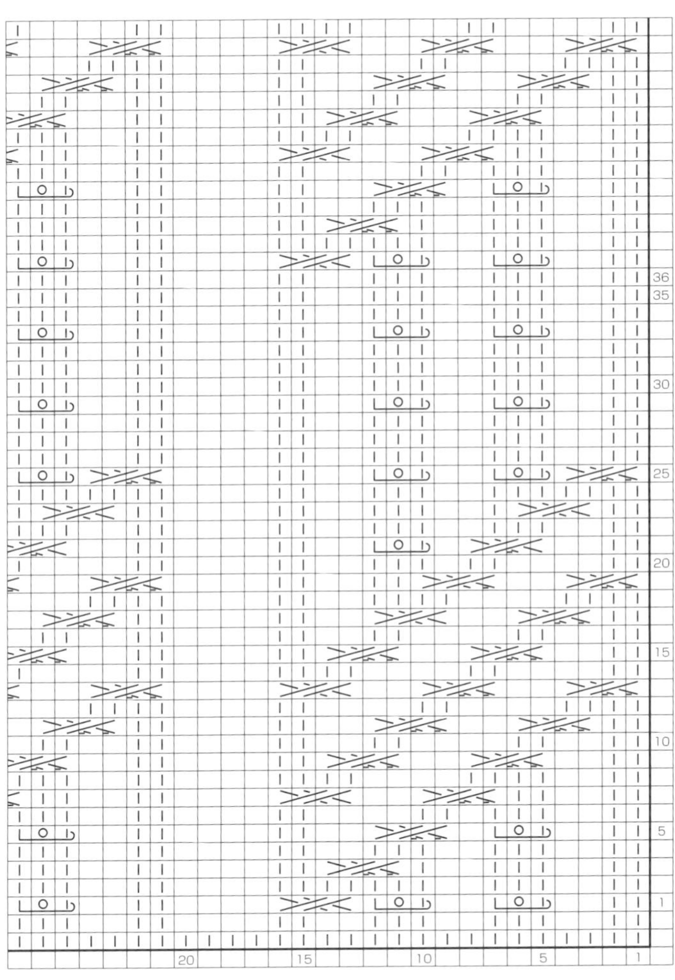

□ = ⊟ 上針

20針・36段1組花樣

115

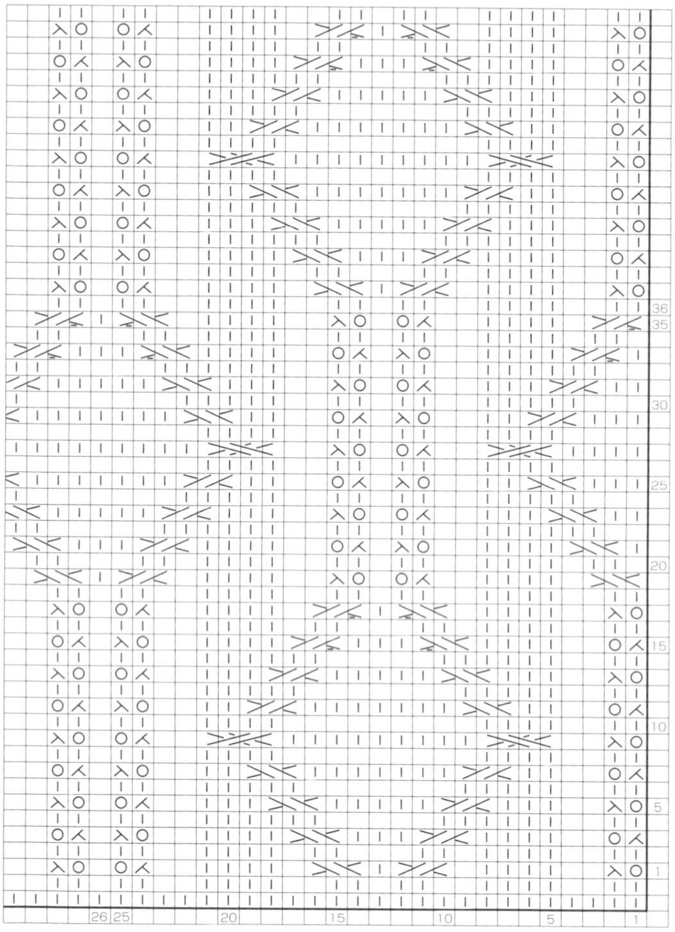

□ = ⊟ 上針

26針・36段1組花樣

116

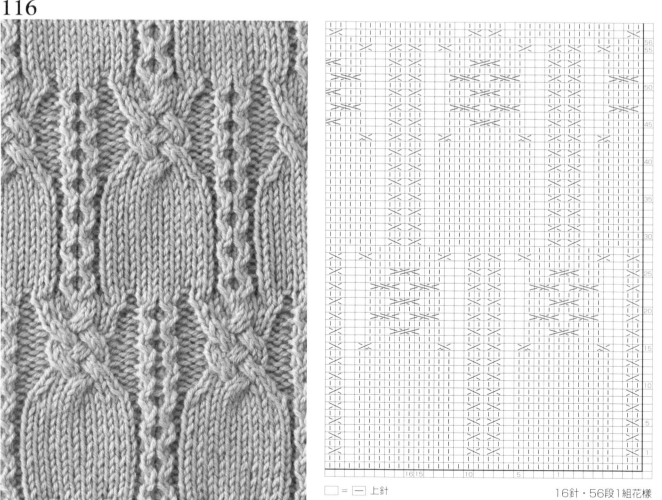

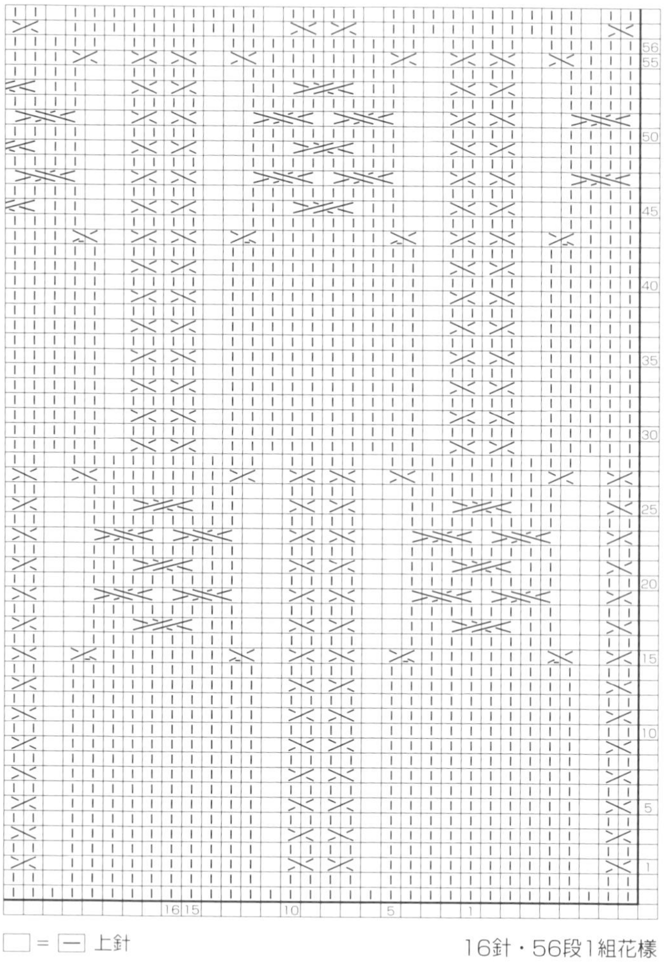

□ = ⊟ 上針

16針・56段1組花樣

117

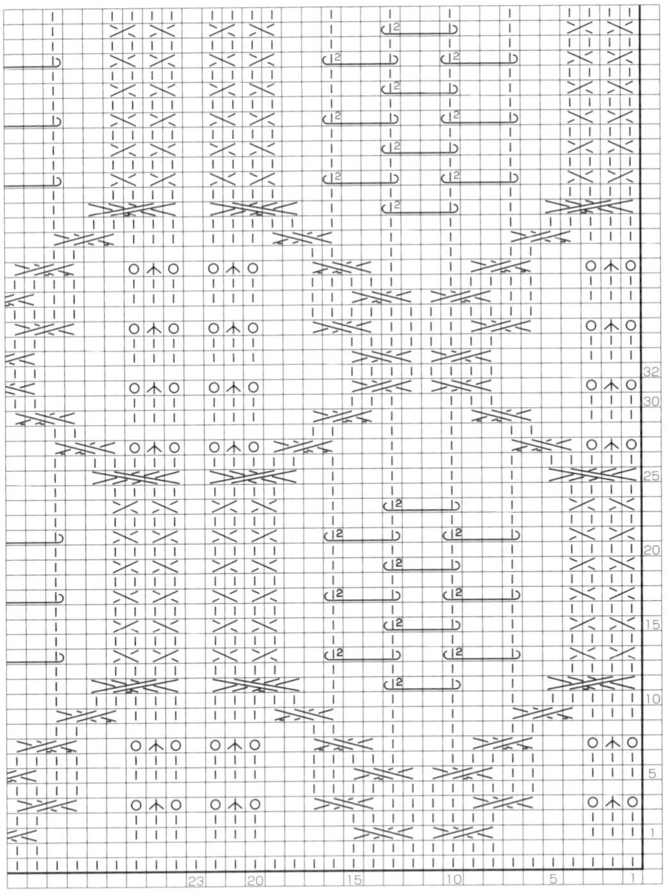

□ = ㊀ 上針

23針・32段1組花樣

(12) = 繞線2次的腰帶結

118

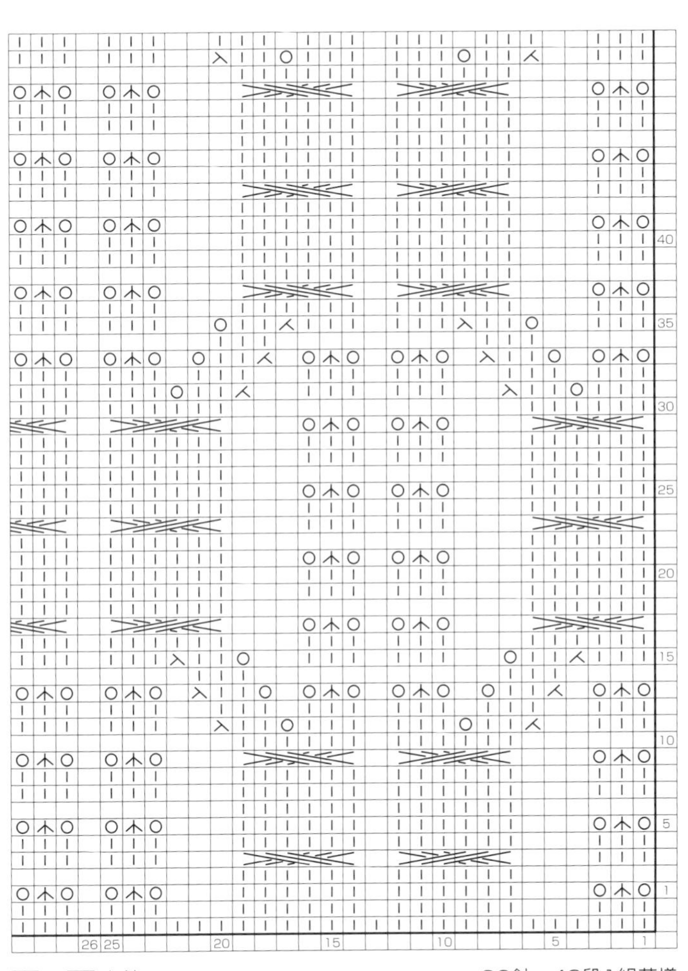

□ = ㊀ 上針

26針・40段1組花樣

119

□ = ⊟ 上針

30針・48段1組花樣

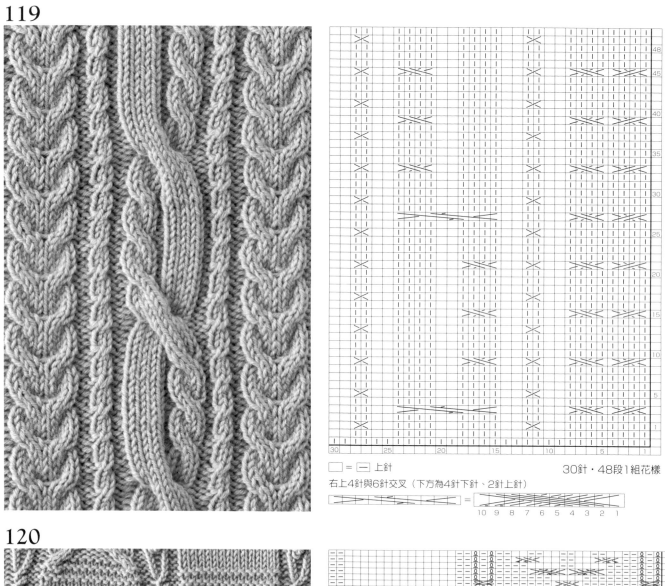

右上4針與6針交叉（下方為4針下針、2針上針）

120

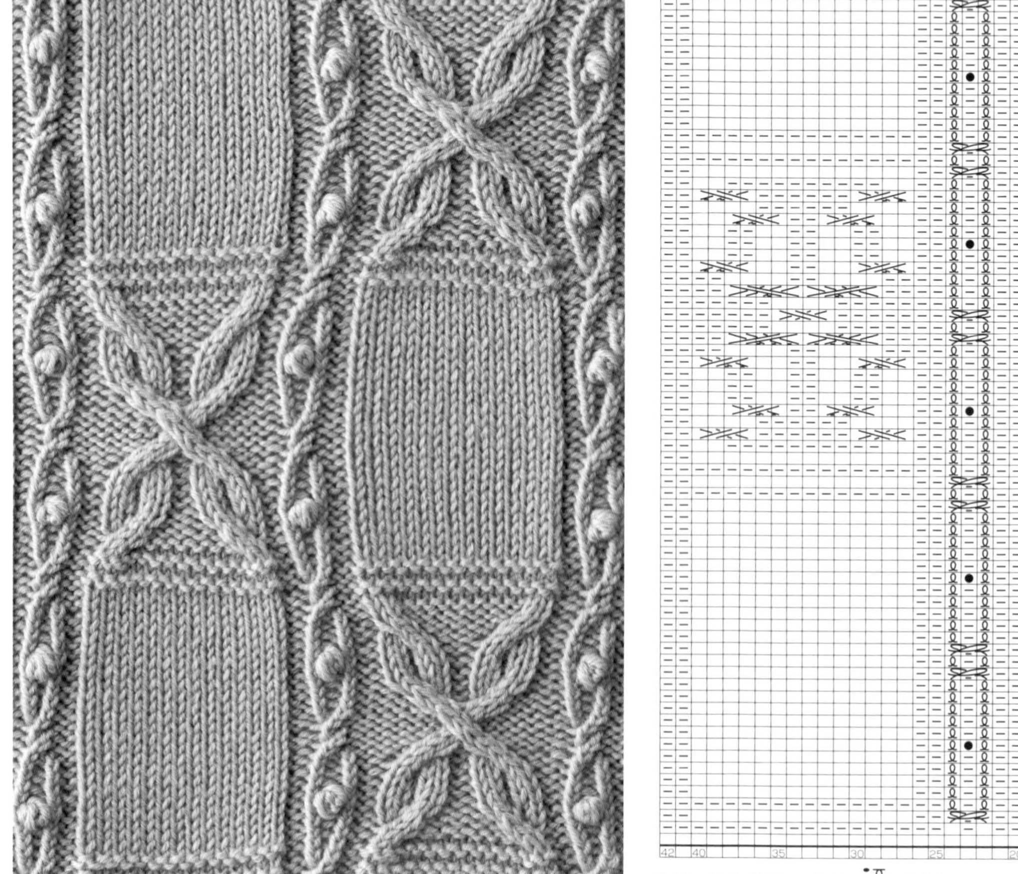

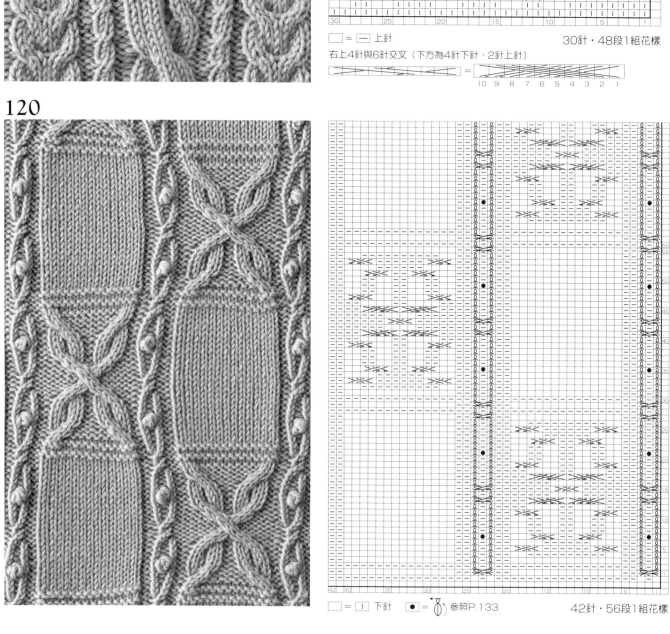

□ = ⏐ 下針　● = 參照P.133

42針・56段1組花樣

121

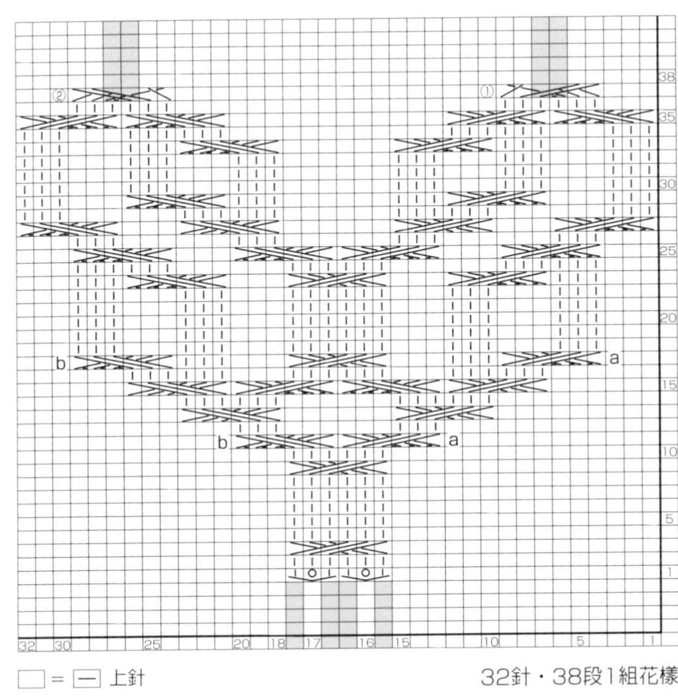

□ = ㊀ 上針

32針・38段1組花樣

▒ = 無針目部分

a = 左上3針交叉（下方為3針上針）

b = 右上3針交叉（下方為3針上針）

① (6針) → (4針)

針目1、4織左上2併針（−1針）
針目2、5織左上2併針（−1針）
針目3、6織左上1針交叉（針目3織上針）

② (6針) → (4針)

針目1、4織右上1針交叉（針目4織上針）
針目2、5織右上2併針（−1針）
針目3、6織右上2併針（−1針）

122

□ = ㊀ 上針　▒ = 無針目部分

31針・60段1組花樣

● = (3)

3 = ㅣ−ㅣ

▒ = 扭針的右上3併針

123

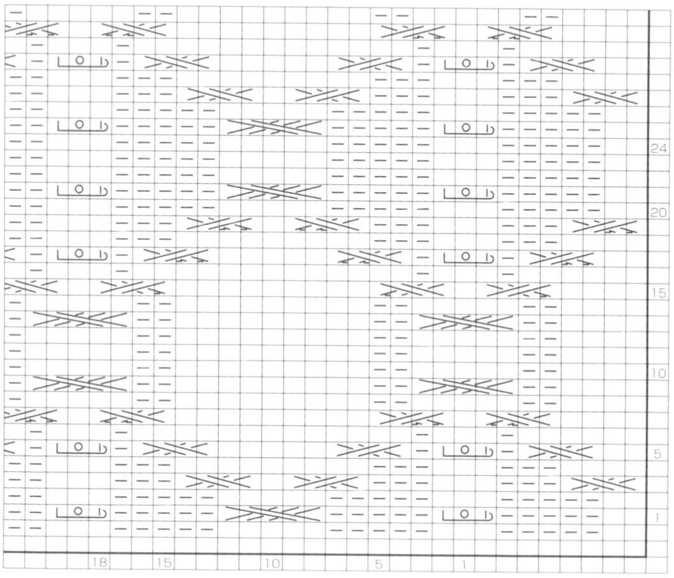

□ = 丨 下針

18針・24段1組花樣

124

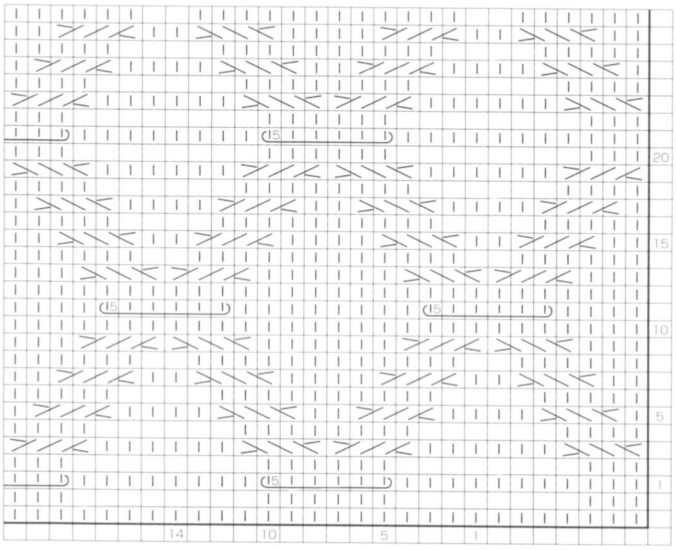

□ = 一 上針

14針・20段1組花樣

(15丨丨丨丨丨丨) = 繞線5次的腰帶結

125

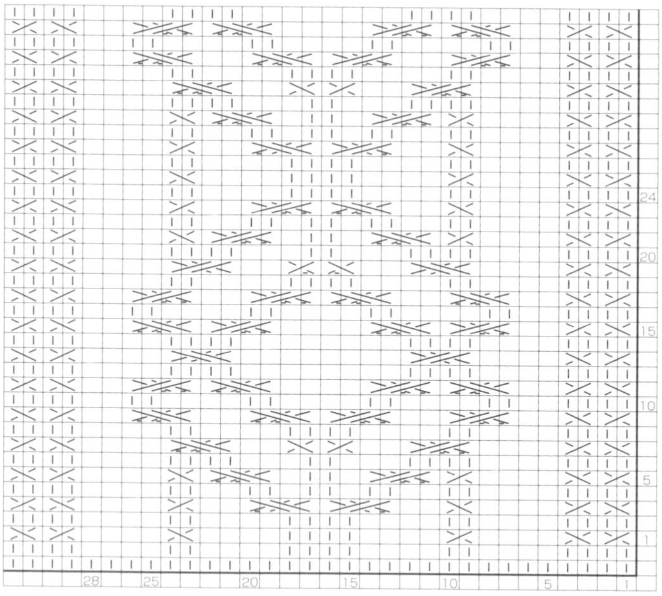

□ = 一 上針

28針・24段1組花樣

126

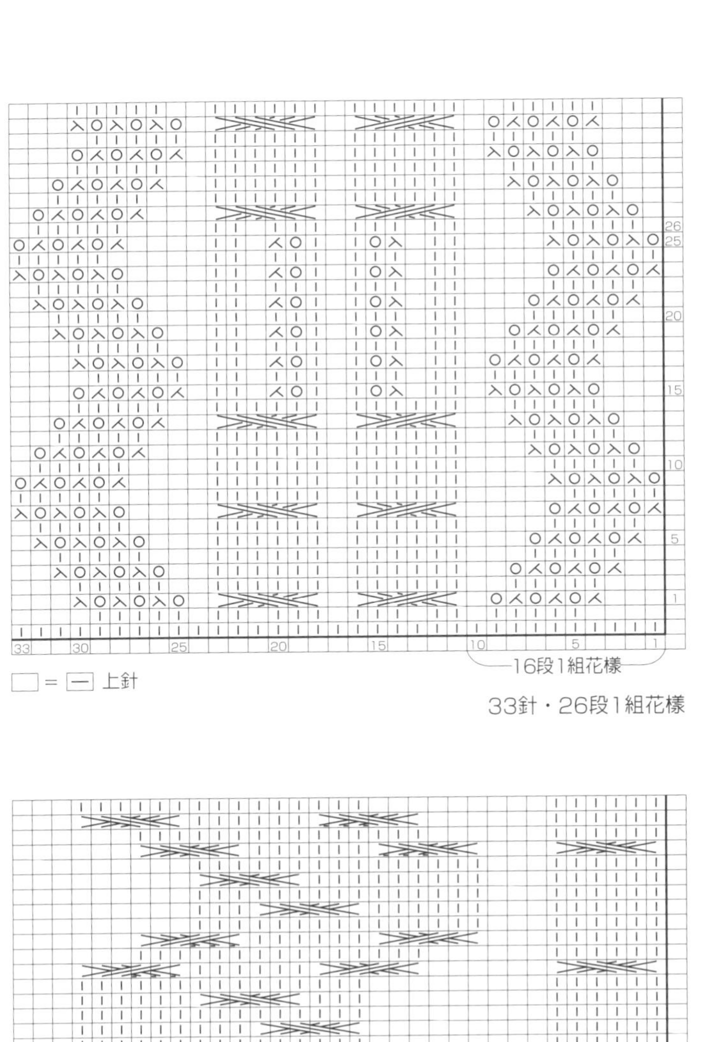

□ = ㊀ 上針

16段1組花樣

33針・26段1組花樣

127

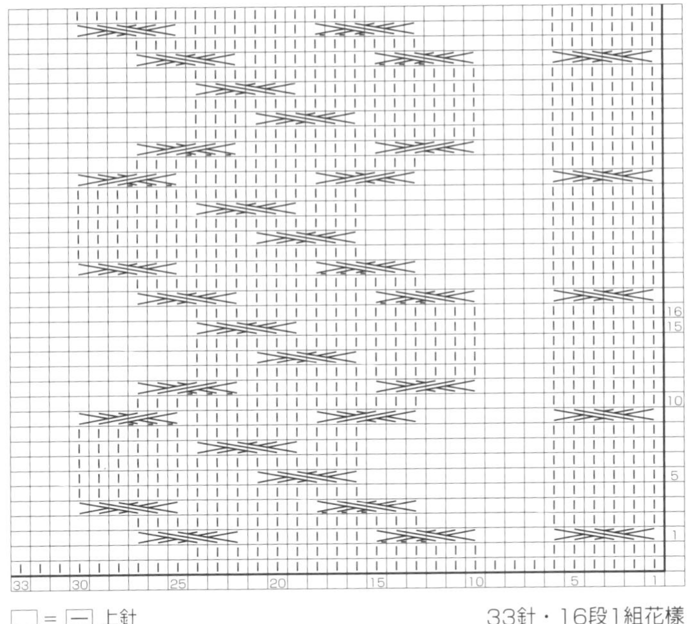

□ = ㊀ 上針

33針・16段1組花樣

128

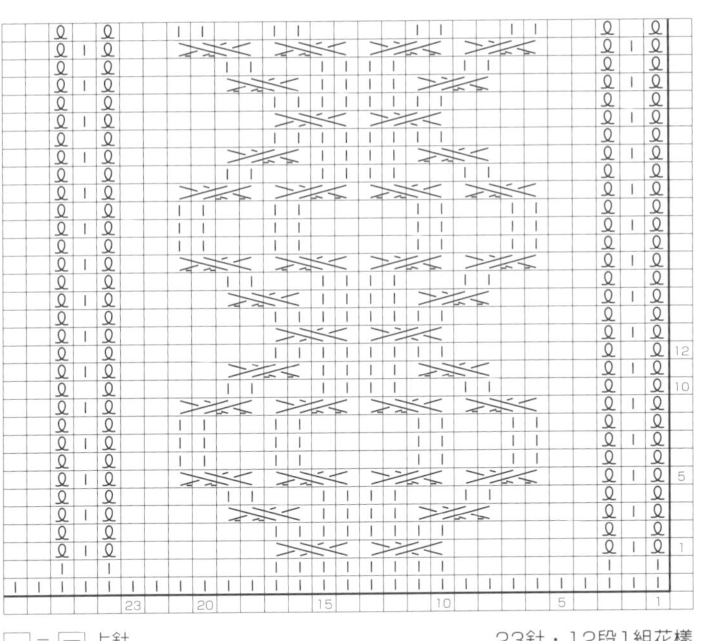

□ = ㊀ 上針

23針・12段1組花樣

交叉&鏤空花樣的帽子

花樣編使用P.61・131號花樣局部。

織法：參照P.128

大型花樣

Large Patterns

將各式不同風情的花樣並排而成的大型花樣，
最適合運用於可盡情享受編織樂趣的艾倫花樣手織服之類。
若想編織長久穿著的毛衣時，請務必選用這類型設計。

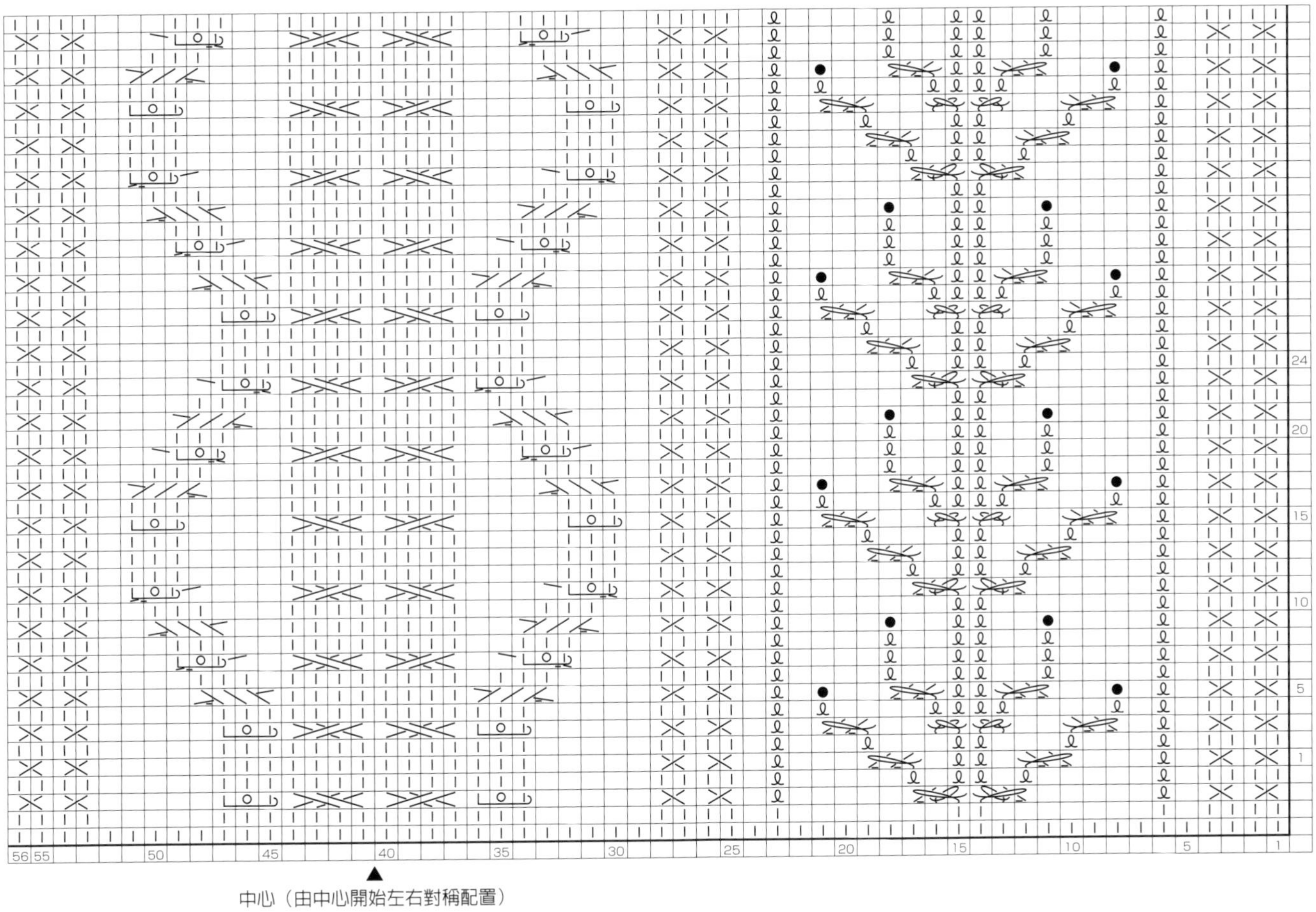

▲

中心（由中心開始左右對稱配置）

□ = ─ 上針　● = 　　·　　= 參照P.131

參照P.131

130

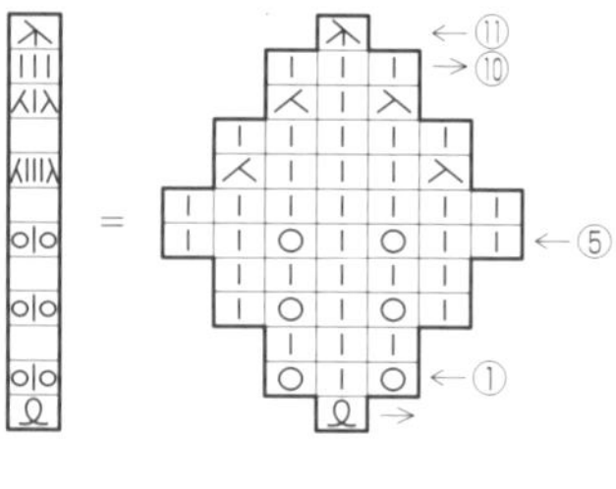

大型花樣

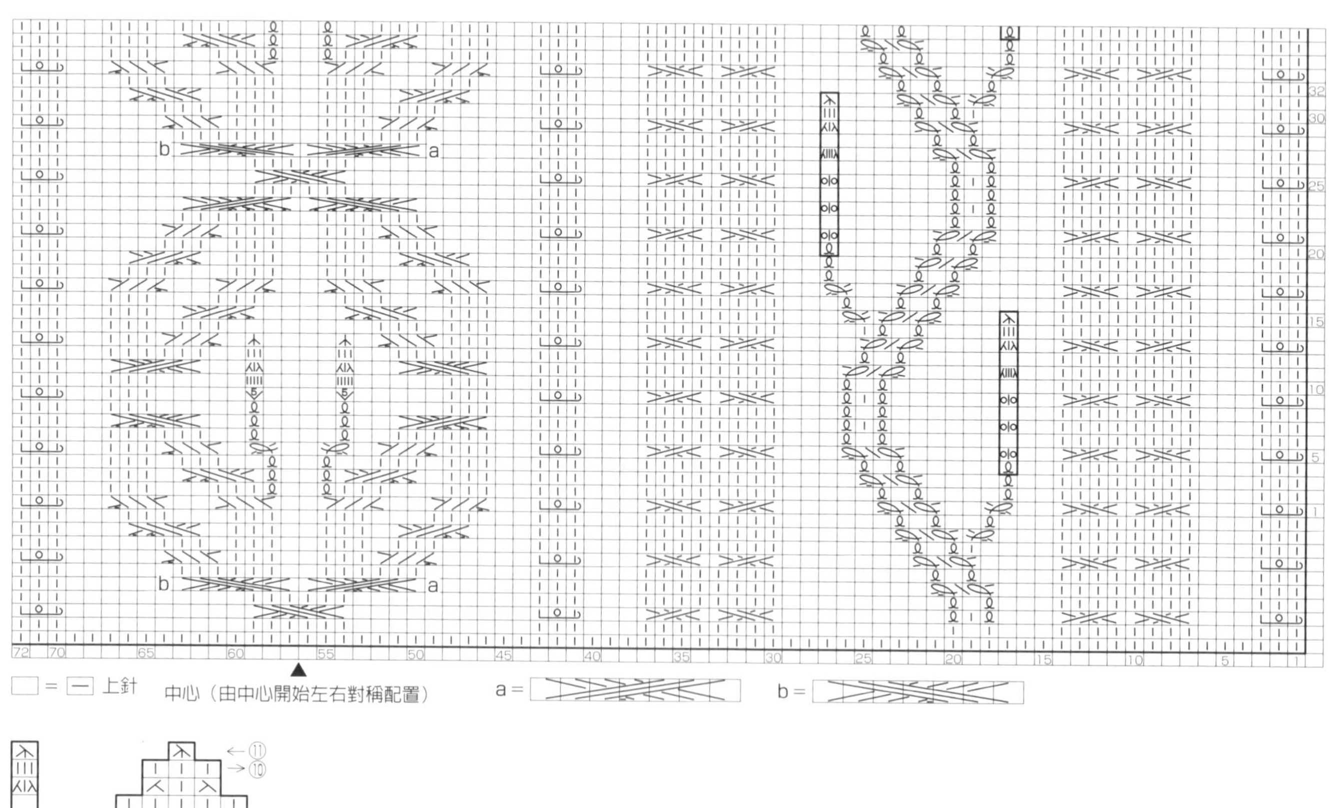

24段1組花樣

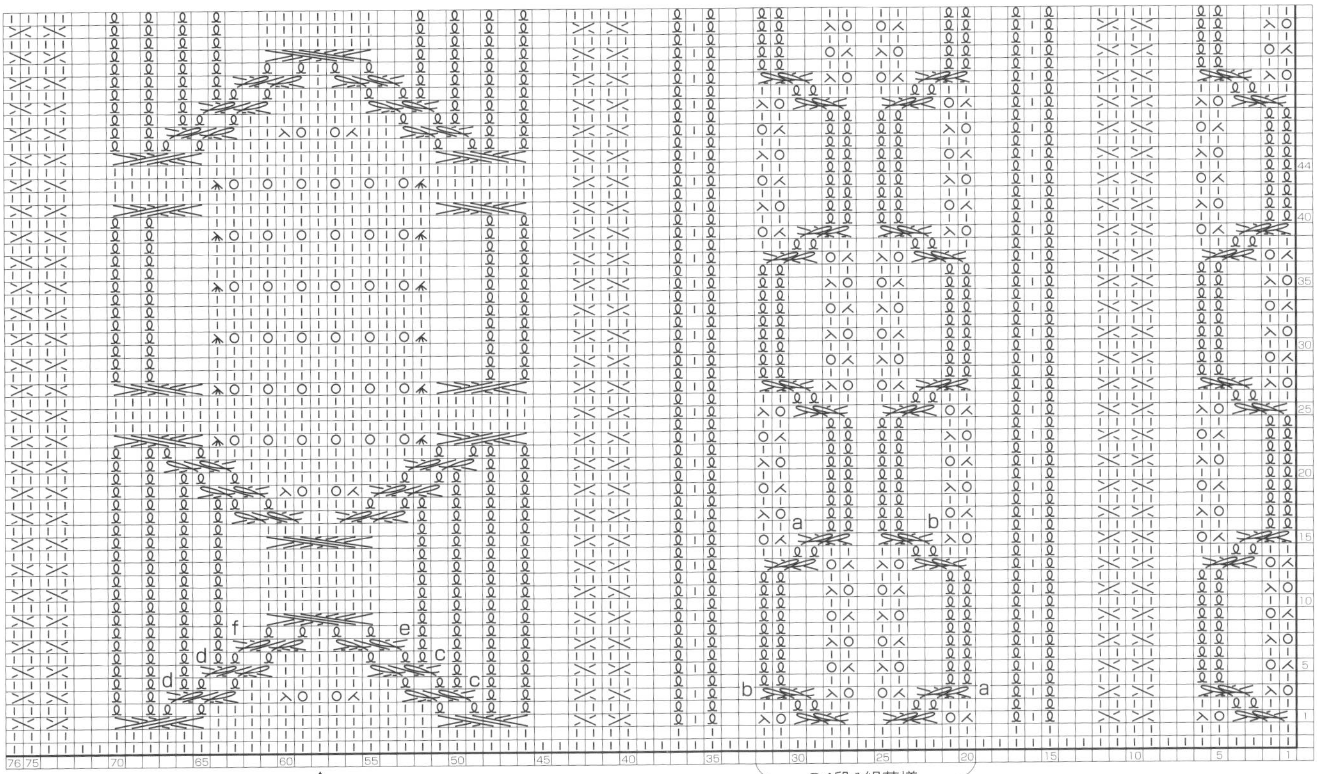

□ = — 上針

中心（由中心開始左右對稱配置）

a = 左上2針交叉（下方為2針上針）

b = 右上2針交叉（下方為2針上針）

c = 右上3針與2針交叉（下方為上針、下針）

d = 左上3針與2針交叉（下方為下針、上針）

e = 右上3針與2針交叉（下方為2針上針）

f = 左上3針與2針交叉（下方為2針上針）

132

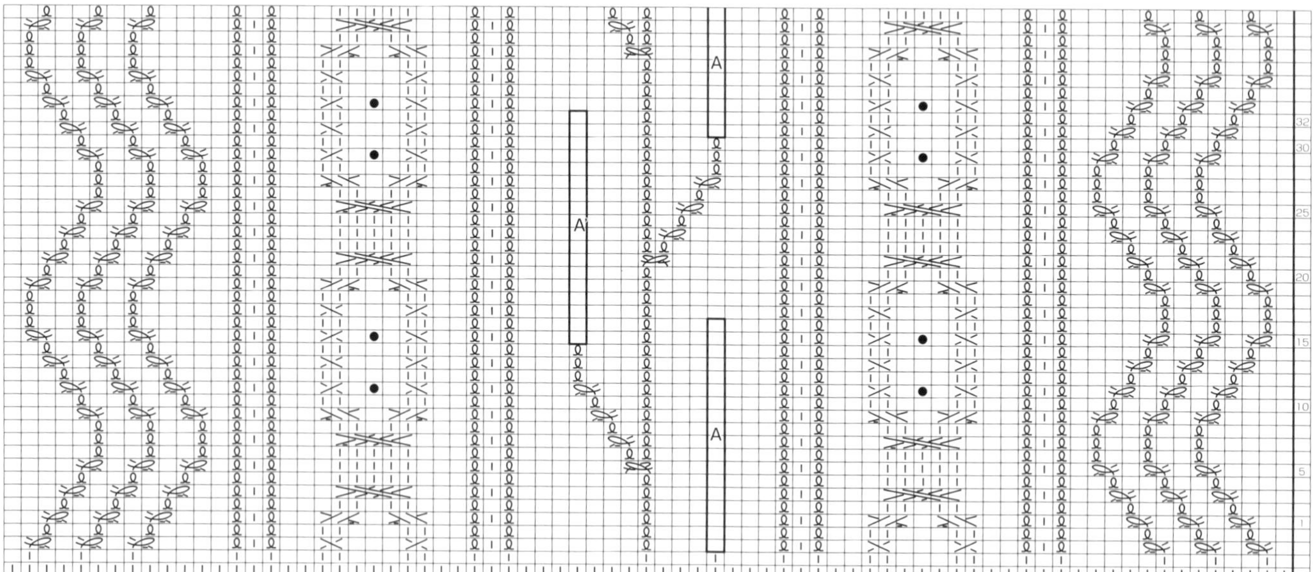

▲

□＝— 上針　●＝

中心（由中心開始左右對稱配置）

18段1組花樣

20段1組花樣

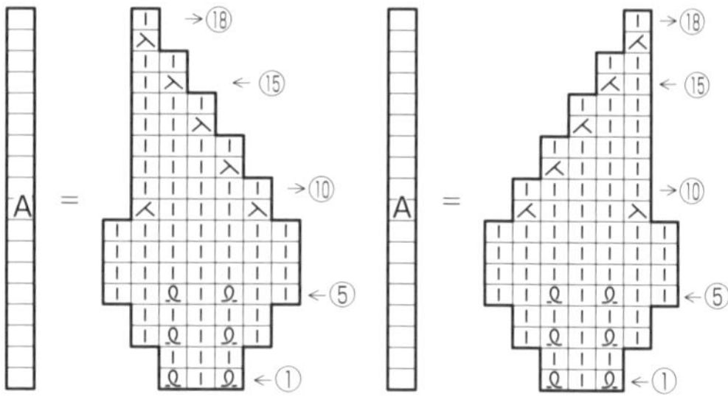

A ＝

A ＝

挑針目之間的渡線編織扭加針

▲

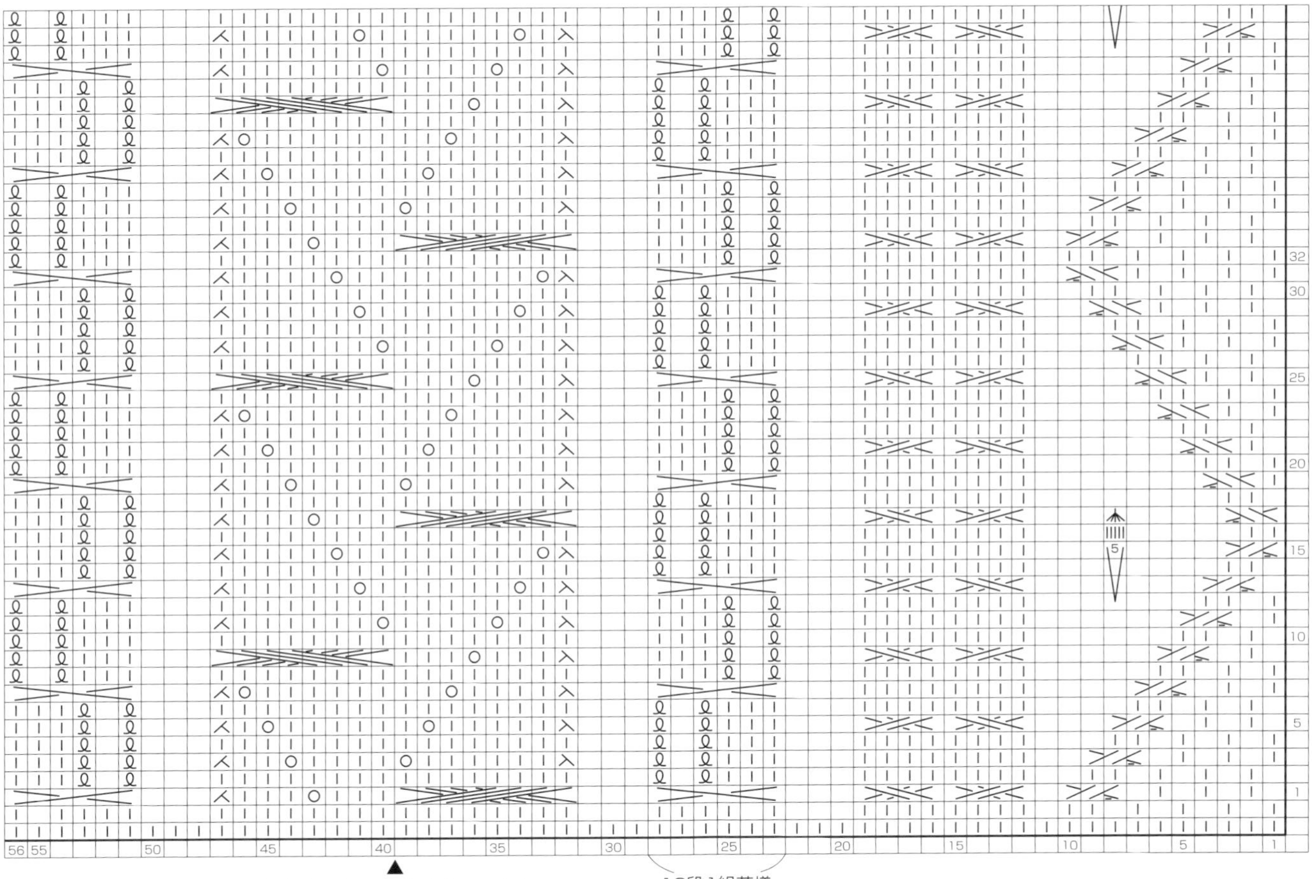

56 55 50 45 40 35 30 25 20 15 10 5 1

中心（由中心開始左右對稱配置）

12段1組花樣

□ = 一 上針

134

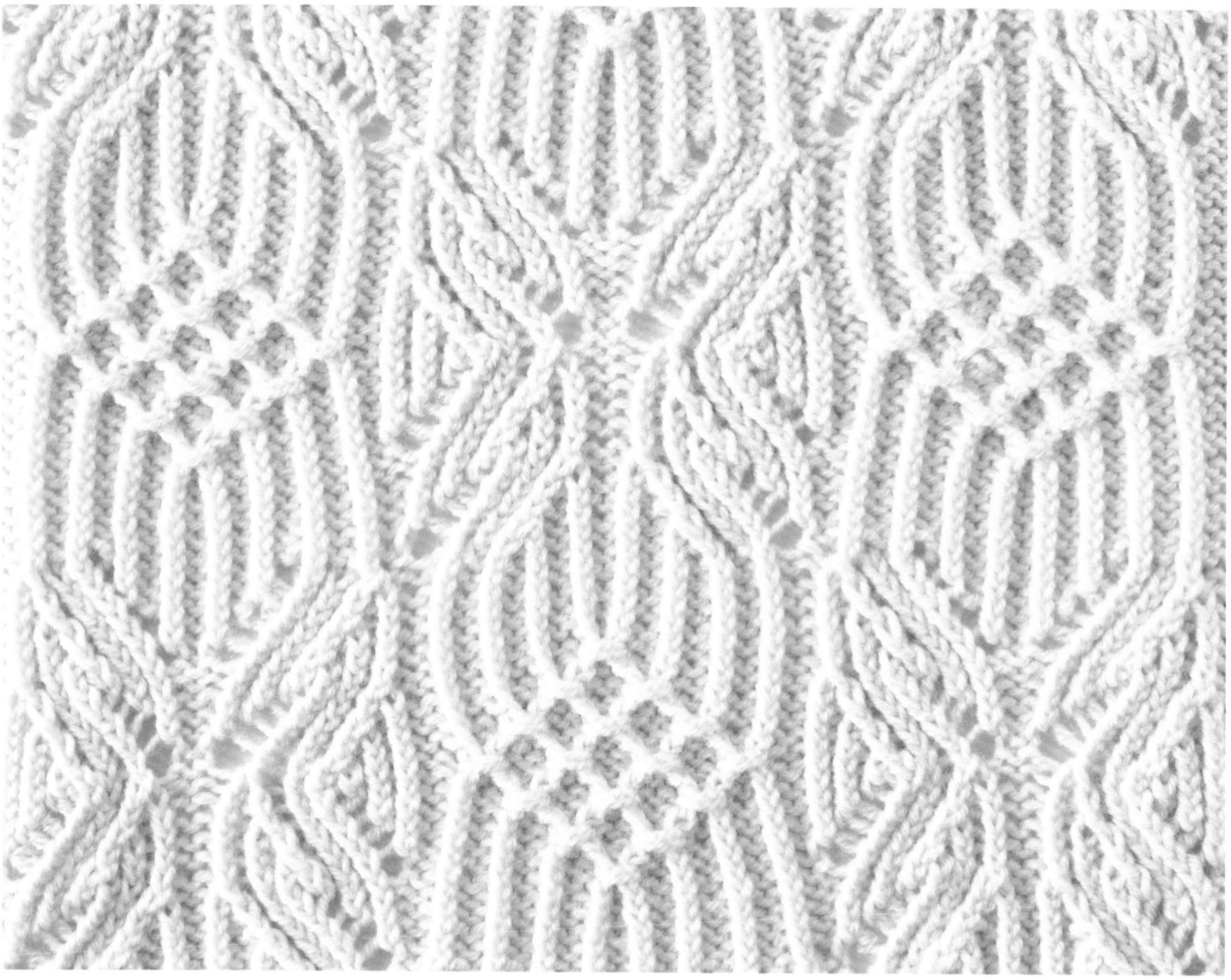

□ = ― 上針　(ℓ2 ℓ) = 繞線2次的腰帶結

50針・48段1組花樣

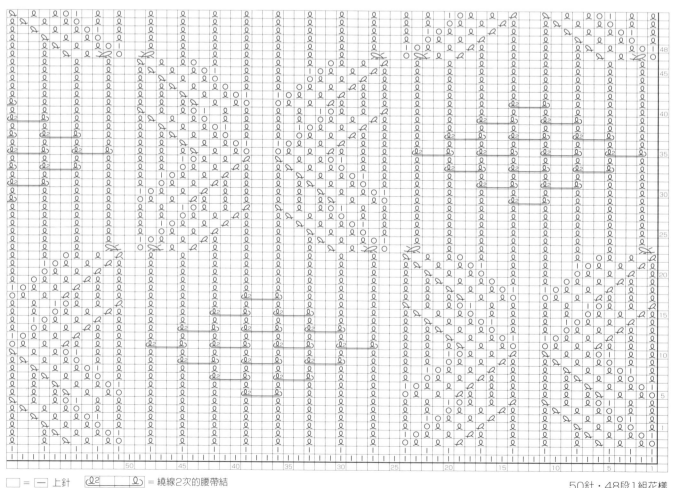

大型花樣

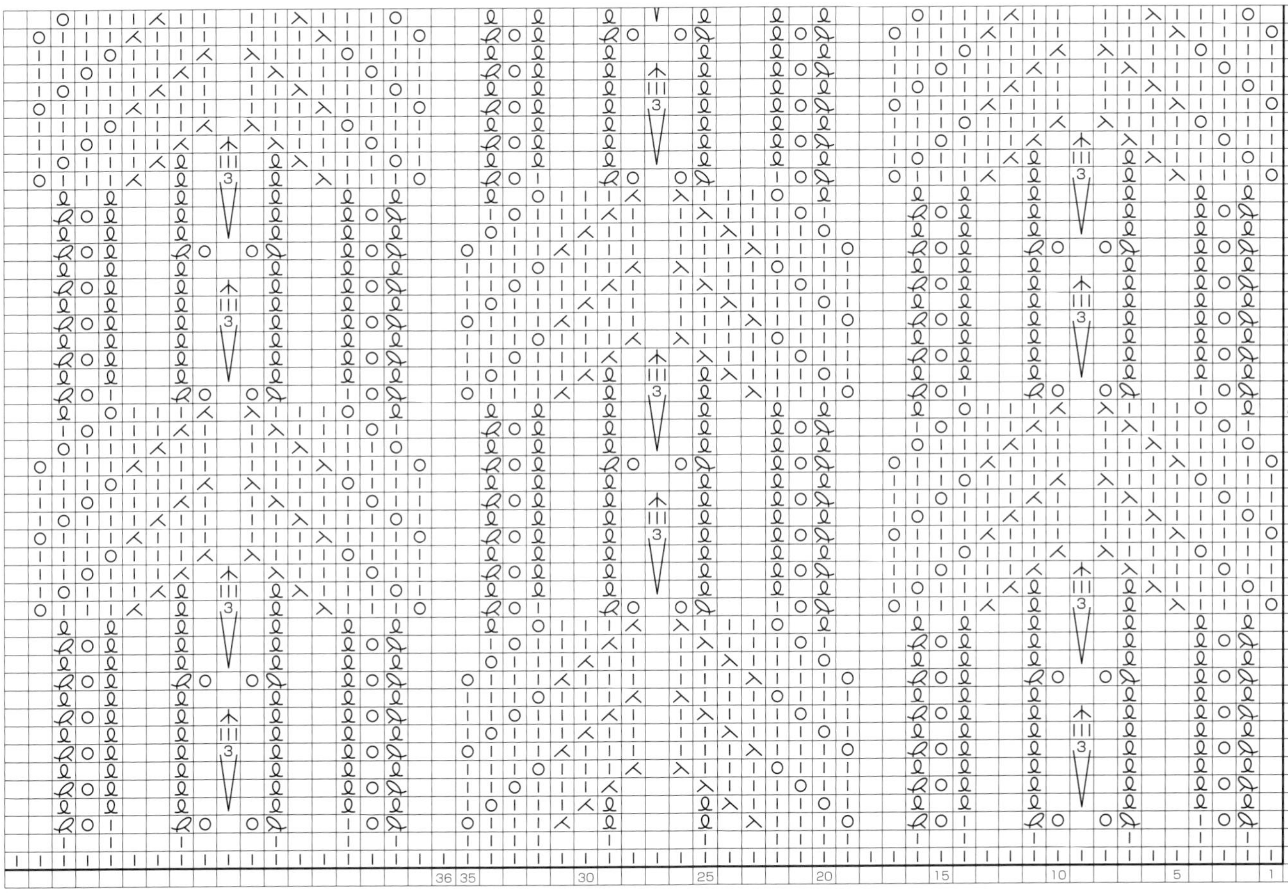

□ = ー 上針

36針・24段1組花樣

136

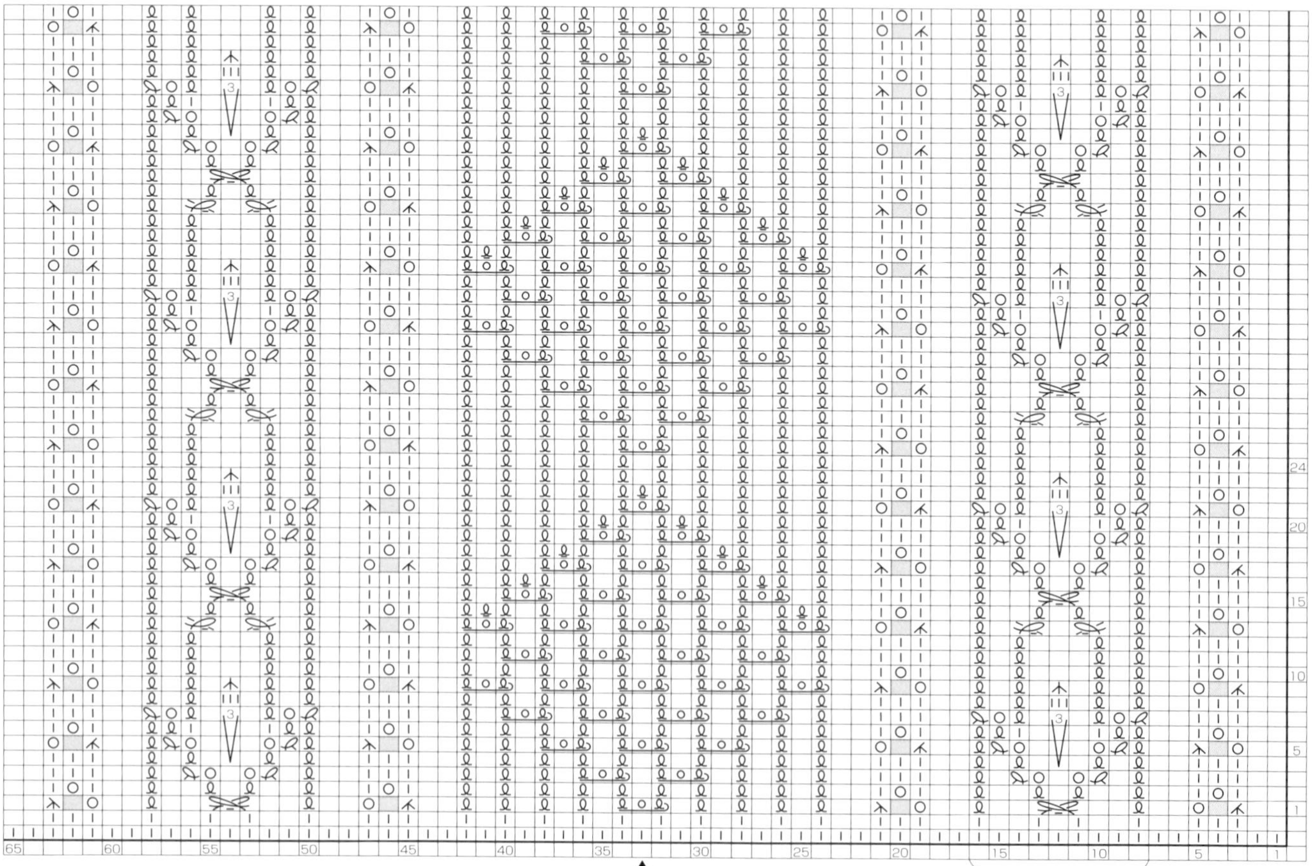

大型花樣

▲

□ = — 上針　▒ = 無針目部分

中心（由中心開始左右對稱配置）

14段1組花樣

= 扭針的金錢花針（左套右）

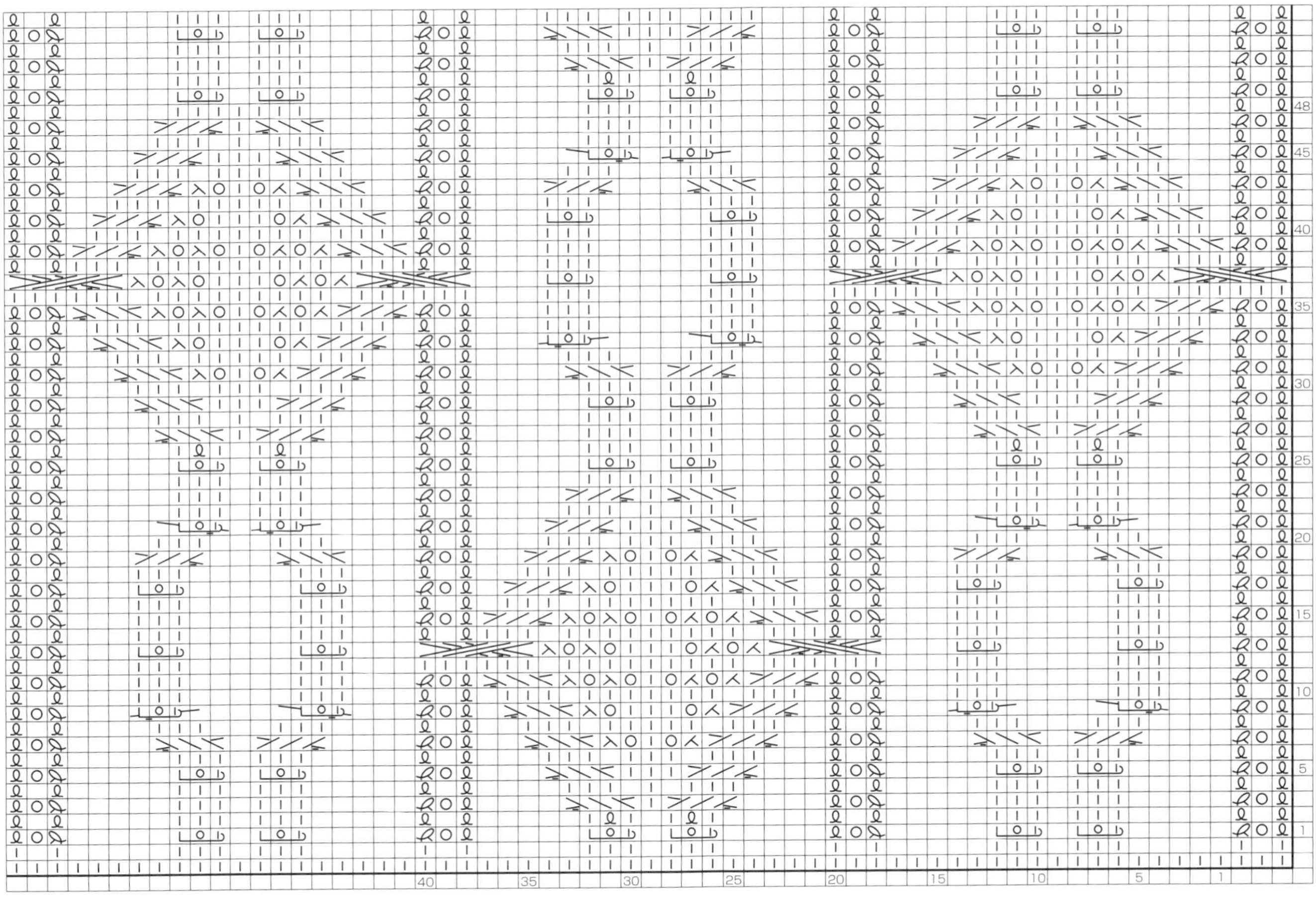

□ = — 上針　・　= 參照P.131

40針・48段1組花樣

138

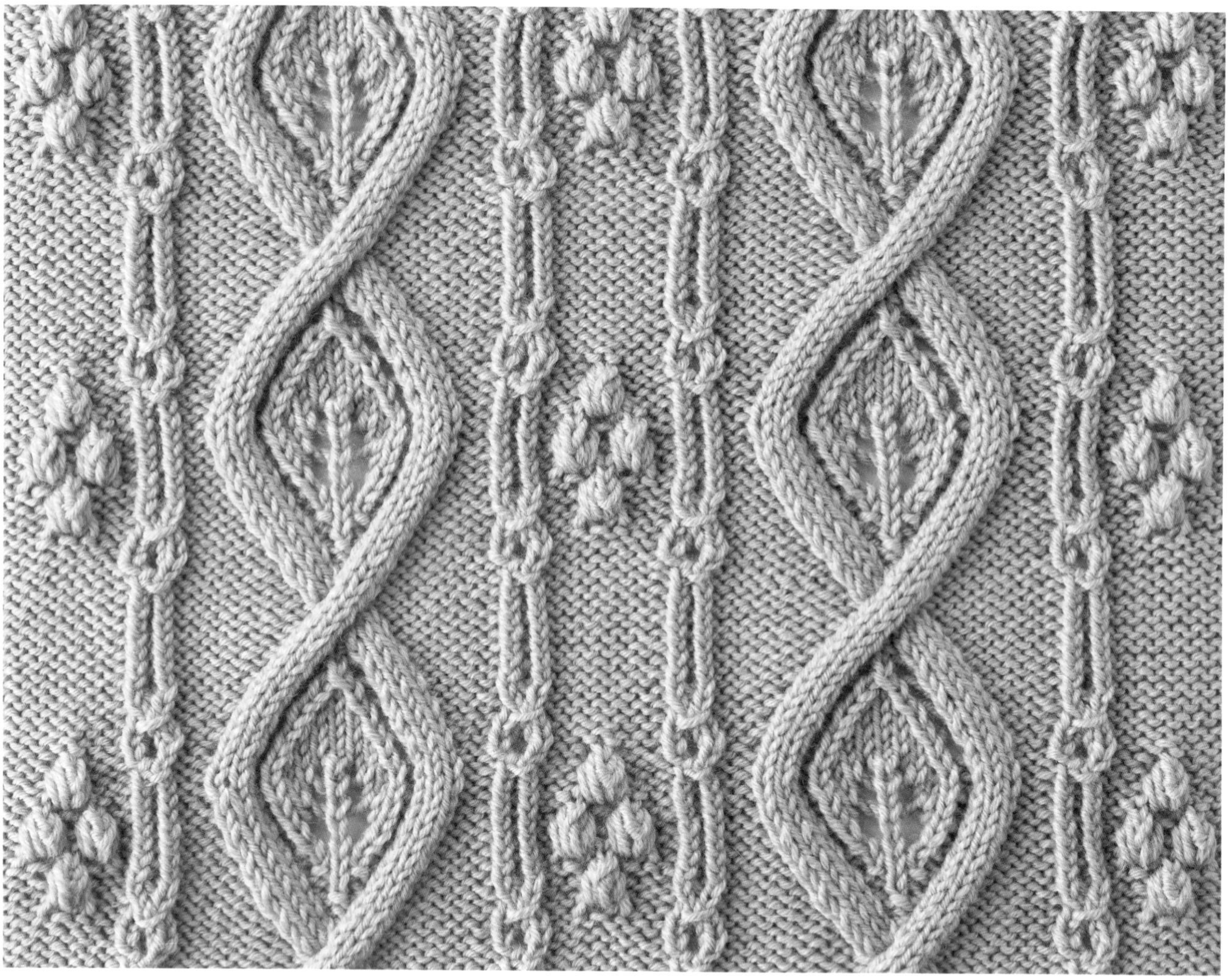

□ = ⊟ 上針

26段1組花樣

36針・28段1組花樣

▲

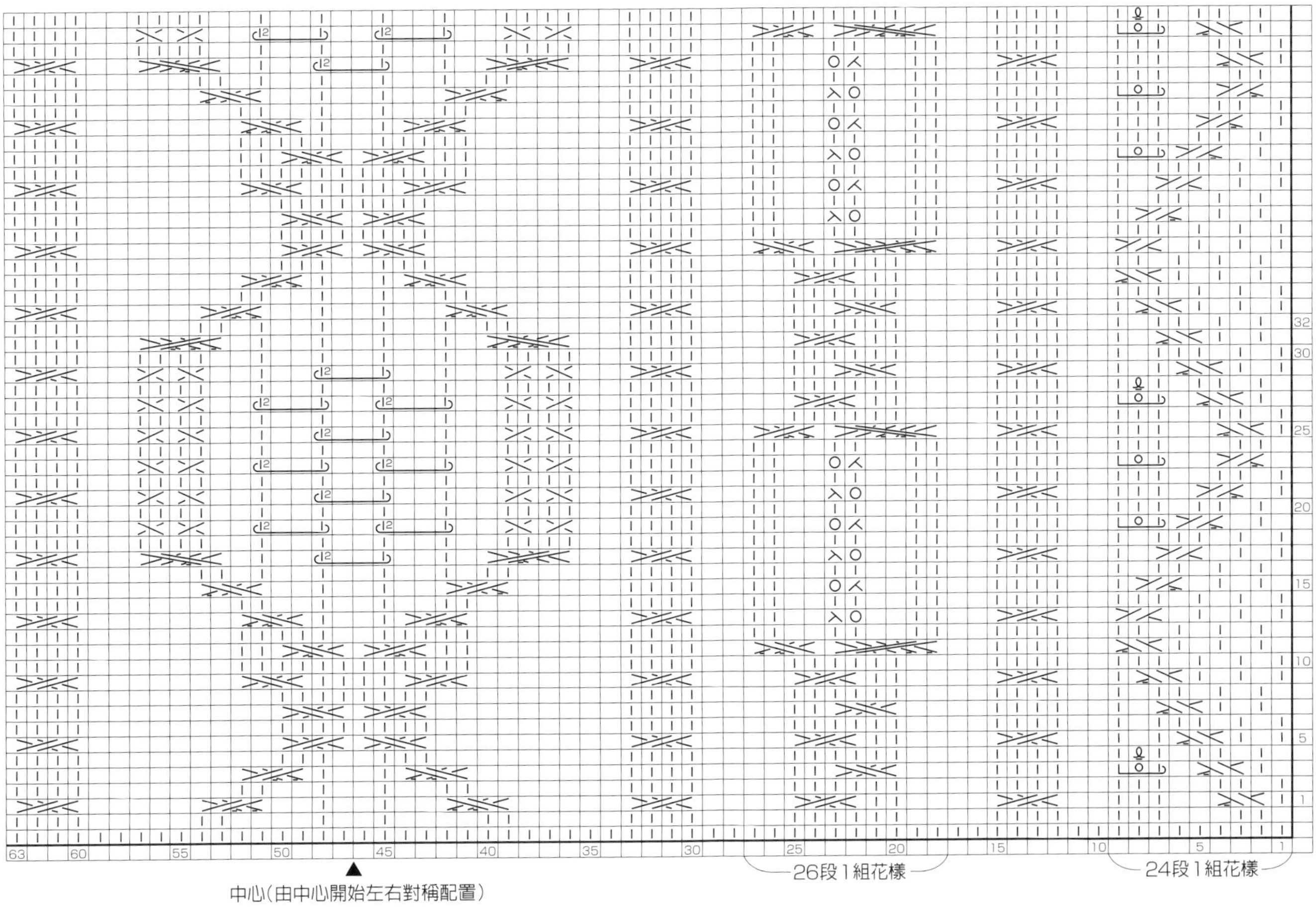

63 60 55 50 45 40 35 30 25 20 15 10 5 1

26段1組花樣

24段1組花樣

▲

中心(由中心開始左右對稱配置)

□ = ⊟ 上針　[l2　　　b] = 繞線2次的腰帶結

140

▲

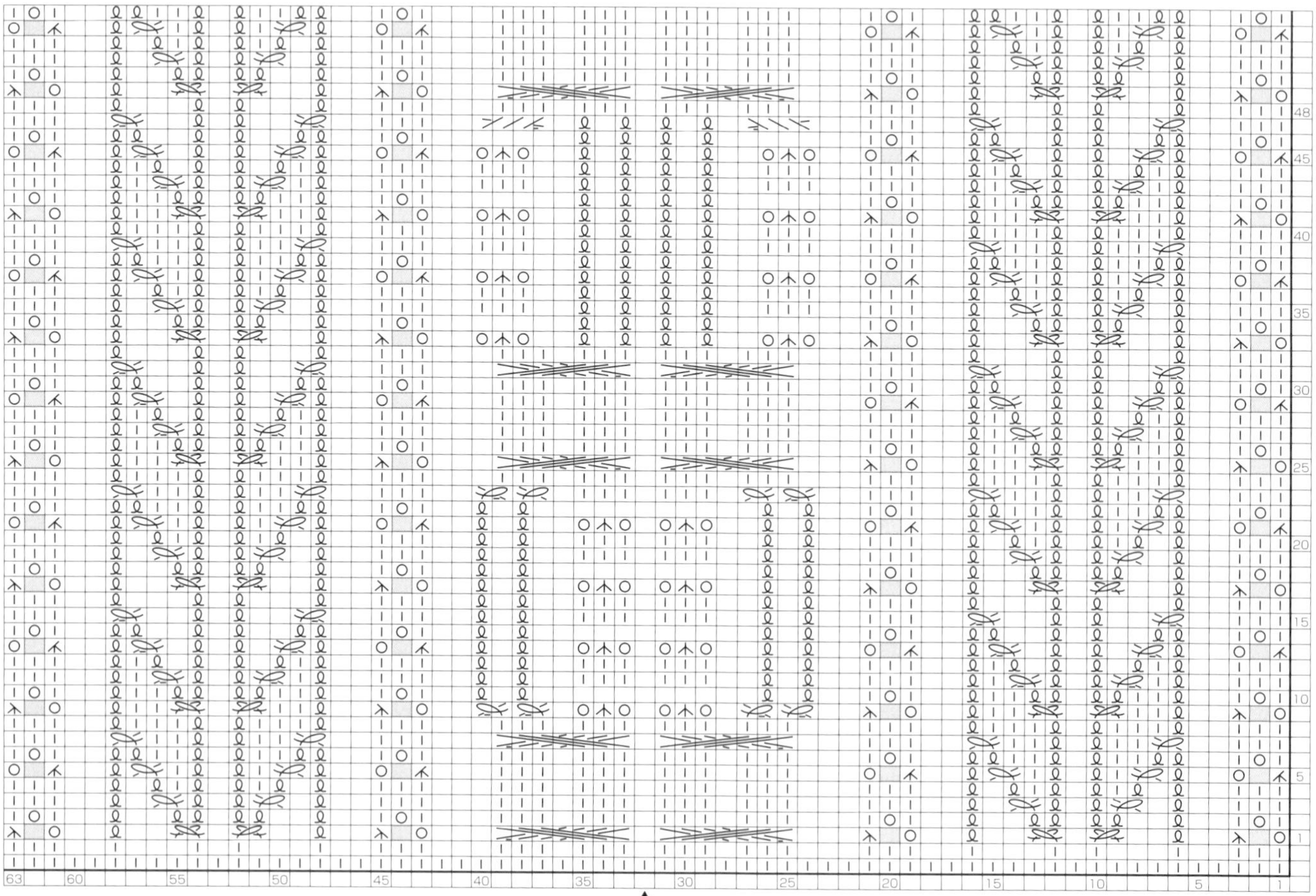

□ = ⊟ 上針　▨ = 無針目部分

▲
中心（由中心開始左右對稱配置）

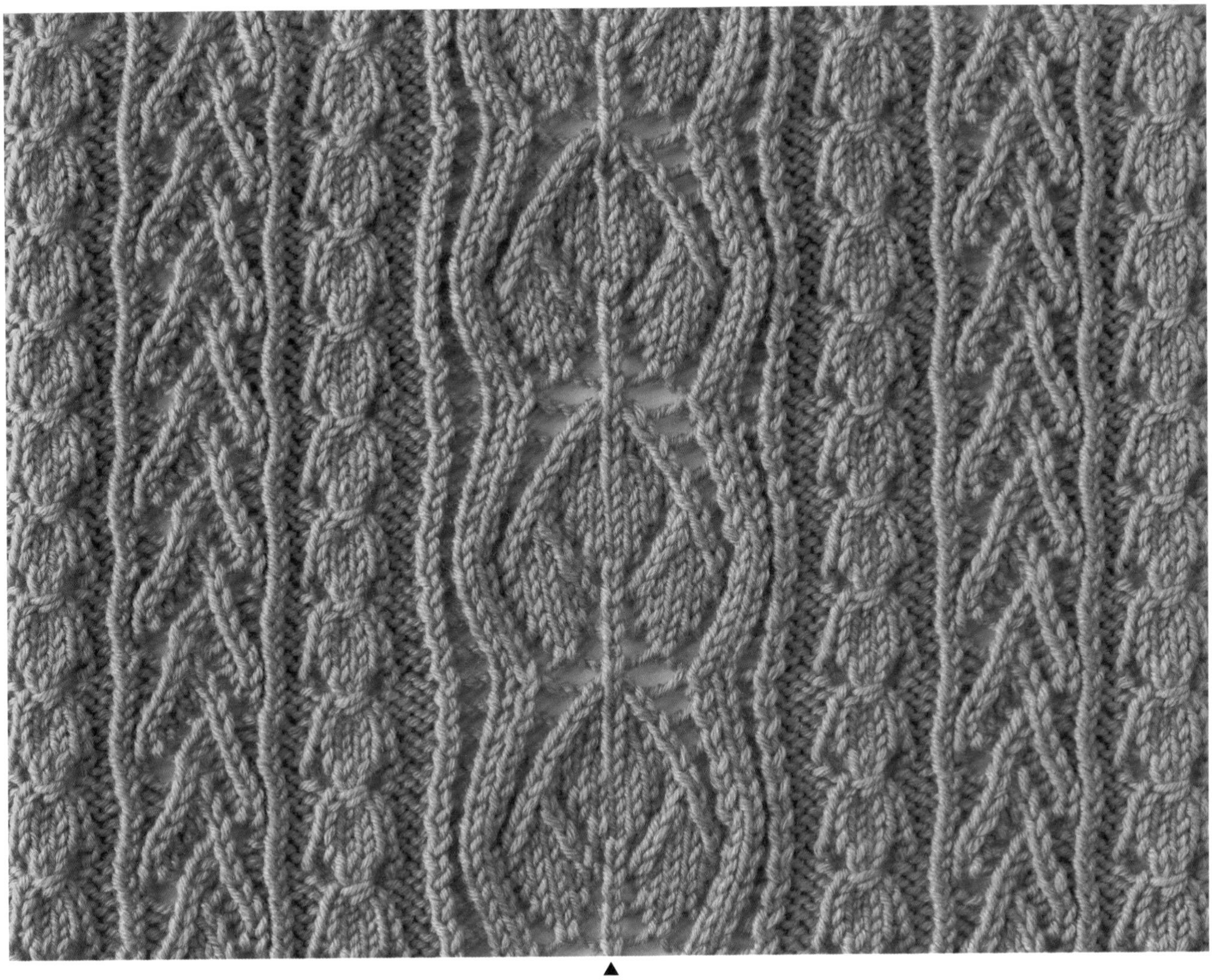

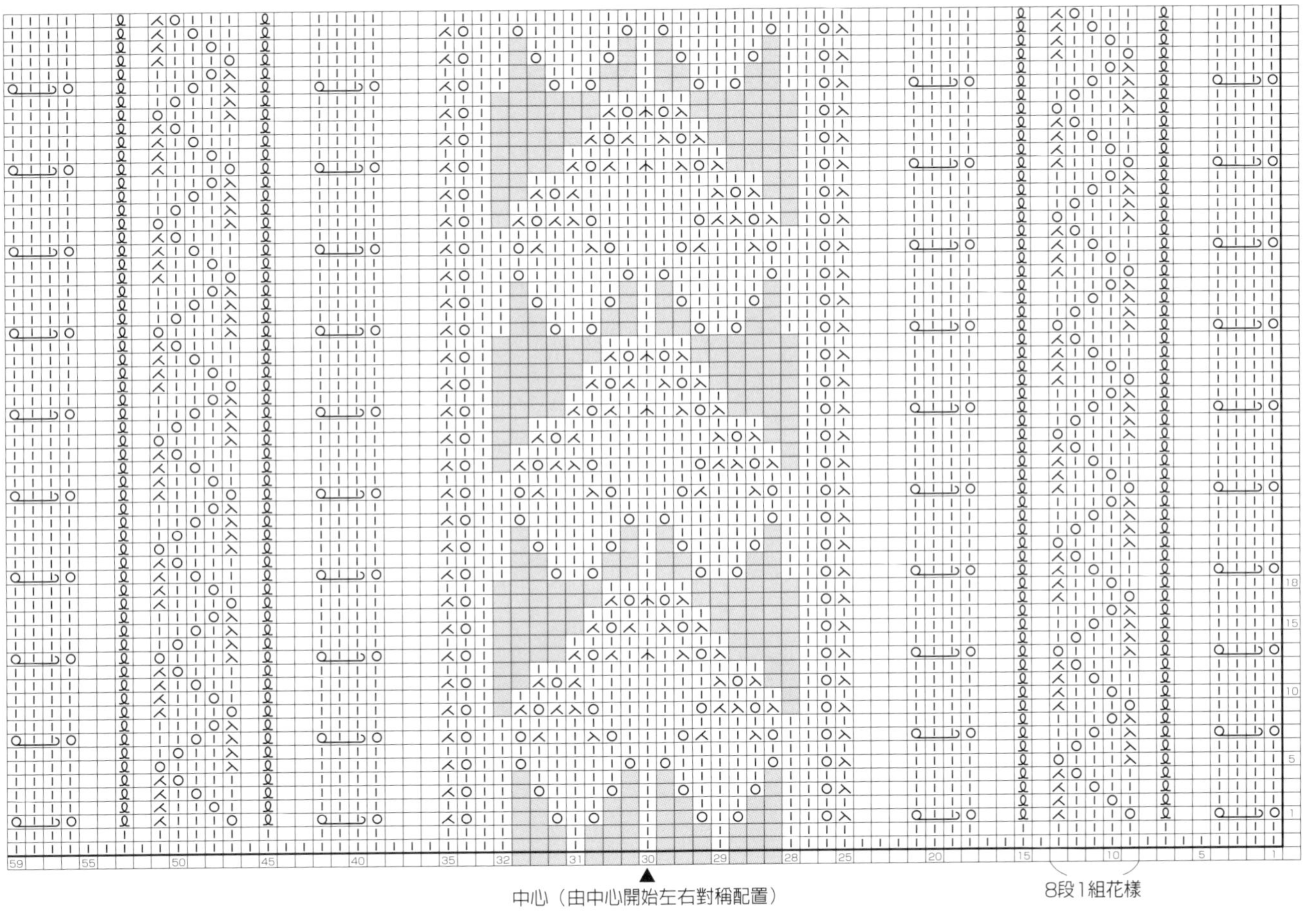

▲

中心（由中心開始左右對稱配置）

8段1組花樣

□ = ─ 上針　▒ = 無針目部分　Ｏ│││ＯＯ = 參照P.133

142

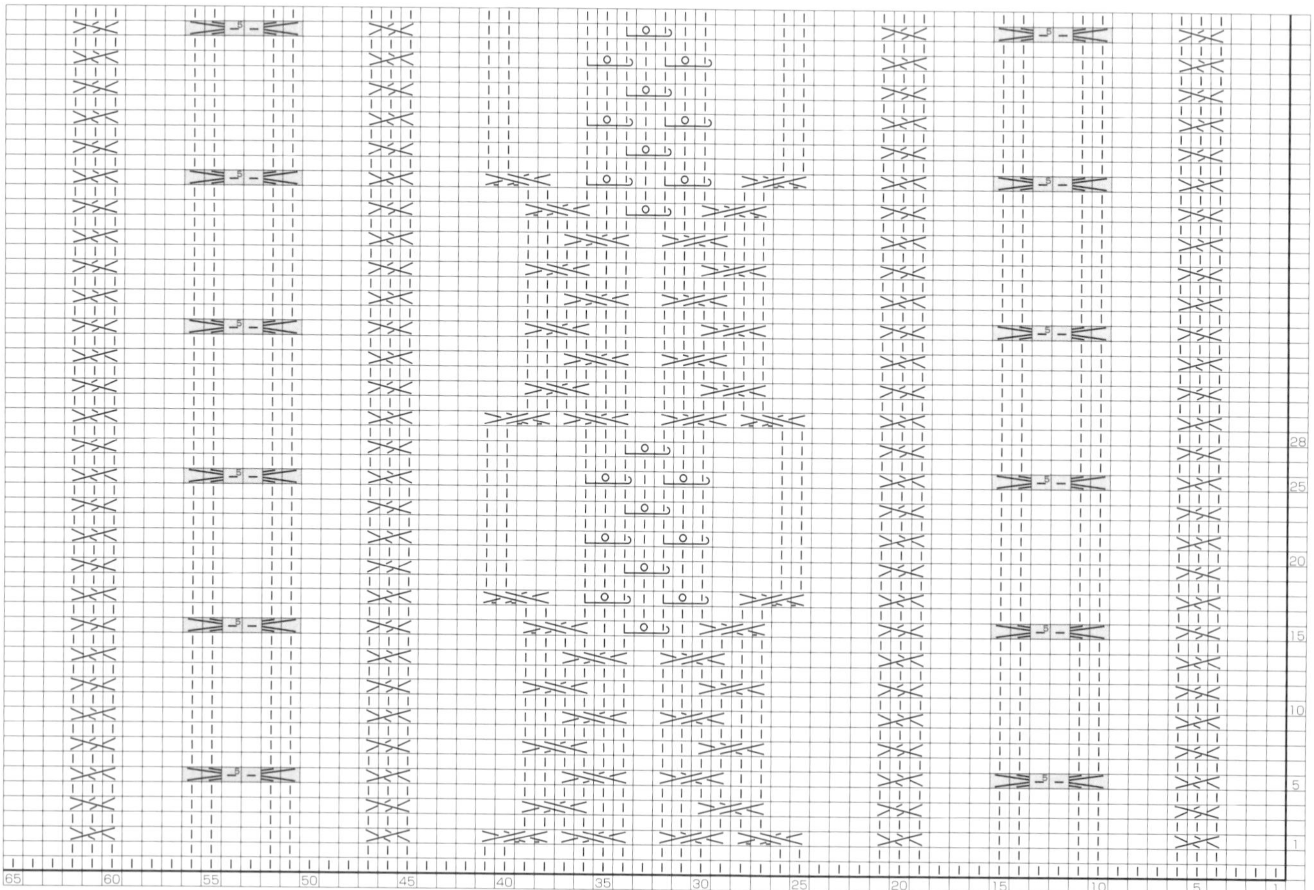

▲

□ = ⊟ 上針

= 參照P.133

中心（由中心開始左右對稱配置）

10段1組花樣

▲

24
20
15
10
5
1

59 55 50 45 40 35 30 25 20 15 10 5 1

▲

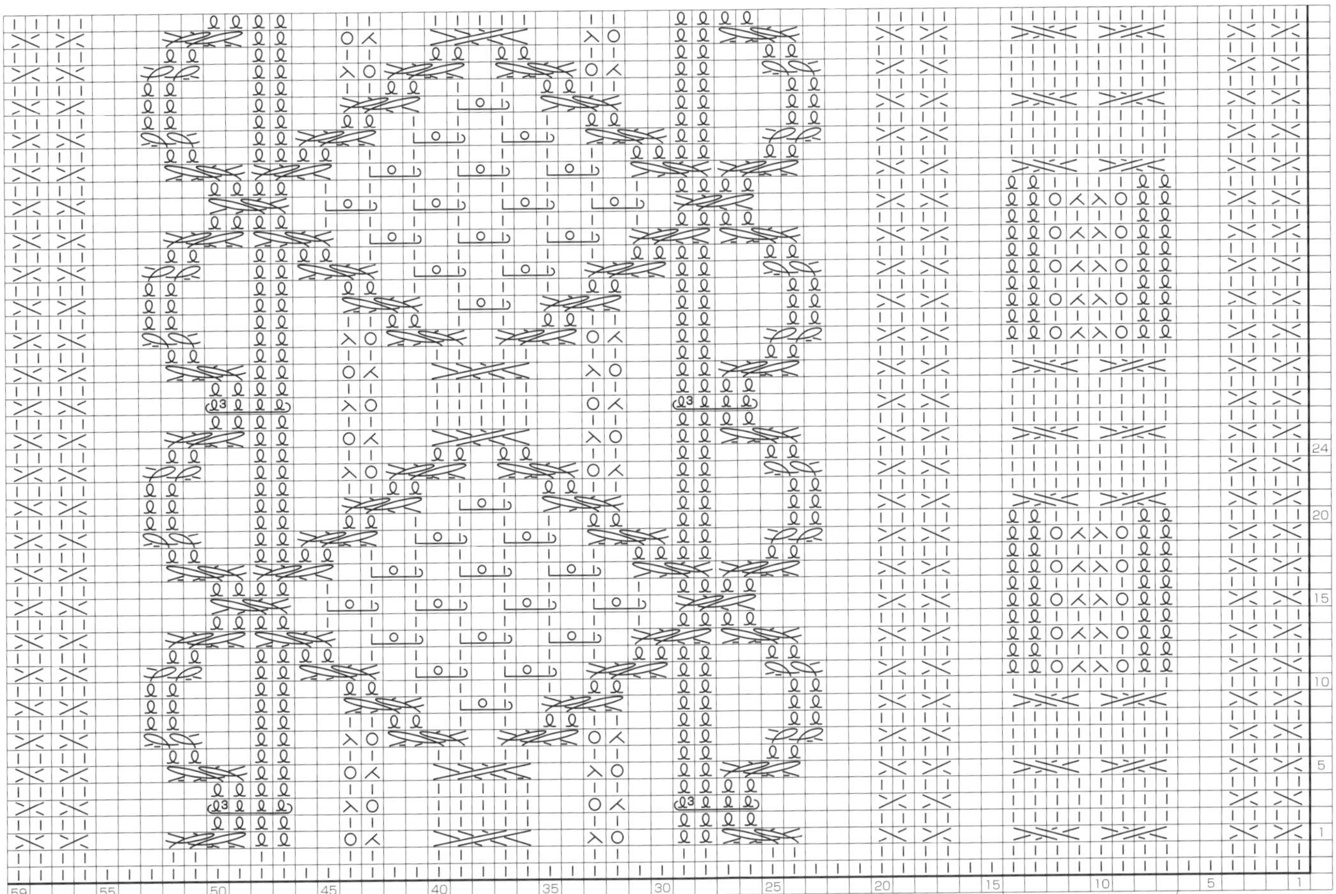

中心（由中心開始左右對稱配置）

20段1組花樣

□ = ⊟ 上針

= 繞線3次的腰帶結

花樣編的組合變化

Pattern Arrangement

以一個花樣為基本，再加入不同的花樣，
即可使結構改變，繼而設計出無限可能的千萬種花樣。
試著改變顏色，或以不同風格的素材編織都很有趣。

可愛的露指長手套

花樣編使用P.86・167號花樣。

織法：P.129

以小花樣劃分空間後，就變成了縱向花樣。

144 Basis

145 Arrange

☐ = I 下針　　▨ = 無針目部分　　20針‧36段1組花樣

●‧ = ⅋ 參照P.133　　〔℧³ ℧ ─ ℧ ℧〕= 繞線3次的腰帶結

☐ = I 下針　　▨ = 無針目部分　　27針‧36段1組花樣

●‧ = ⅋ 參照P.133　　〔℧³ ℧ ─ ℧ ℧〕= 繞線3次的腰帶結

在縱向的鏤空花樣之間，編織加入玉針的線條，成為強調縱向的花樣。

146 Basis

147 Arrange

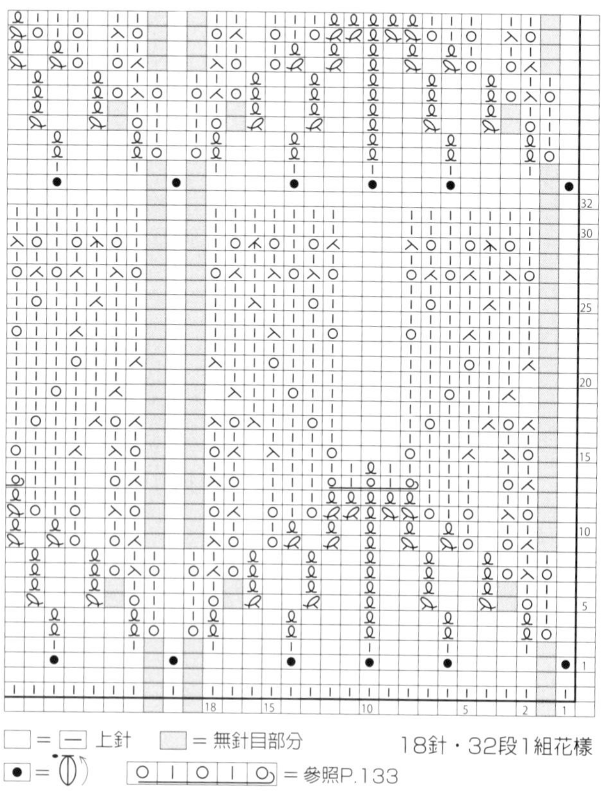

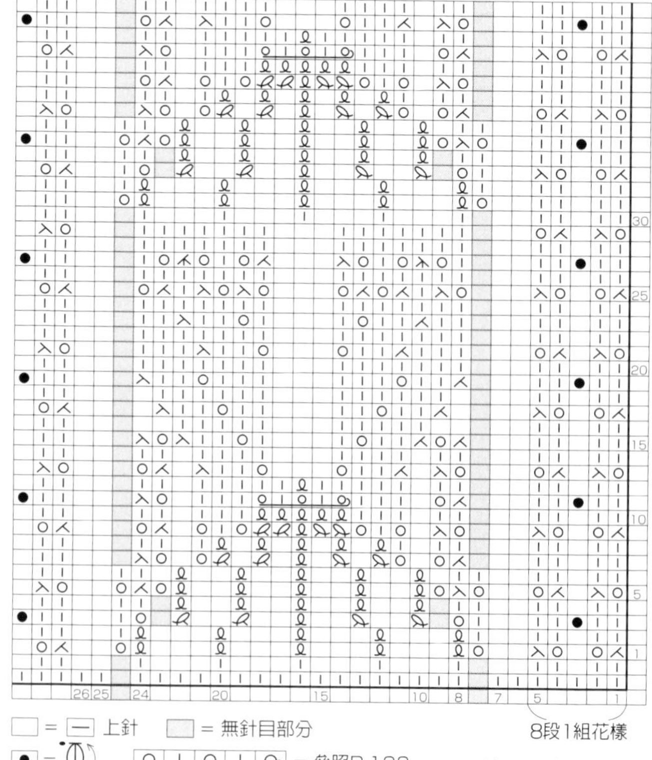

樹葉花樣之間改搭不同風格的花樣，整體感覺也為之一變。

148 Basis

149 Arrange

□ = □ 上針　　● = ‘(|))

24針‧24段1組花樣

□ = □ 上針

22針‧30段1組花樣

└|○↗‧↘○|┘ = 參照P.135

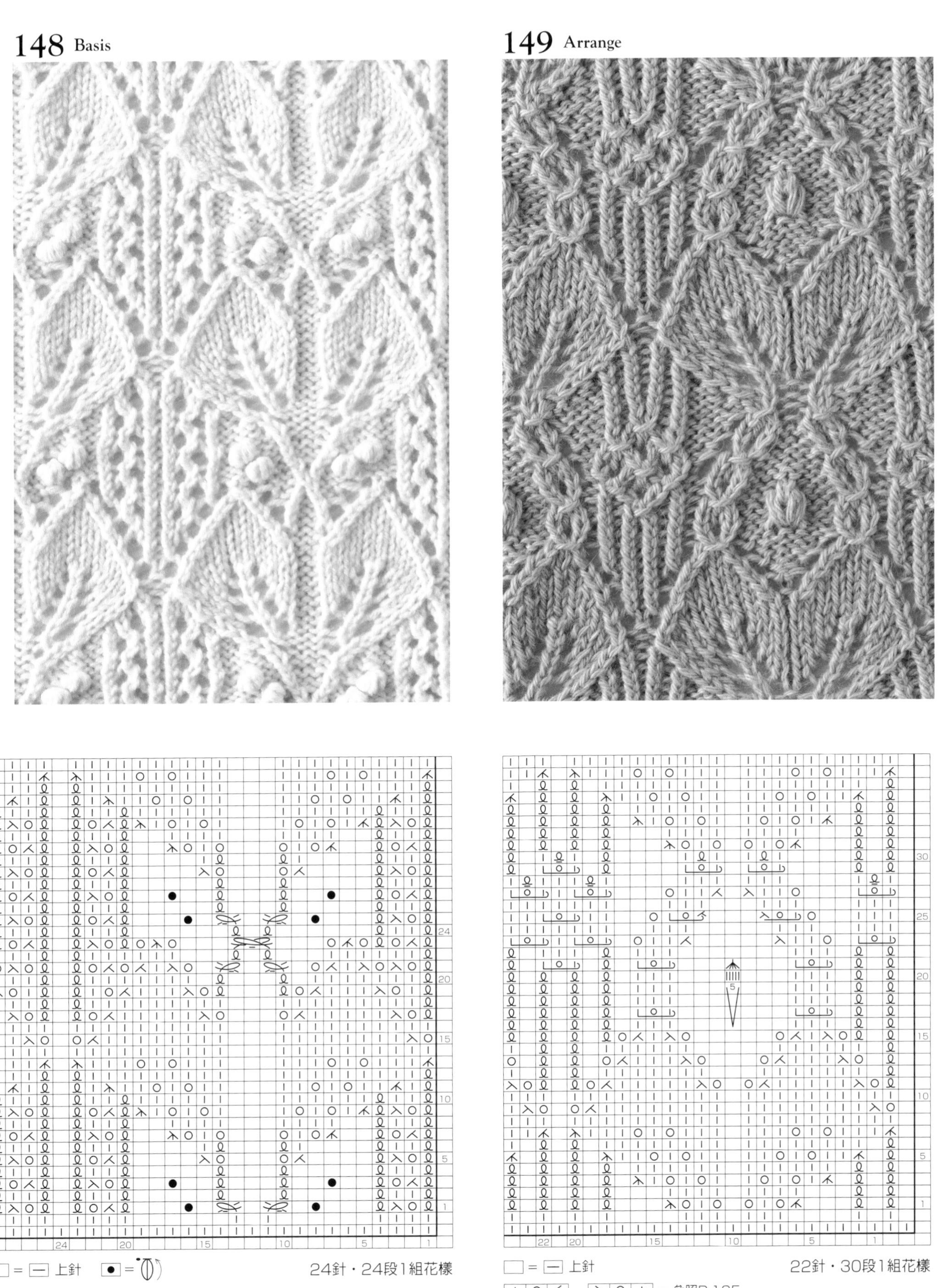

花樣編的組合變化

將縱向花樣改為交錯配置，讓花樣充滿律動感。

150 Basis

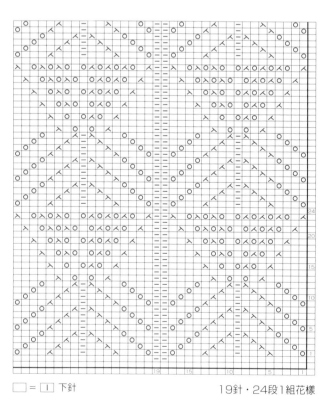

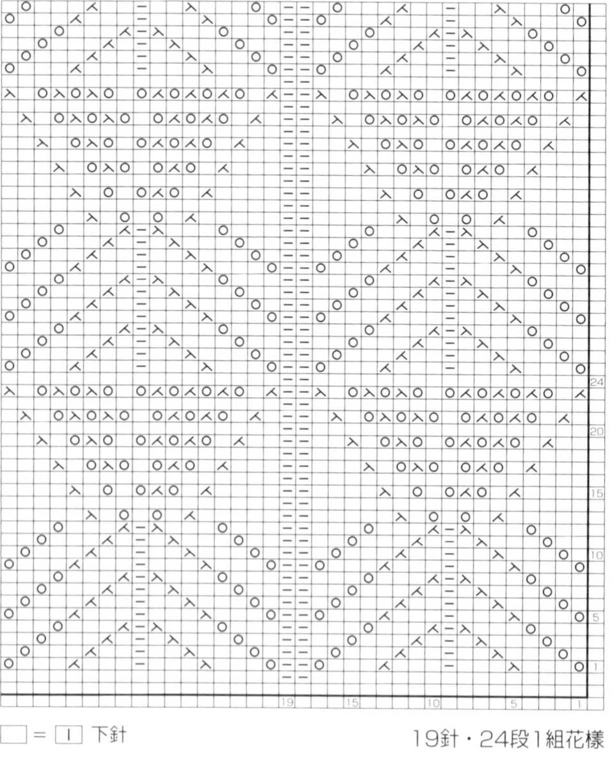

□ = ⎕ 下針

19針・24段1組花樣

151 Arrange

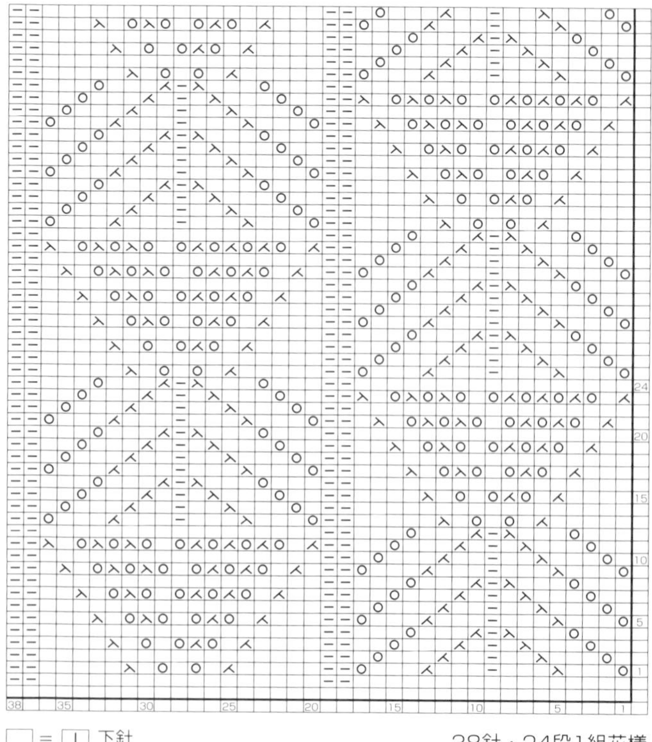

□ = ⎕ 下針

38針・24段1組花樣

省略部分花樣，改以玉針織出甜美可愛的氛圍。

152 Basis

153 Arrange

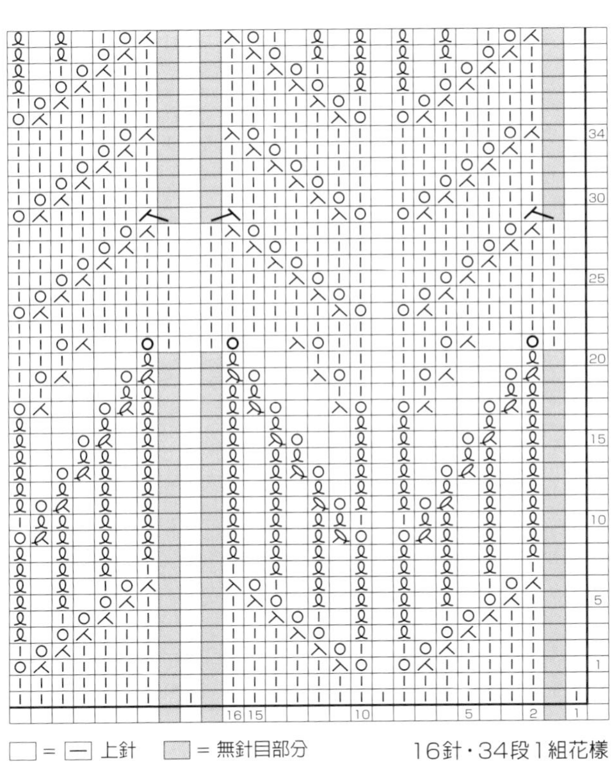

□ = ⊟ 上針　▨ = 無針目部分　16針・34段1組花樣

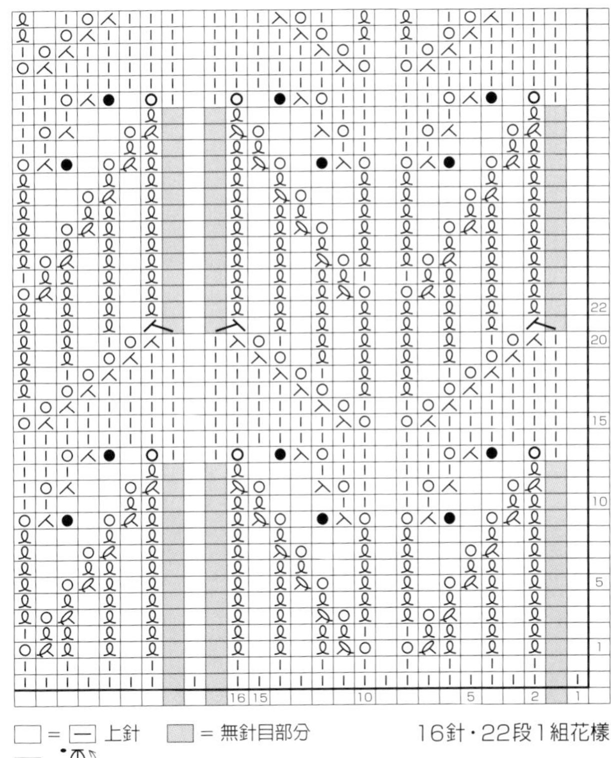

□ = ⊟ 上針　▨ = 無針目部分　16針・22段1組花樣

● =

花樣編的組合變化

將鑽石花樣中的扭針線條換成鏤空花樣，顯得更優雅。

154 Basis

155 Arrange

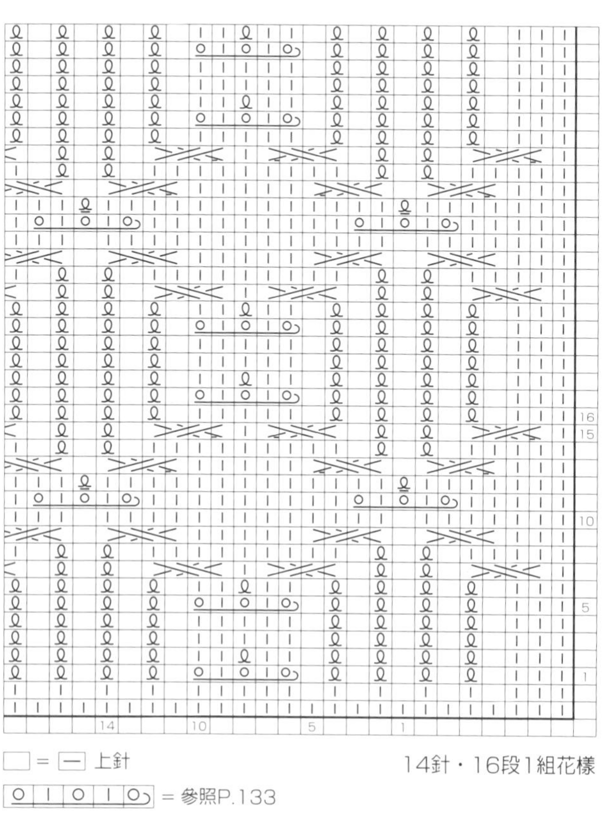

□＝□ 上針

14針・16段1組花樣

= 參照P.133

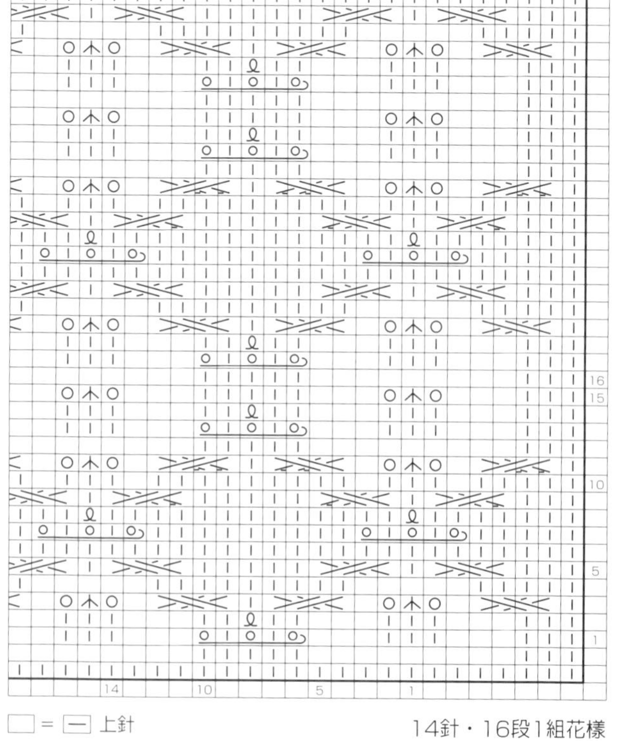

□＝□ 上針

14針・16段1組花樣

= 參照P.133

花樣編的組合變化

將中央扭針線條的交叉花樣，改成鑽石形的交叉變化。

156 Basis

157 Arrange

□＝⊟ 上針

35針・16段1組花樣

□＝⊟ 上針

16段1組花樣

25針・20段1組花樣

鏤空花樣換成扭針的交叉花樣之後，立體感十足。

158 Basis

159 Arrange

□ = ─ 上針　　■ = 無針目部分　　　　32針・40段1組花樣

□ = ─ 上針　　　　　　　　　　　　　32針・40段1組花樣

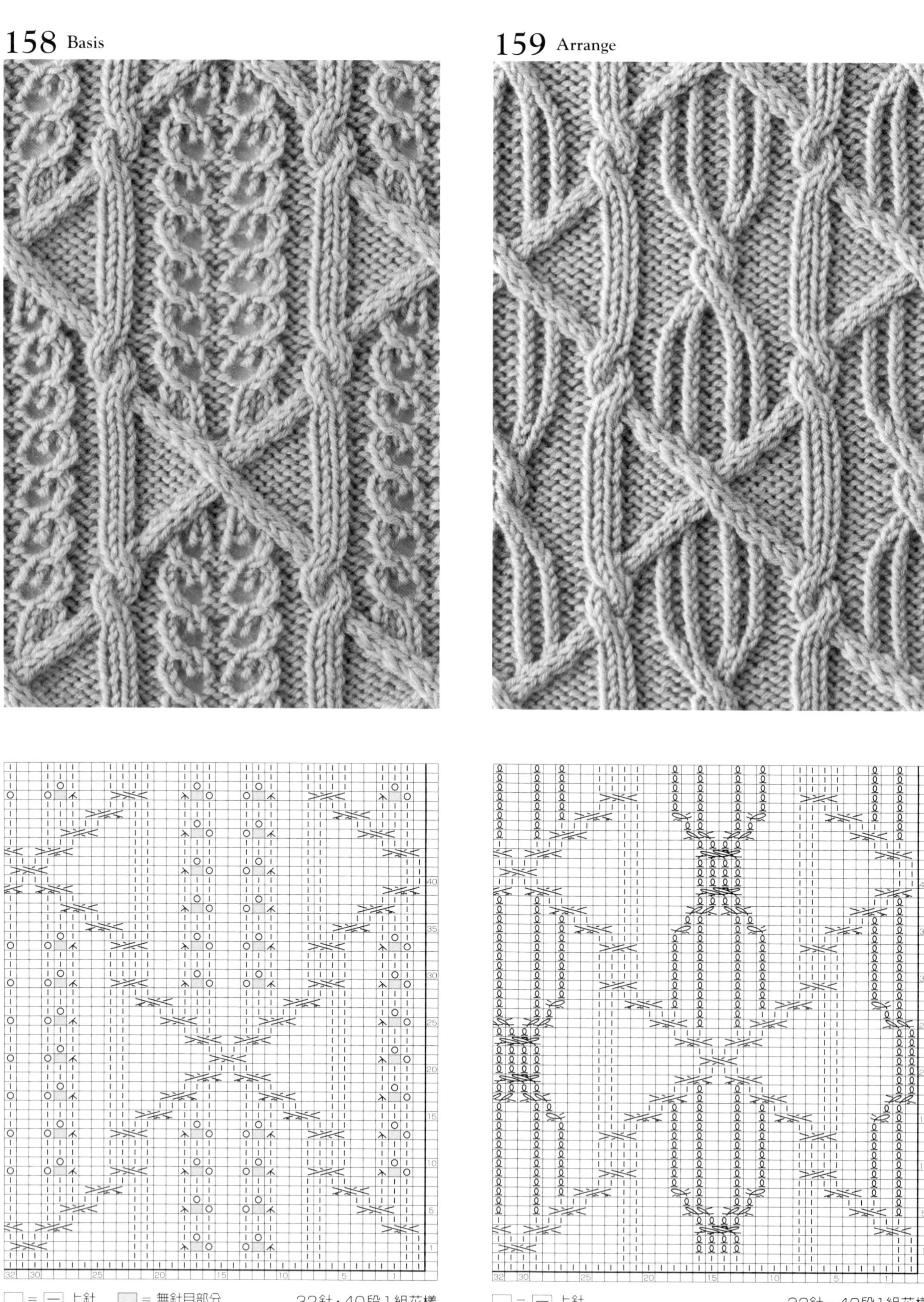

花樣編的組合變化

重複編織大型交叉花樣，構成大面積的底紋風格花樣。

160 Basis

161 Arrange

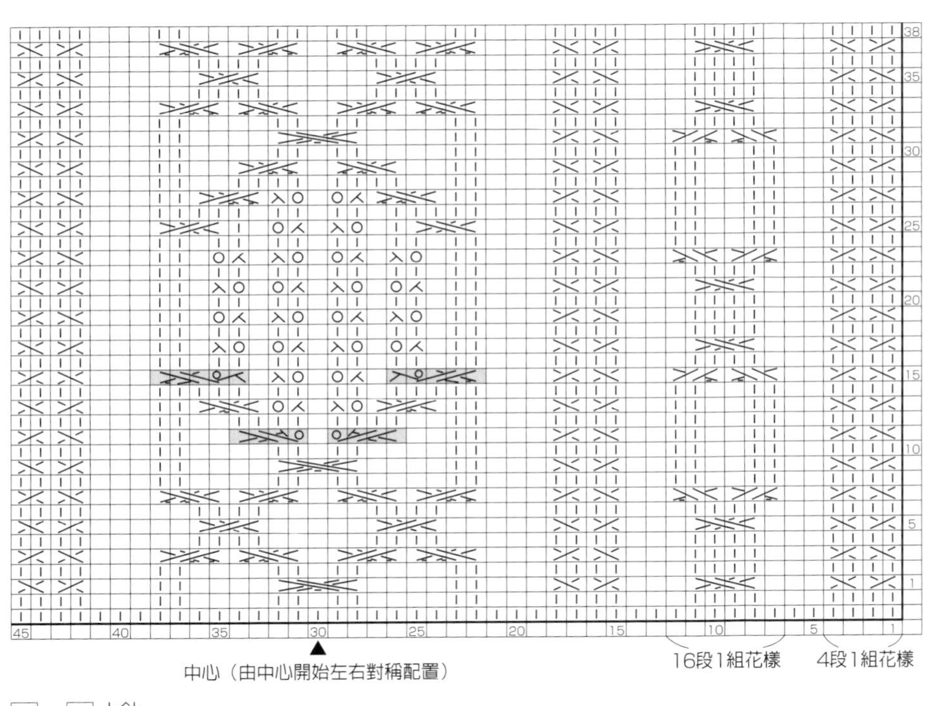

□ = ⊟ 上針

= 一邊交叉，一邊編織掛針與2併針。

= 一邊交叉，一邊編織掛針與2併針。

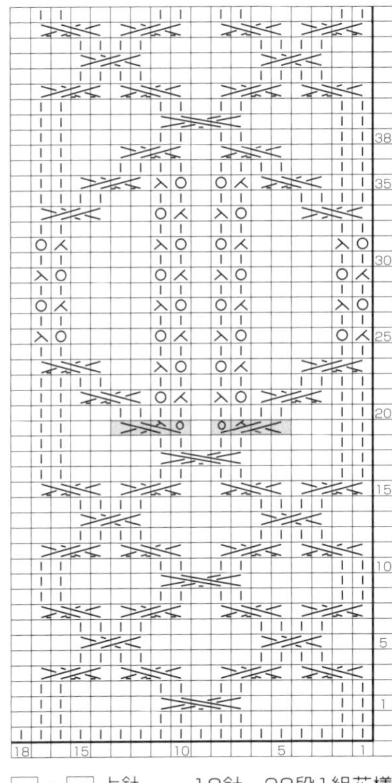

□ = ⊟ 上針　　18針・38段1組花樣

將對稱的扭針花樣改成朝著同一方向，營造出流暢感。

162 Basis

163 Arrange

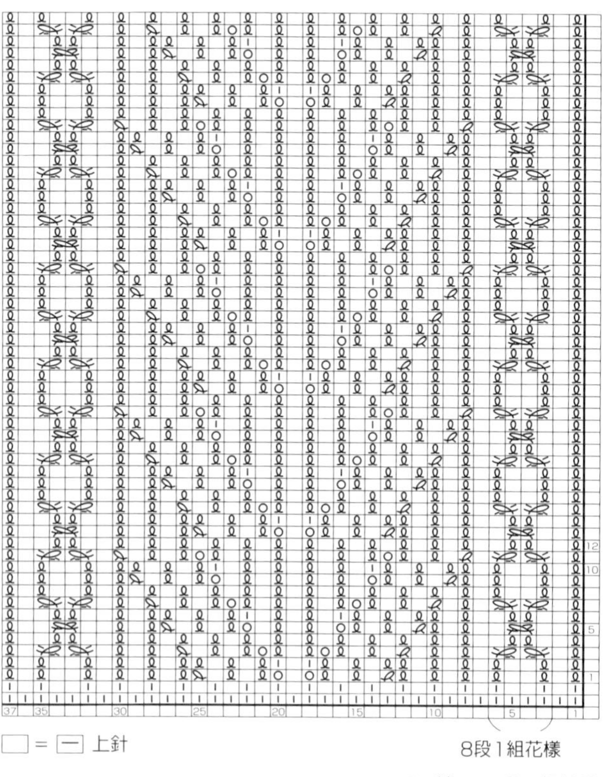

□ = ⊟ 上針

8段1組花樣

37針・12段1組花樣

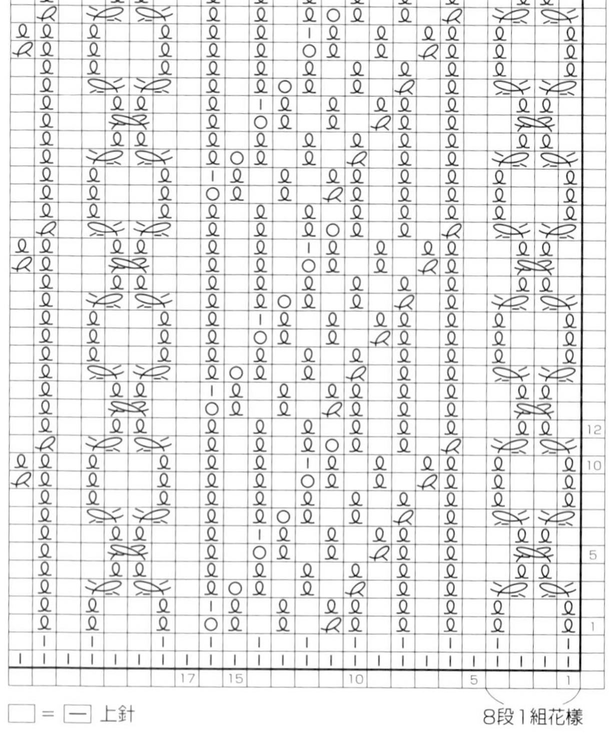

□ = ⊟ 上針

8段1組花樣

17針・12段1組花樣

花樣編的組合變化

並排的花樣間，織入鏤空的扭針交叉花樣，構成縱向花樣。

164 Basis

165 Arrange

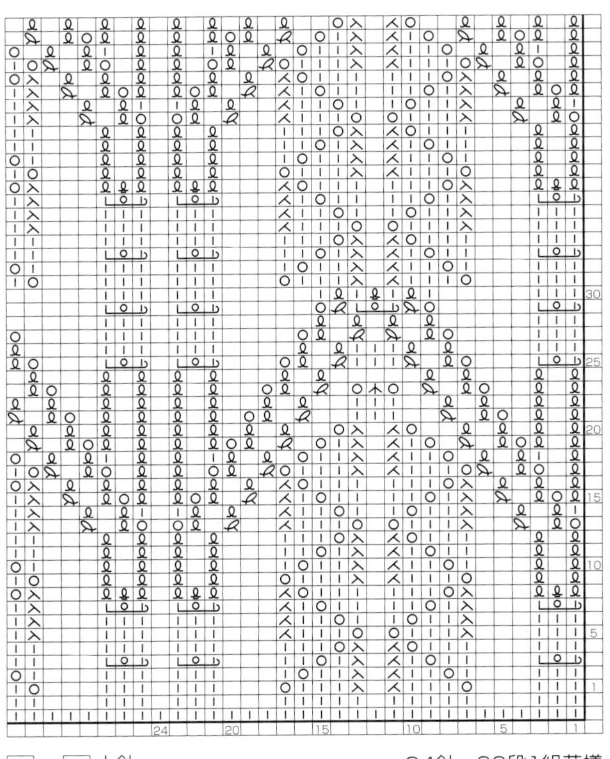

□ = ⊟ 上針

24針・30段1組花樣

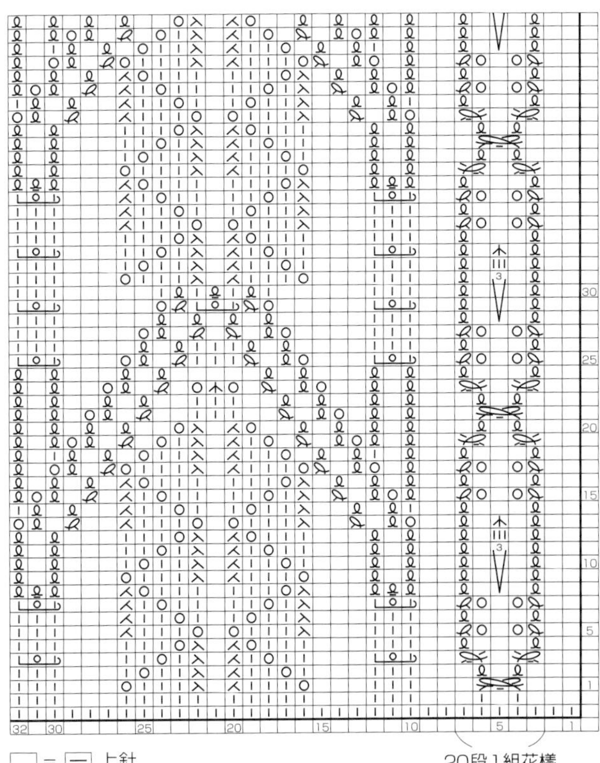

□ = ⊟ 上針

20段1組花樣

32針・30段1組花樣

上針

織入小巧的扭針花樣，加強縱向花樣的印象。

166 Basis

167 Arrange

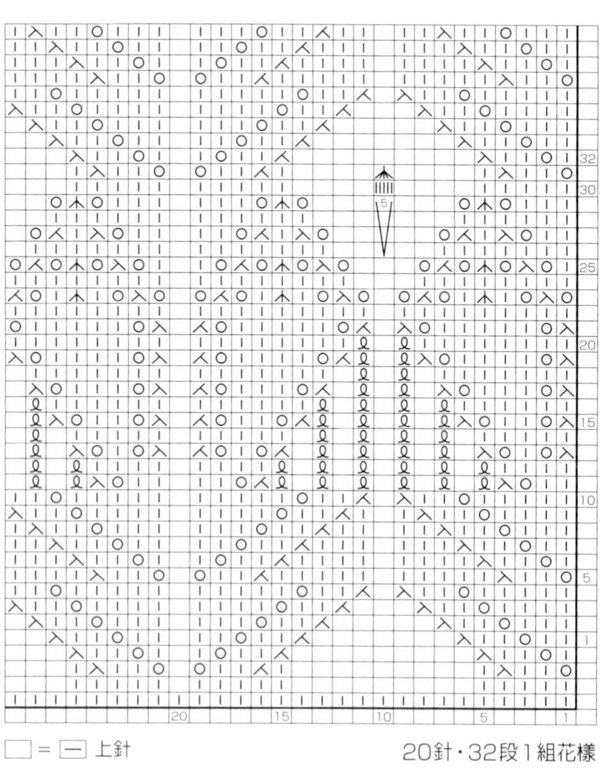

□ = ⊟ 上針

20針・32段1組花樣

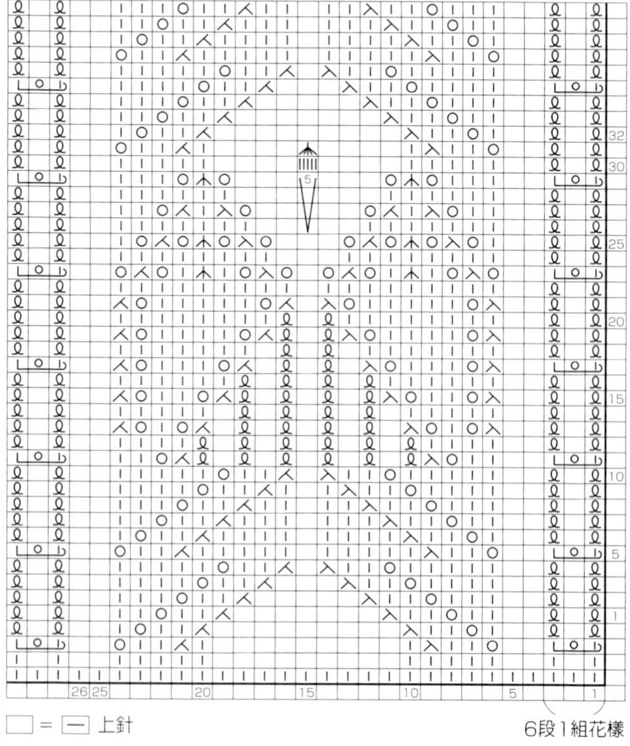

□ = ⊟ 上針

6段1組花樣

26針・32段1組花樣

在樹葉花樣中織入不同風格的玉針，增添立體感。

168 Basis

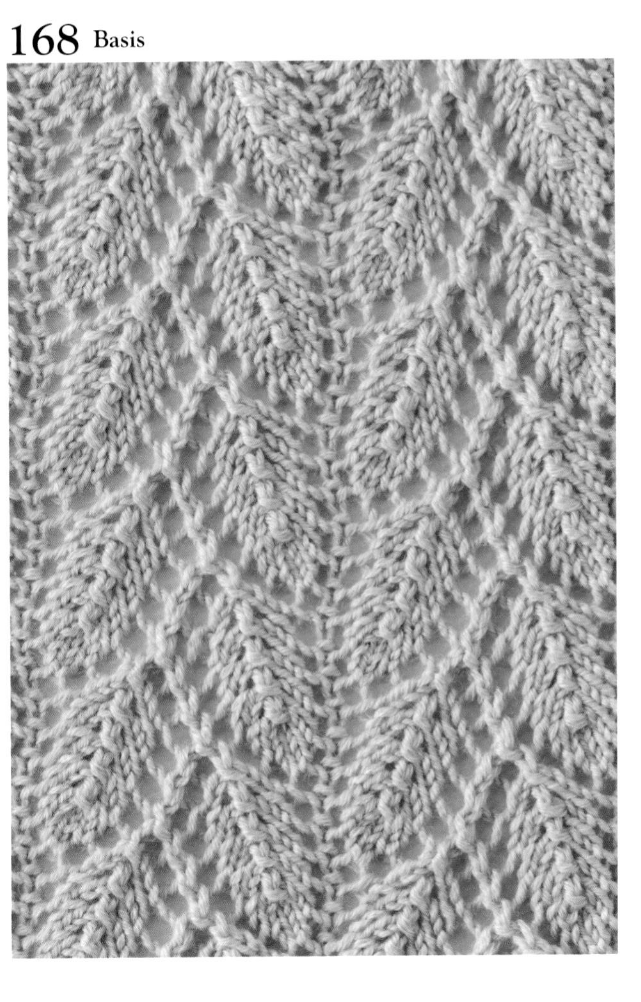

169 Arrange

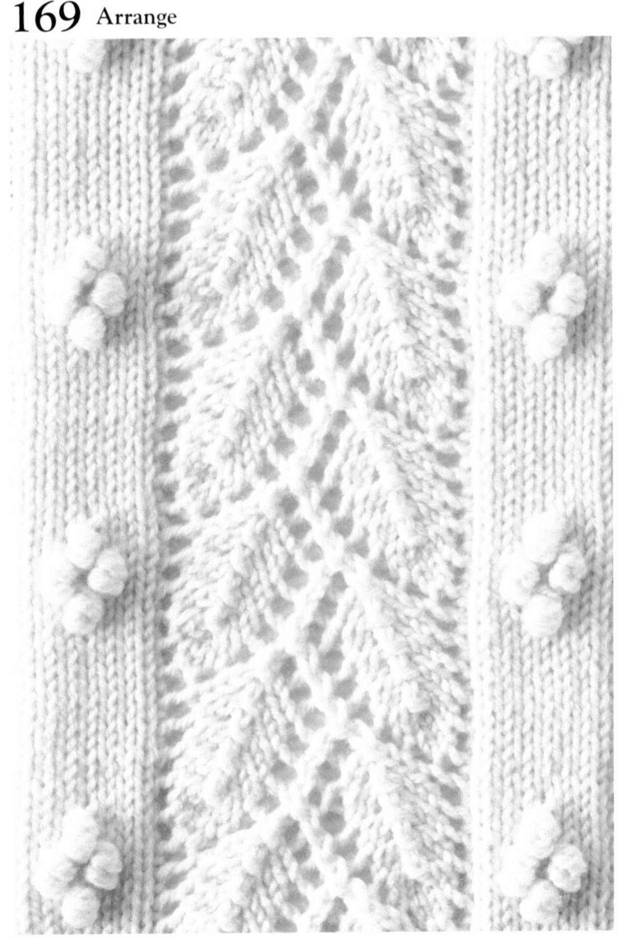

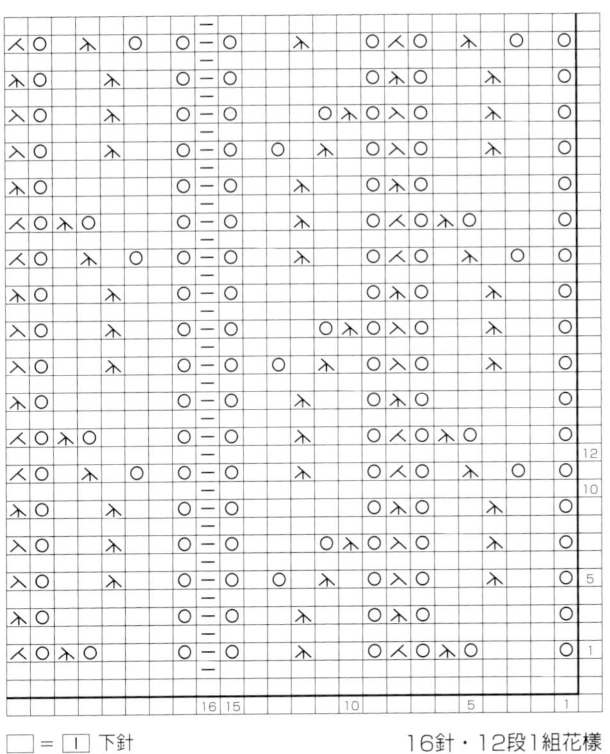

□ = ｜ 下針

16針・12段1組花樣

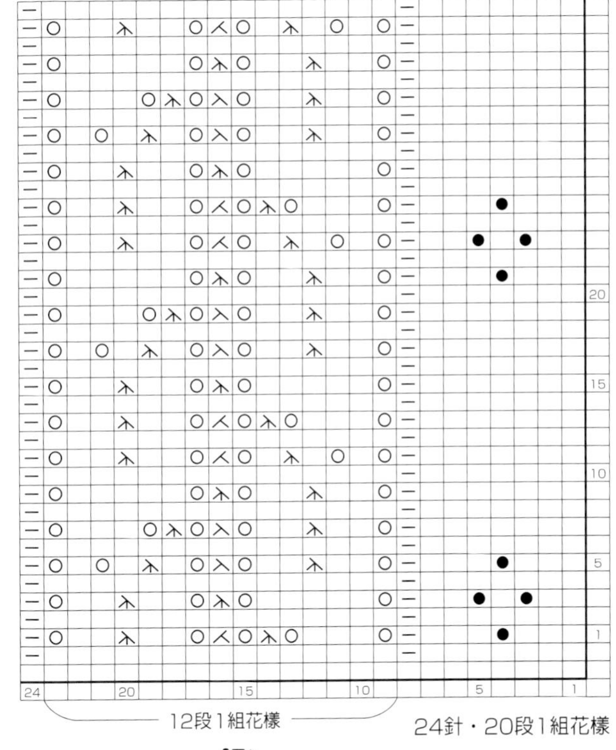

12段1組花樣

24針・20段1組花樣

□ = ｜ 下針　● =

織入纖細的扭針鏤空花樣，使縱向花樣更有變化。

170 Basis

171 Arrange

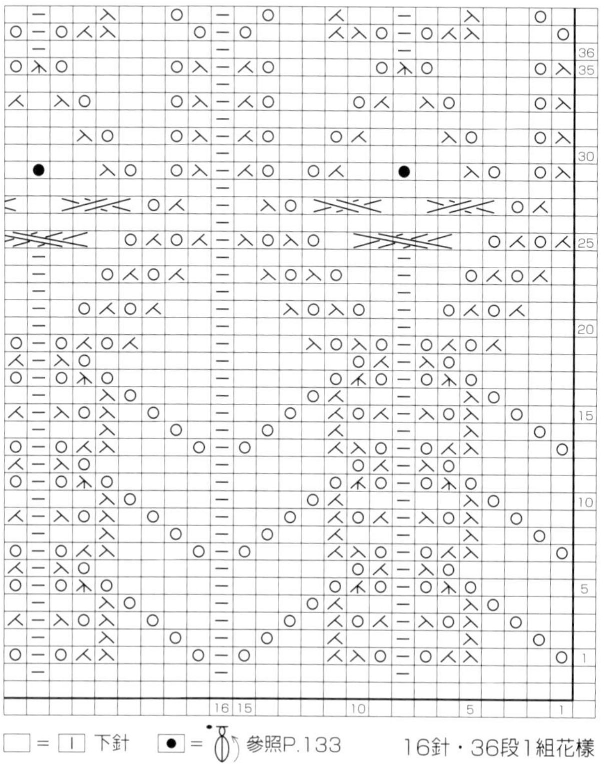

□ = ▯ 下針　● = 參照P.133　16針・36段1組花樣

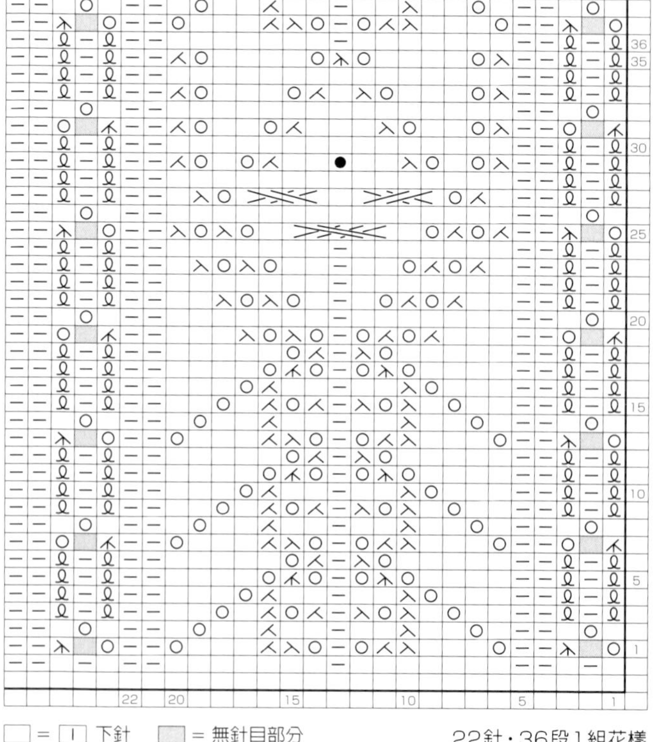

□ = ▯ 下針　▒ = 無針目部分　22針・36段1組花樣

● = 參照P.133

將每段編織的鏤空，改成每兩段編織，變成曲線柔和的花樣。

172 Basis

173 Arrange

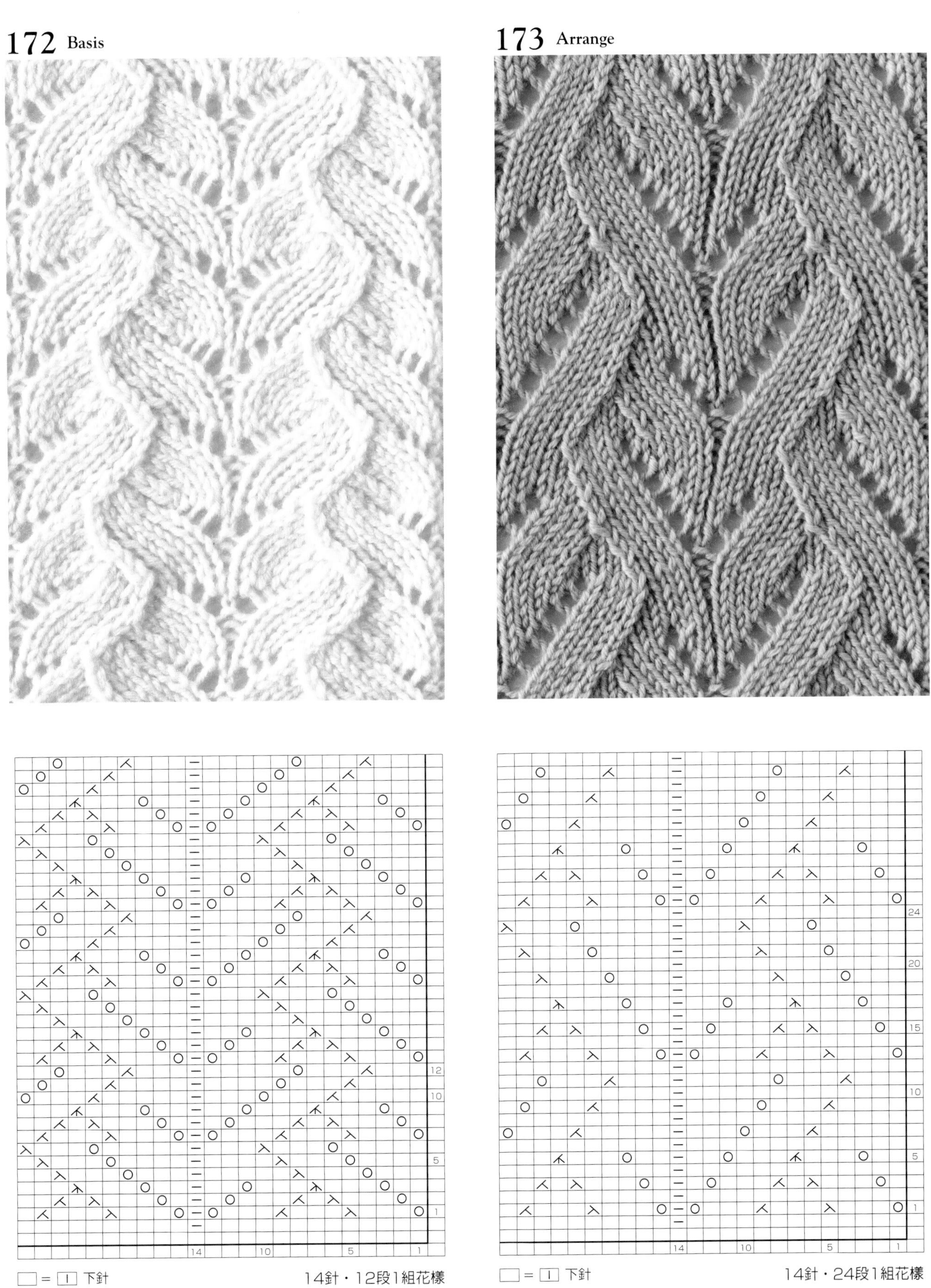

□ = [I] 下針

14針・12段1組花樣

□ = [I] 下針

14針・24段1組花樣

典雅大方的領片

花樣編使用P.91．175號花樣。

織法：P.130

分散加減針花樣

（圓形肩襠）

Round Yokes

手織作品才能享受到設計樂趣的分散加減針花樣，
大多運用於圓形肩襠的服飾。
透過以一個花樣為單位的加減針，就能享受到變化萬千的花樣編樂趣。

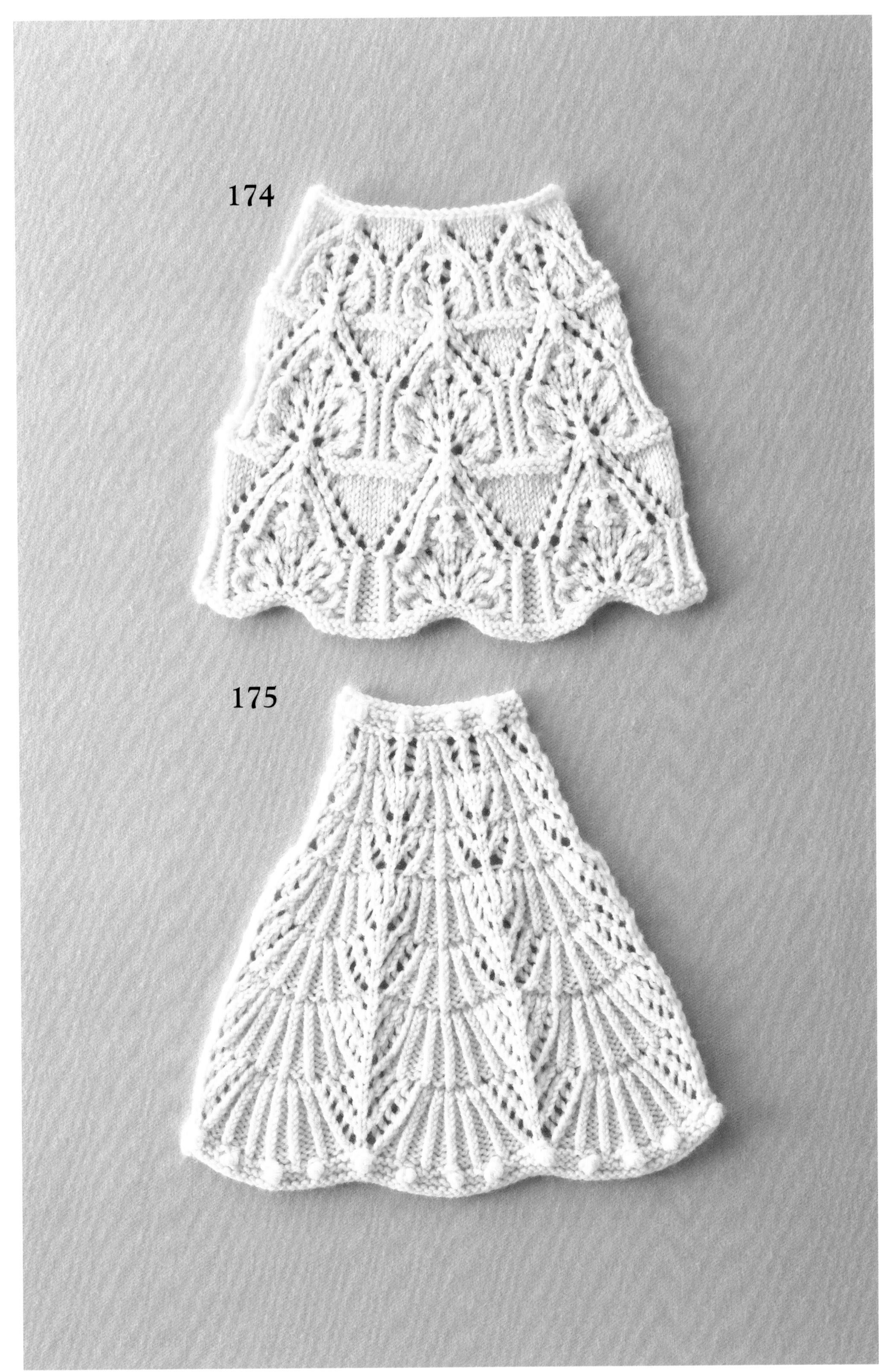

分散加減針花樣

＊記號圖請見P.119

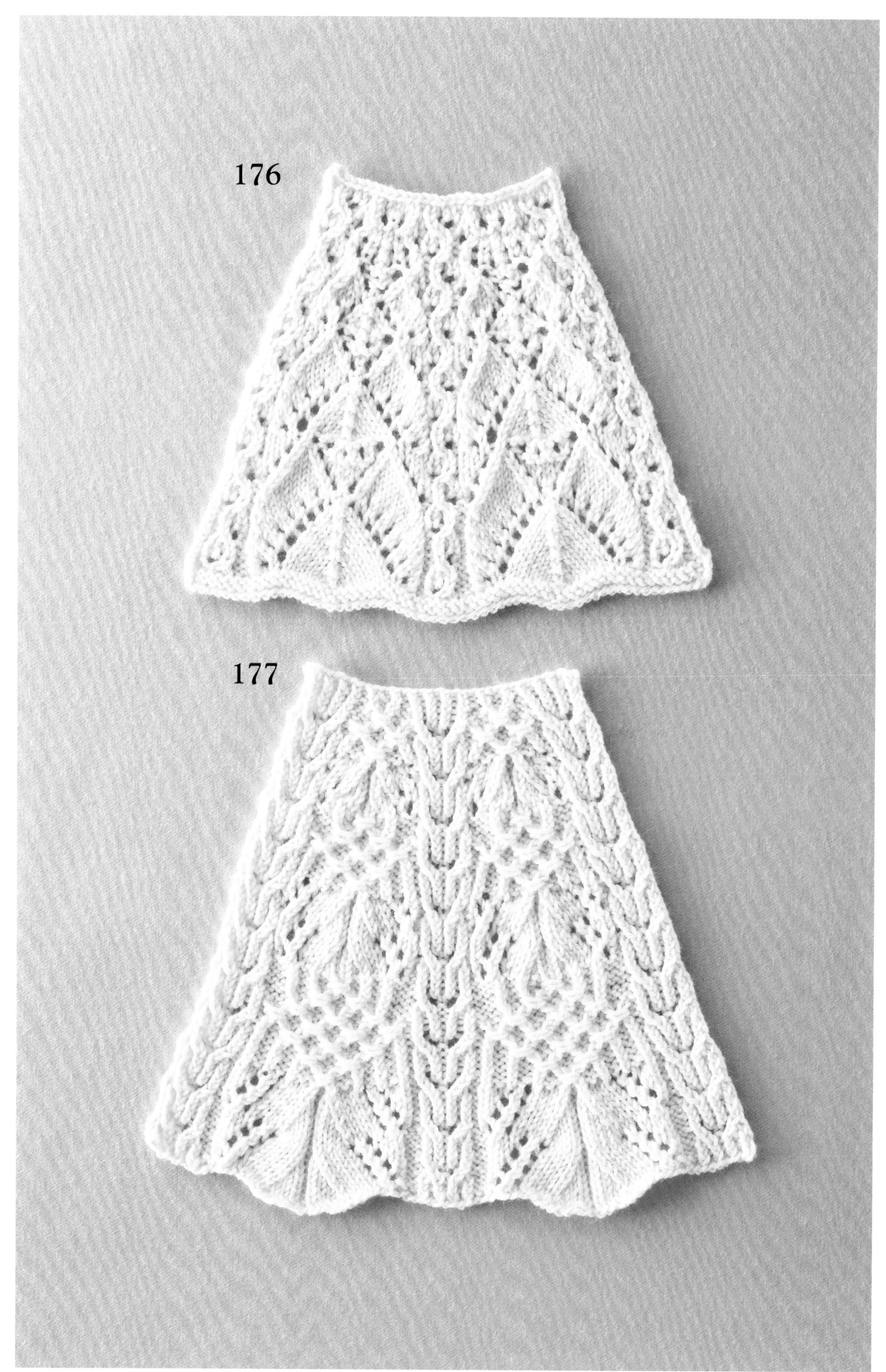

＊記號圖請見P.120

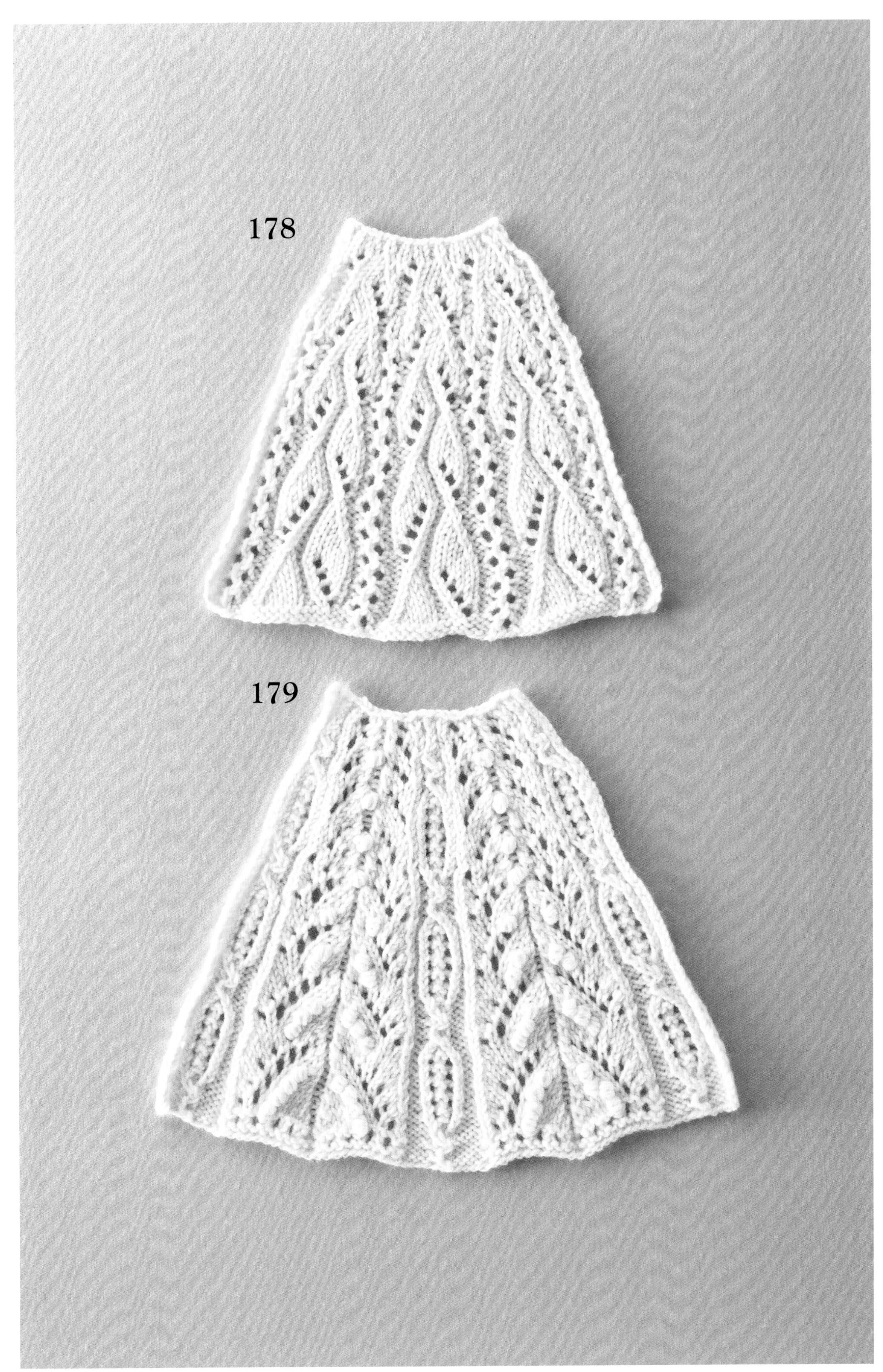

*記號圖請見P.121

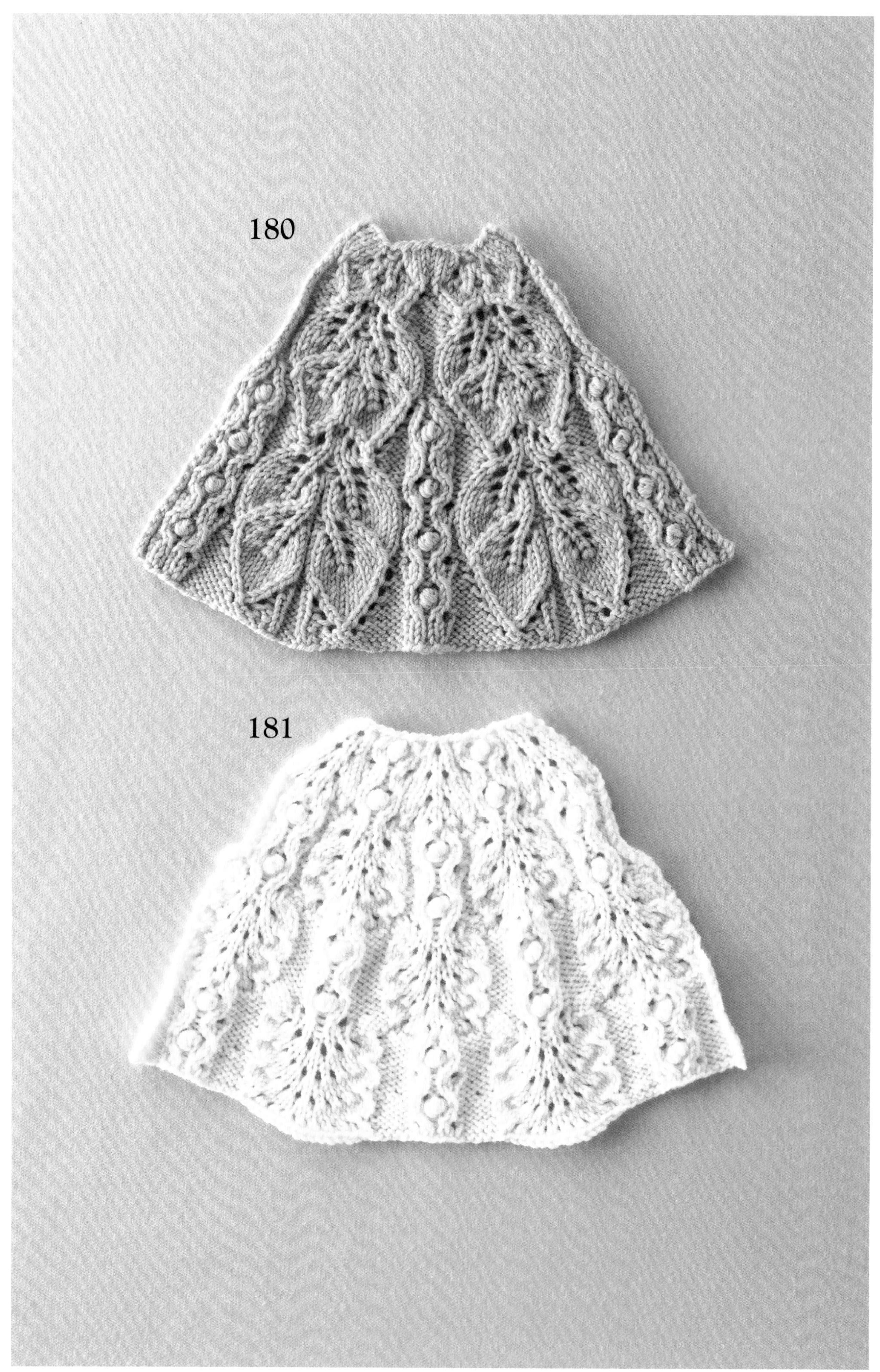

＊記號圖請見P.122

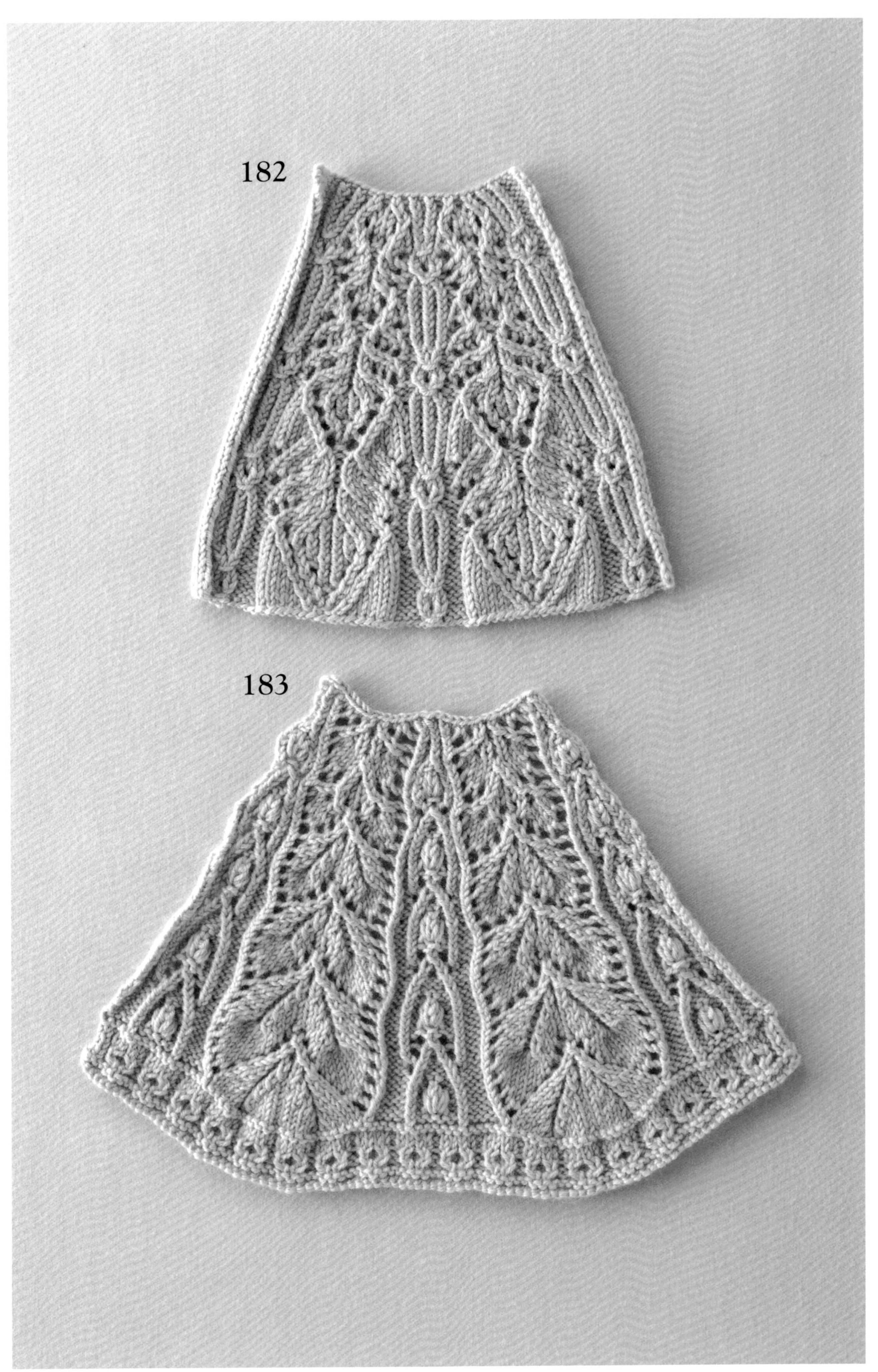

*記號圖請見P.123

184

185

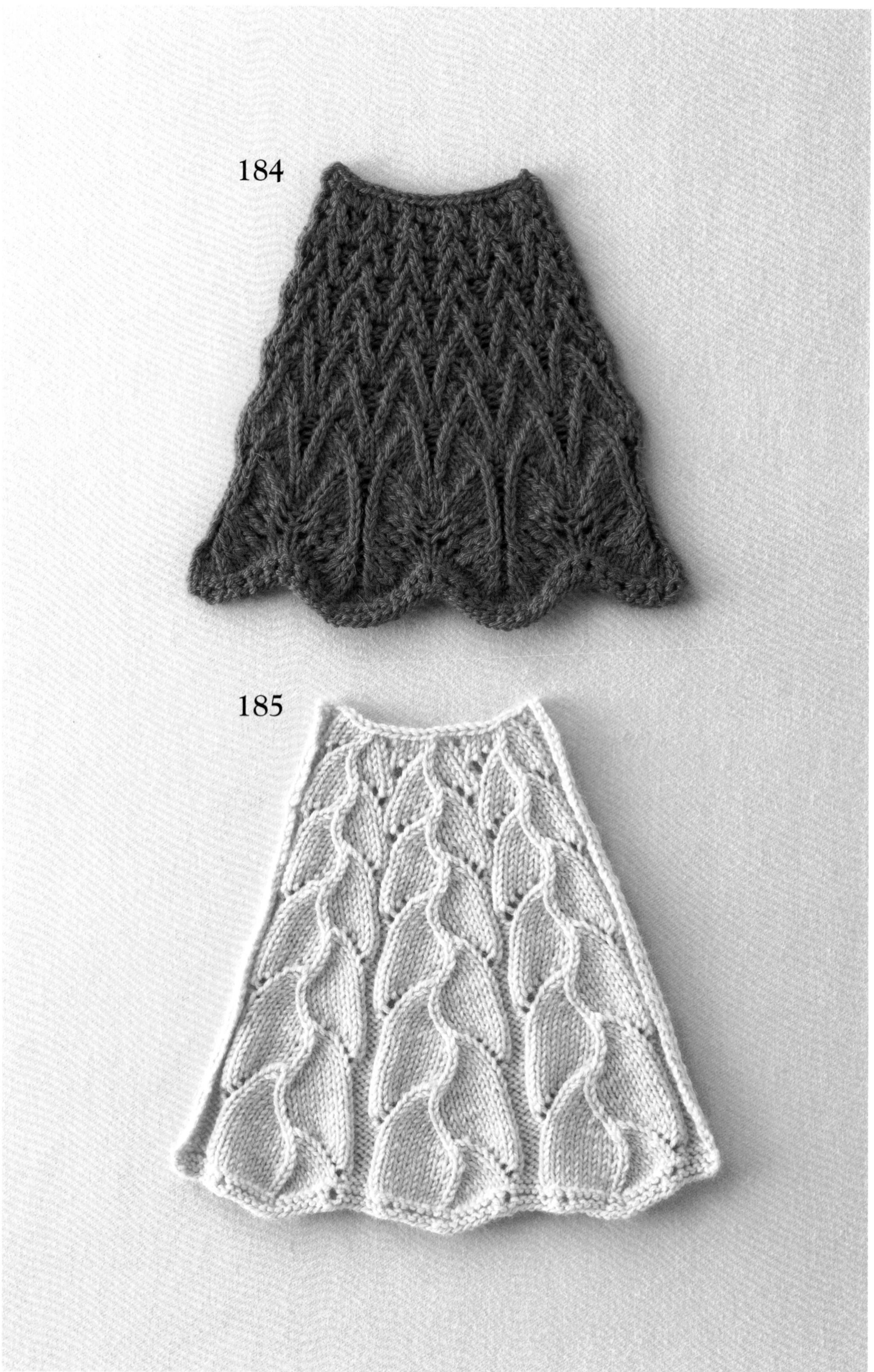

＊記號圖請見P.124

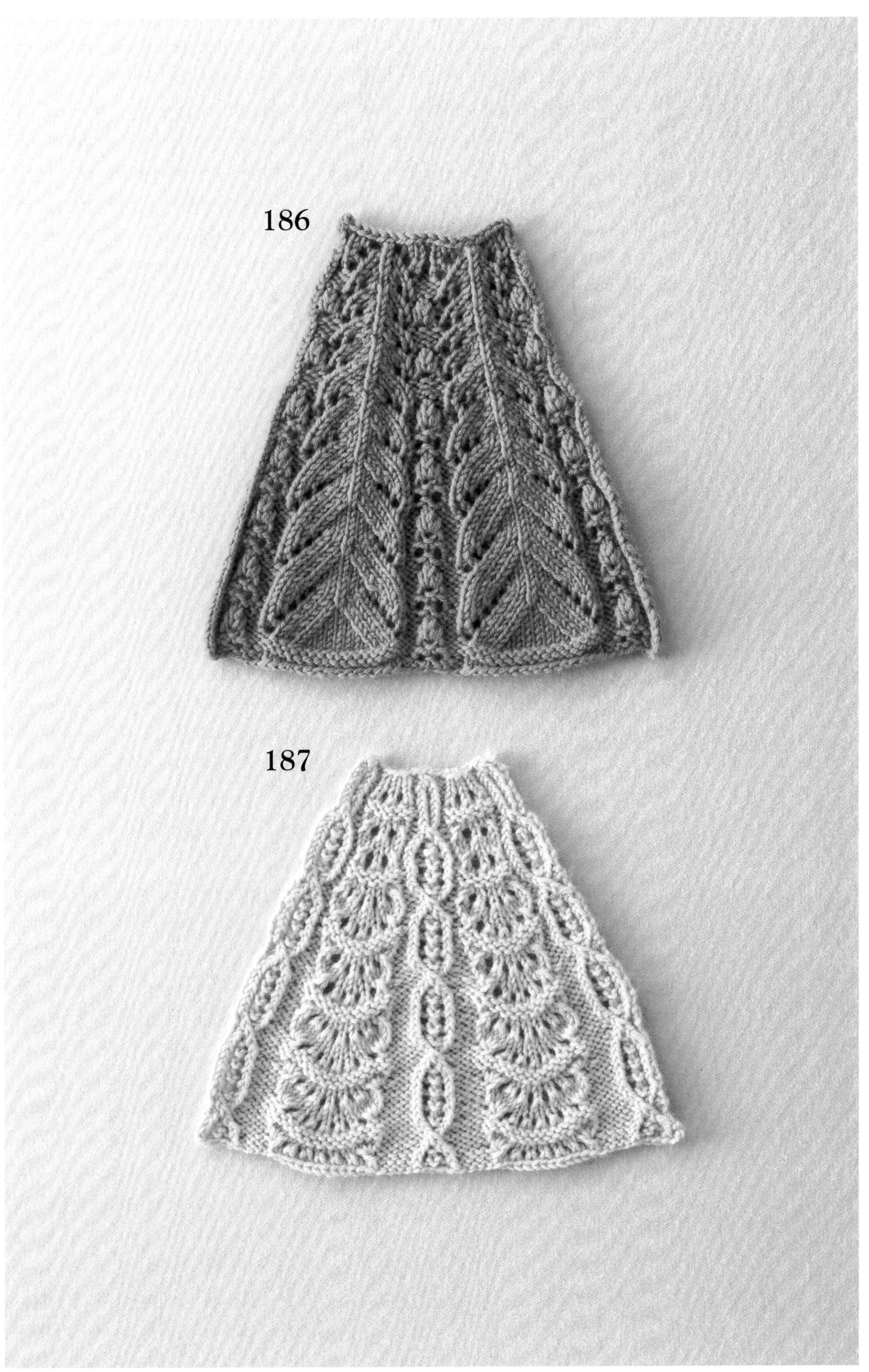

分散加減針花樣

*記號圖請見P.125

188

189

190

191

192

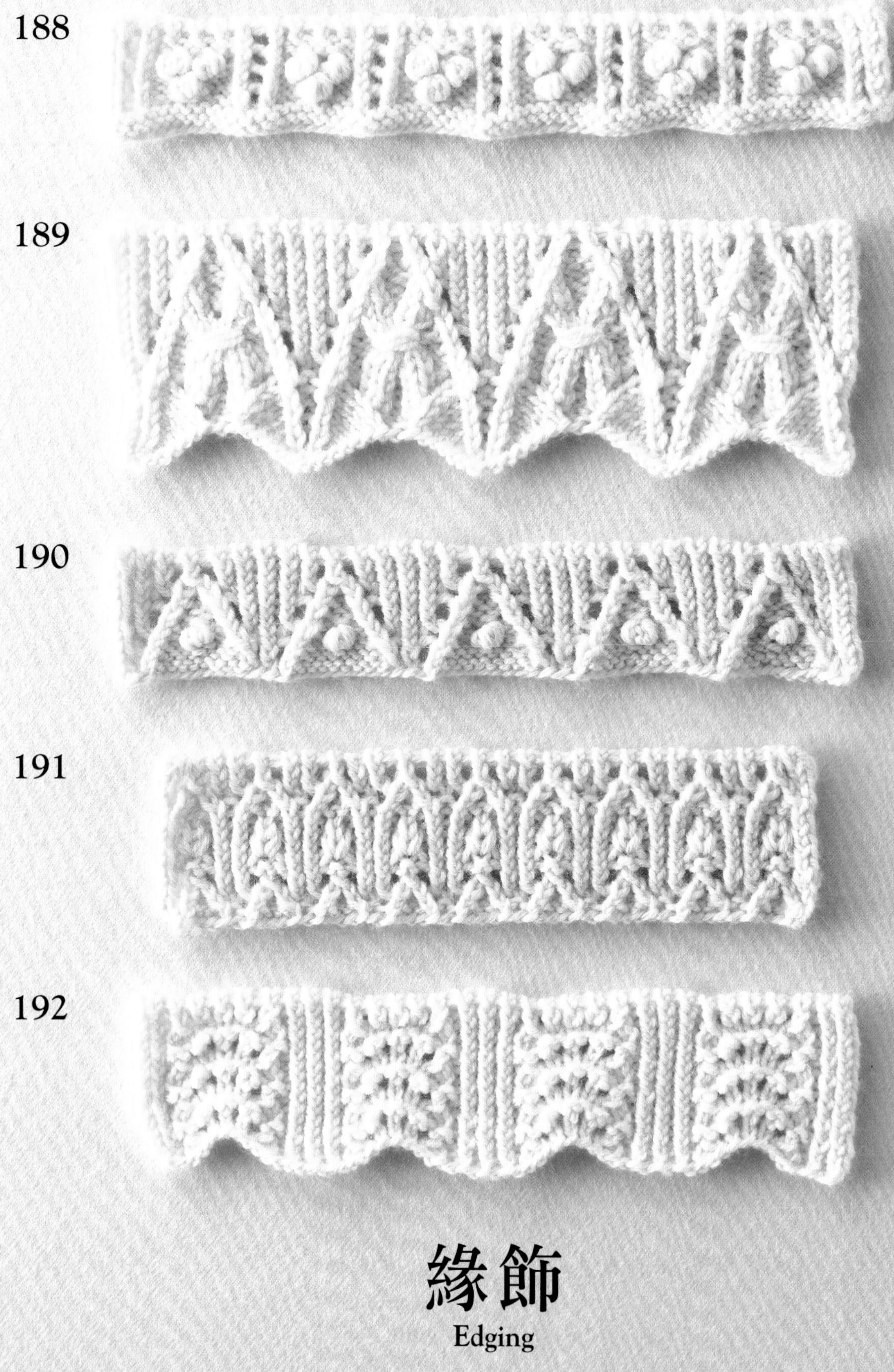

緣飾

Edging

設計毛衣時絕對不可或缺的緣飾，雖然不是主角，卻是襯托作品的重要配角。
配合編織花樣，挑選最適合的緣飾吧！

＊記號圖請見P.112

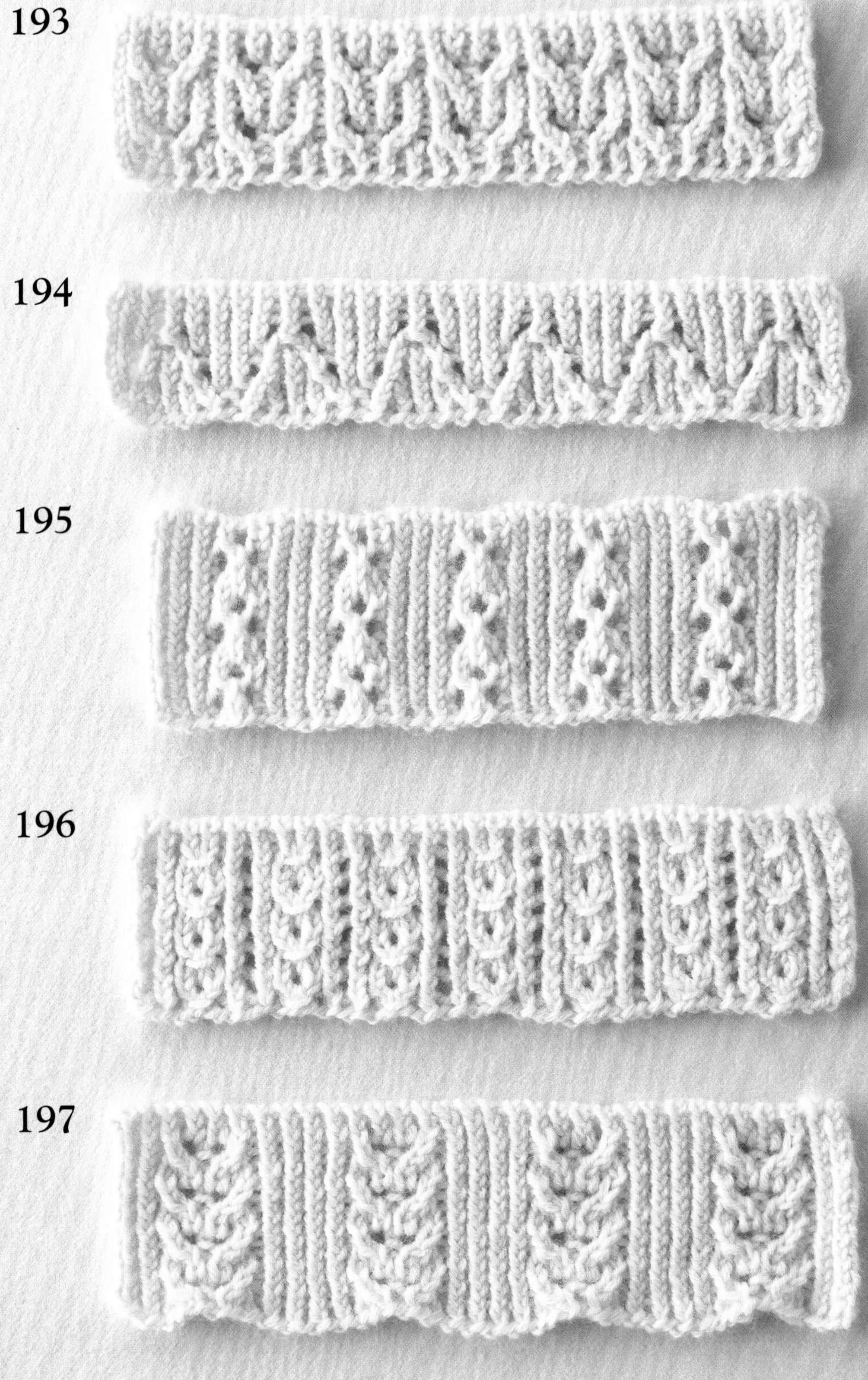

＊記號圖請見P.112

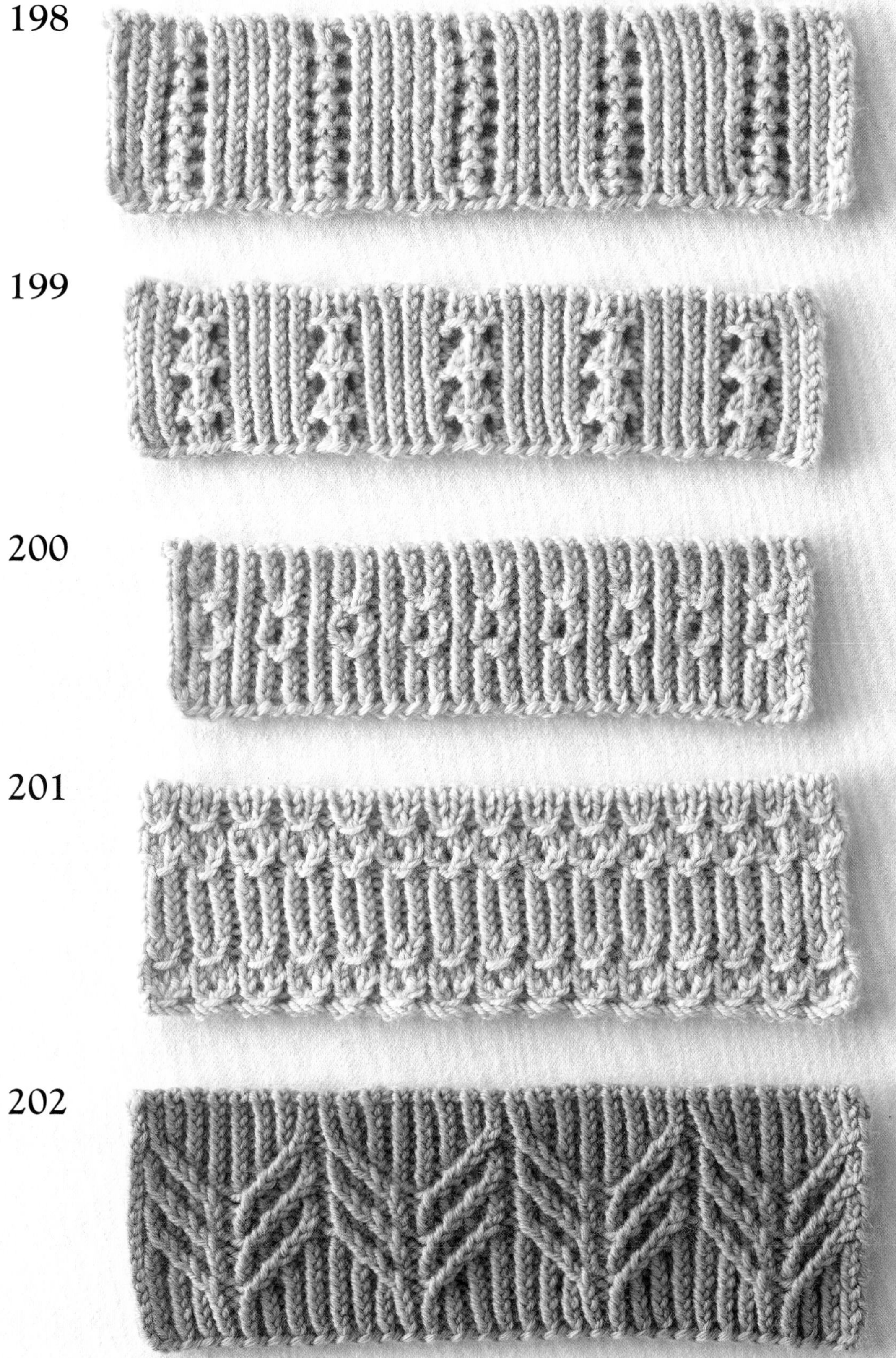

*記號圖請見P.113

203

204

205

206

207

＊記號圖請見P.113

208

209

210

211

212

＊記號圖請見P.114

＊記號圖請見P.114

219

220

221

222

223

224

*記號圖請見P.115

225

226

227

228

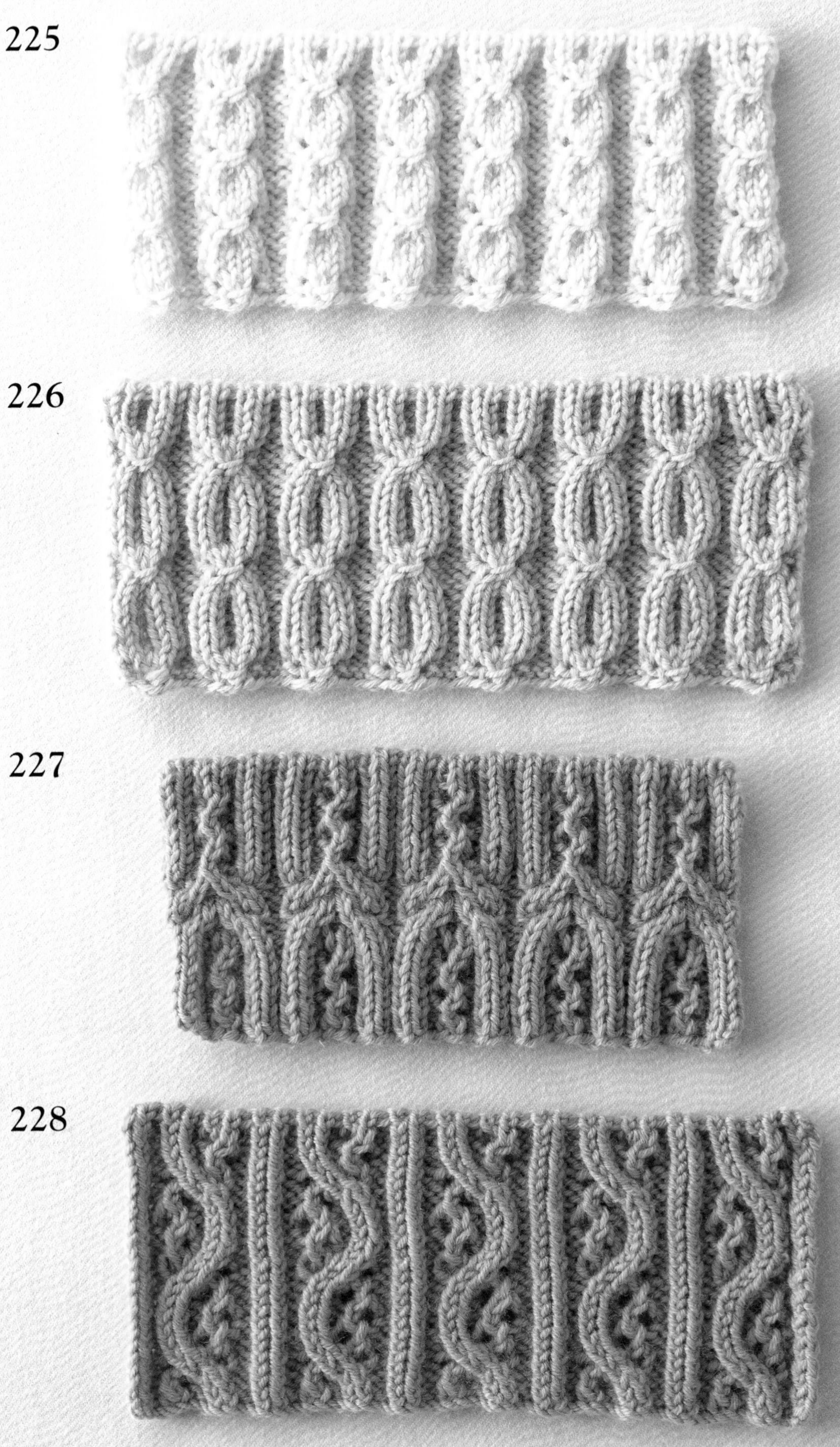

緣飾

2針鬆緊針收針

＊記號圖請見P.115

229

230

231

232

233

234

＊記號圖請見P.116

235

236

237

238

239

*記號圖請見P.116

240

241

242

243

244

245

＊記號圖請見P.117

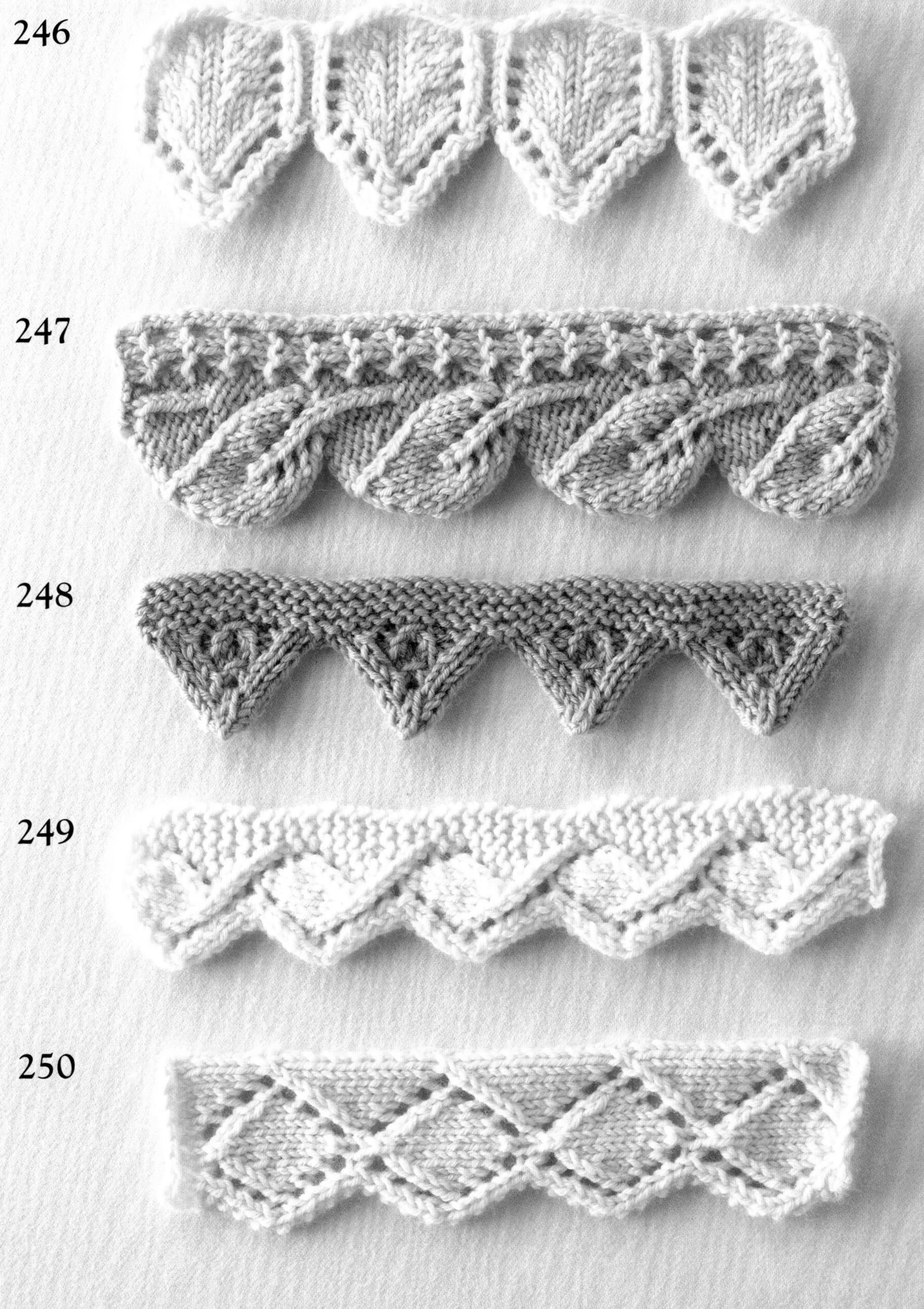

＊記號圖請見P.117

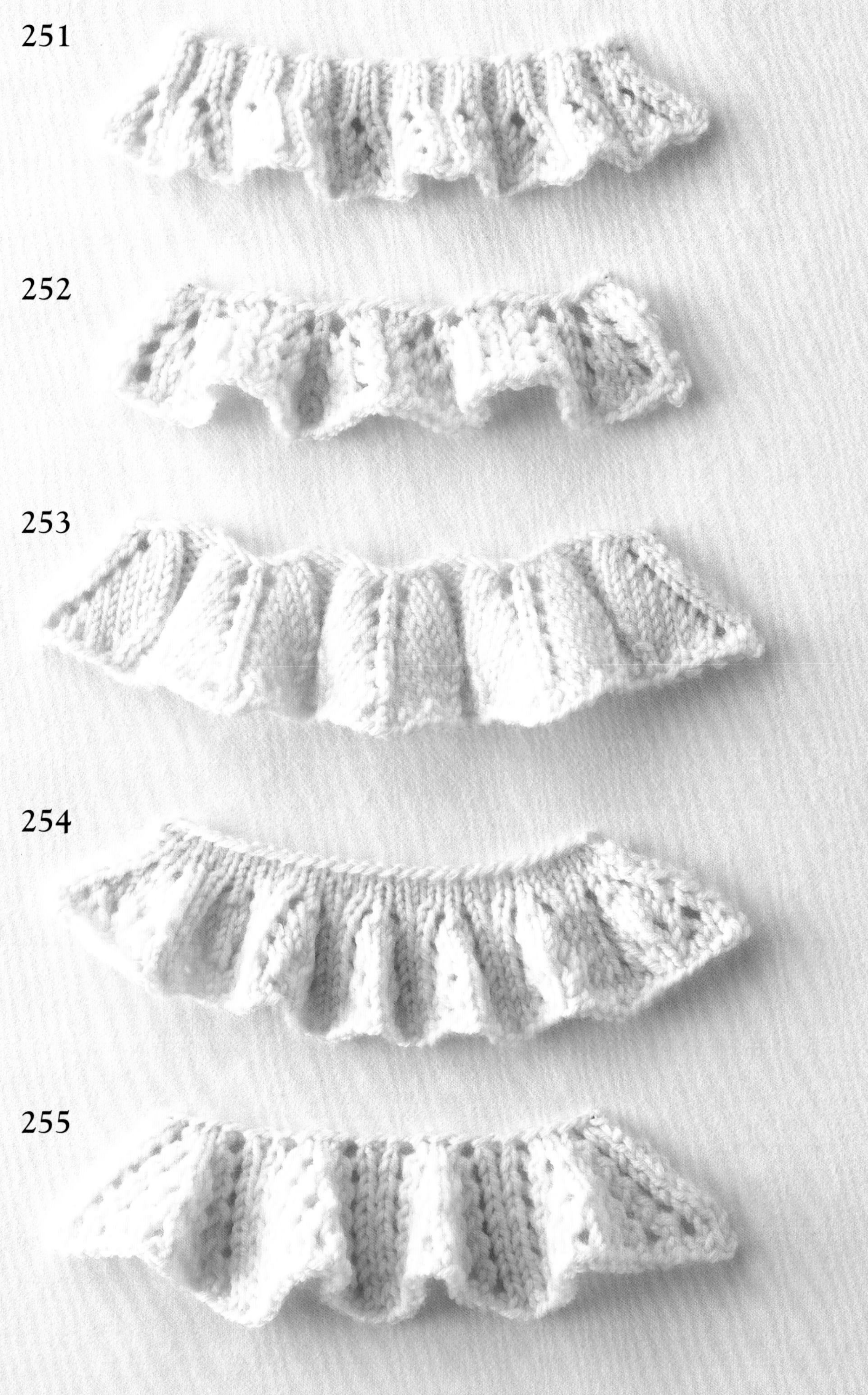

＊記號圖請見P.118

256

257

258

259

260

＊記號圖請見P.118

＊作品188～192／P.98、作品193～197／P.99

188

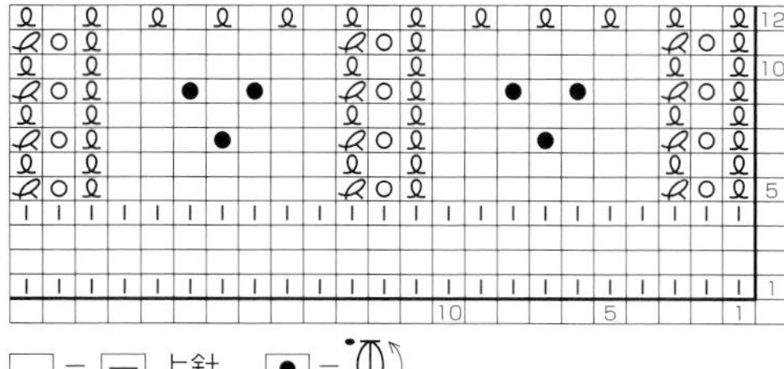

□＝⊟ 上針　●＝

189

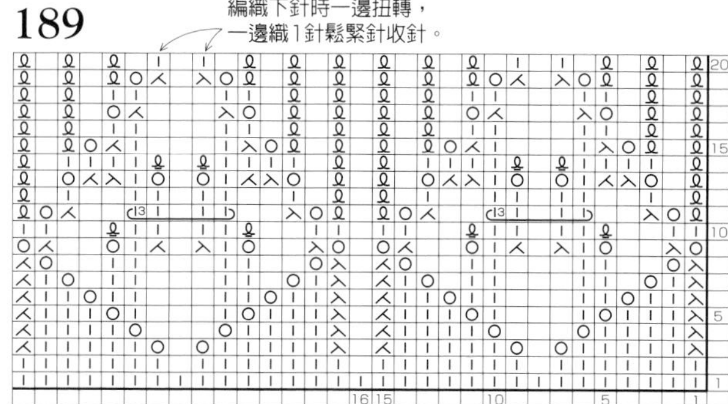
編織下針時一邊扭轉，
一邊織1針鬆緊針收針。

□＝⊟ 上針　＝繞線3次的腰帶結

190

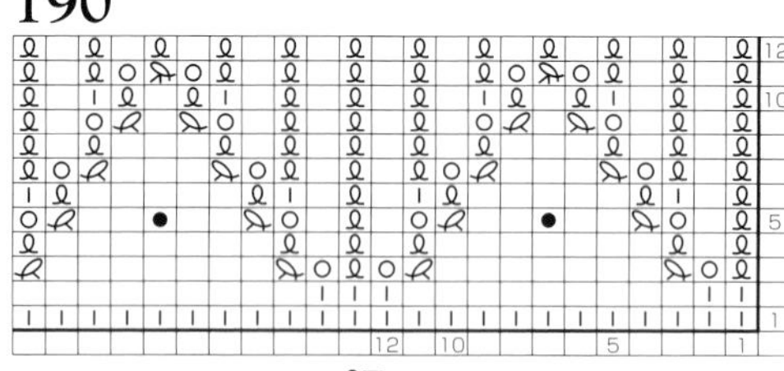

□＝⊟ 上針　●＝

191

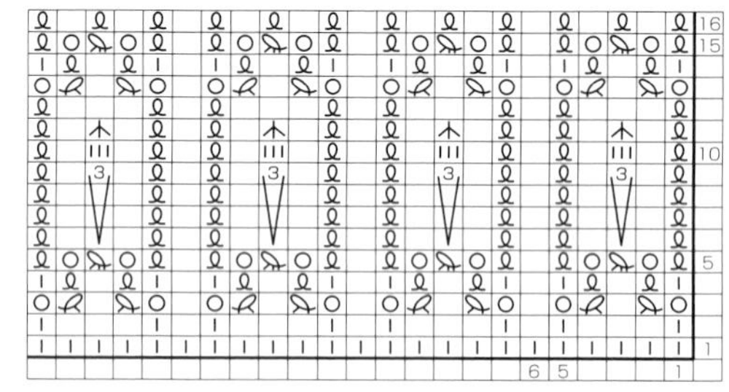

□＝⊟ 上針

192

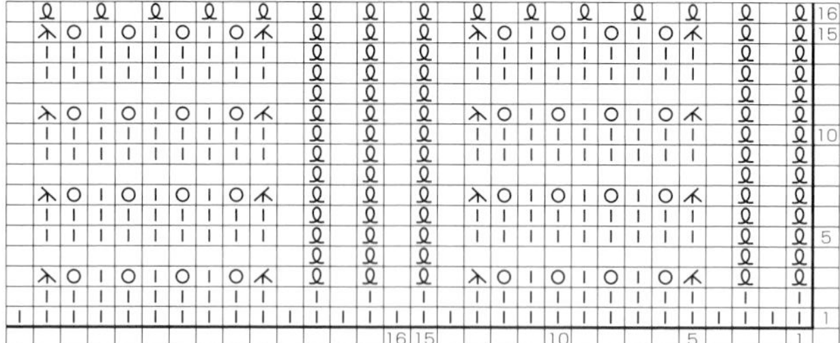

□＝⊟ 上針

193

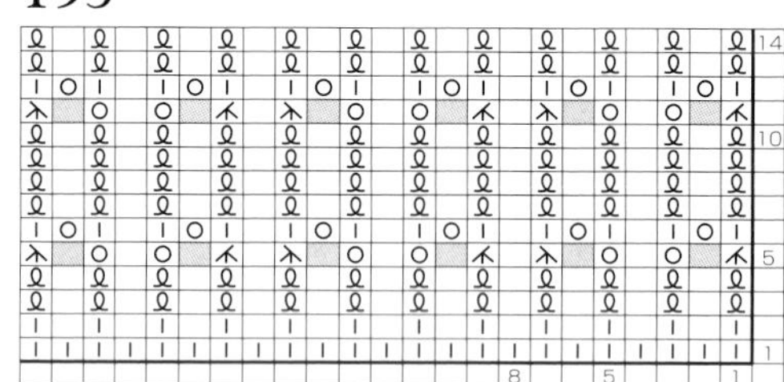

□＝⊟ 上針　▨＝無針目部分

194

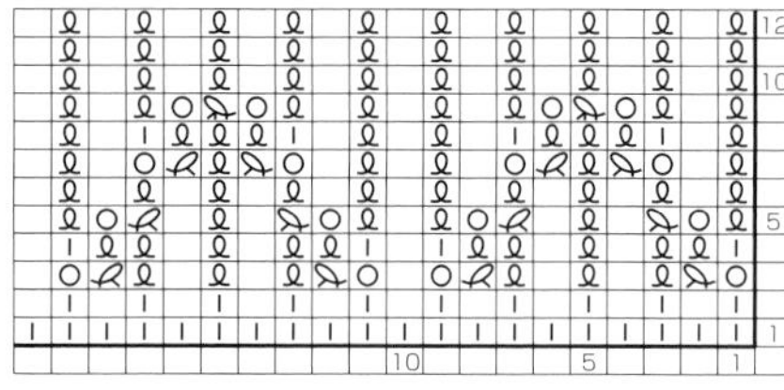

□＝⊟ 上針

195

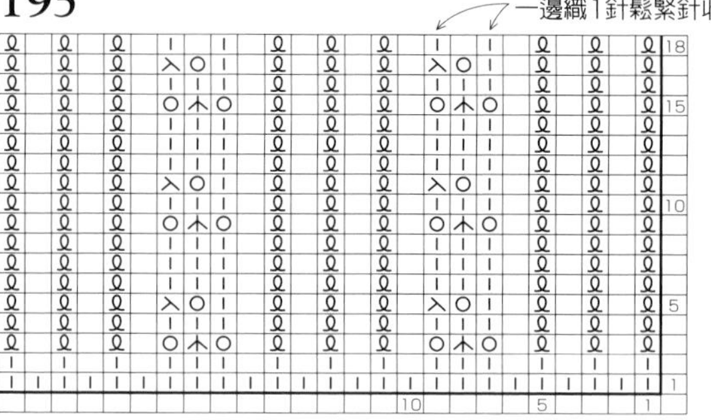
編織下針時一邊扭轉，
一邊織1針鬆緊針收針。

□＝⊟ 上針

196

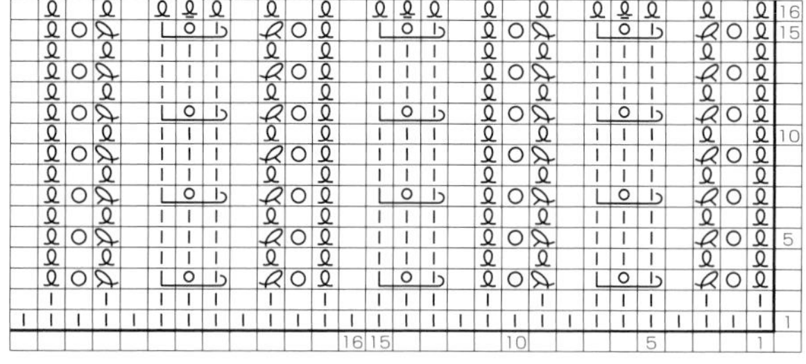

□＝⊟ 上針

197

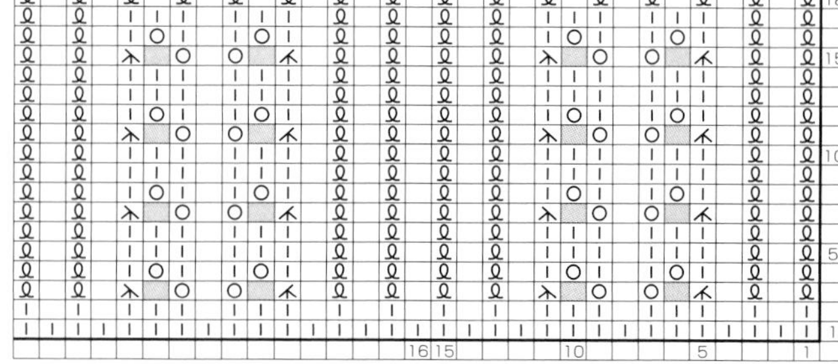

□＝⊟ 上針　▨＝無針目部分

＊作品198～202／P.100、作品203～207／P.101

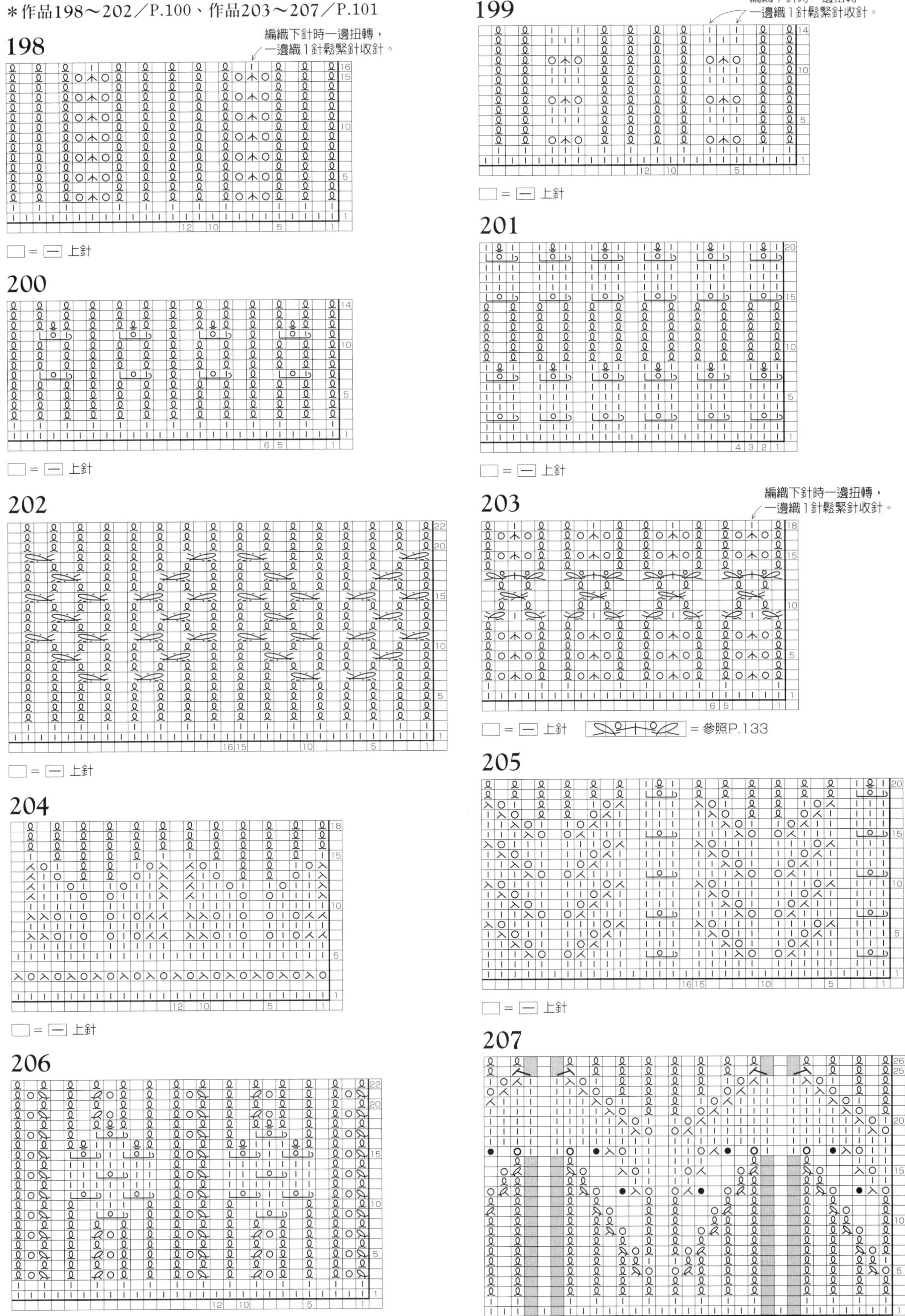

198
編織下針時一邊扭轉，
一邊織1針鬆緊針收針。
□ = ㊀ 上針
199
編織下針時一邊扭轉，
一邊織1針鬆緊針收針。
□ = ㊀ 上針
200
□ = ㊀ 上針
201
□ = ㊀ 上針
202
□ = ㊀ 上針
203
編織下針時一邊扭轉，
一邊織1針鬆緊針收針。
□ = ㊀ 上針
= 參照P.133
204
□ = ㊀ 上針
205
□ = ㊀ 上針
206
□ = ㊀ 上針
207
□ = ㊀ 上針
= 無針目部分

＊作品208～212／P.102、作品213～218／P.103

208

□ = ㊀ 上針　▒ = 無針目部分

209

□ = ㊀ 上針　▒ = 無針目部分　15 = 繞線5次的腰帶結

・ = 參照P.131

210

□ = ㊀ 上針　= 參照P.133

211

□ = ㊀ 上針

212

□ = ㊀ 上針

213

□ = ㊀ 上針

214

□ = ㊀ 上針

215

□ = ㊀ 上針

216

□ = ㊀ 上針

217

□ = ㊀ 上針

218

□ = ㊀ 上針

＊作品219～224／P.104、作品225～228／P.105

219

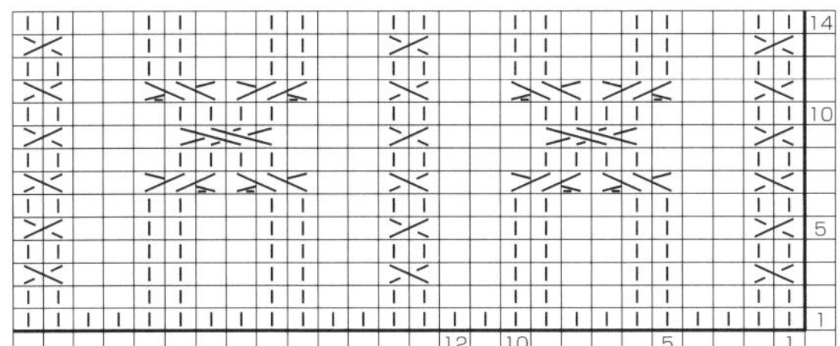

□ = ㊀ 上針

220

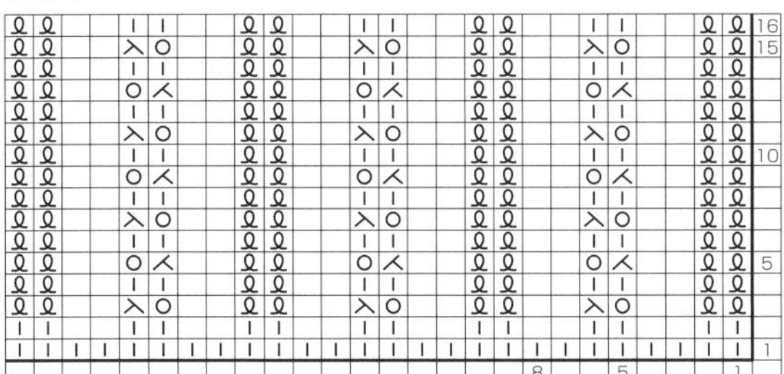

□ = ㊀ 上針

221

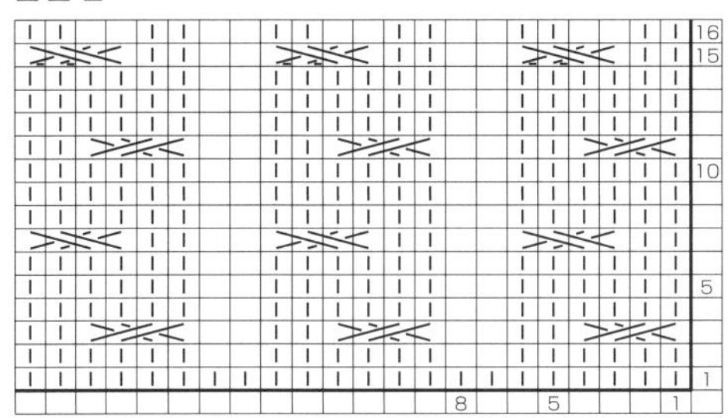

□ = ㊀ 上針

222

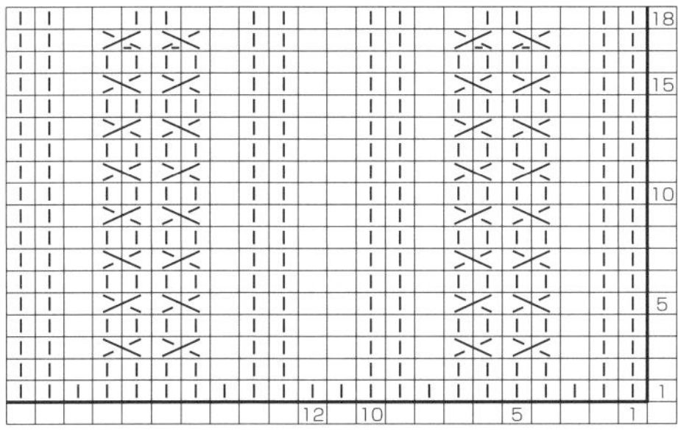

□ = ㊀ 上針

223

□ = ㊀ 上針　＝ 右上扭針2針交叉

224

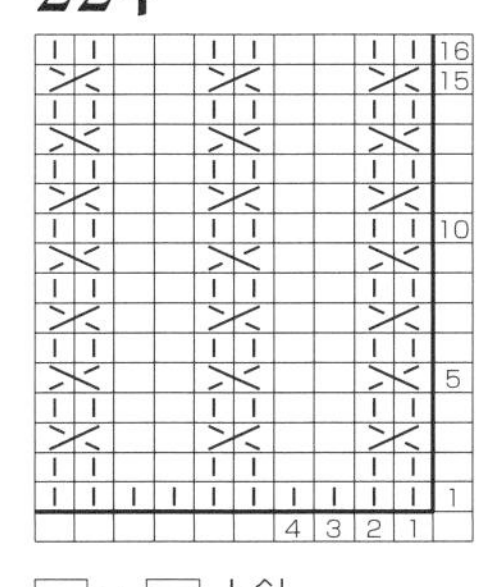

□ = ㊀ 上針

225

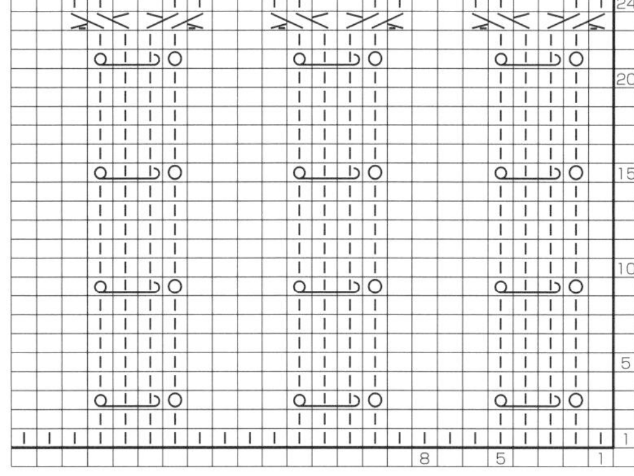

□ = ㊀ 上針　＝參照P.133

226

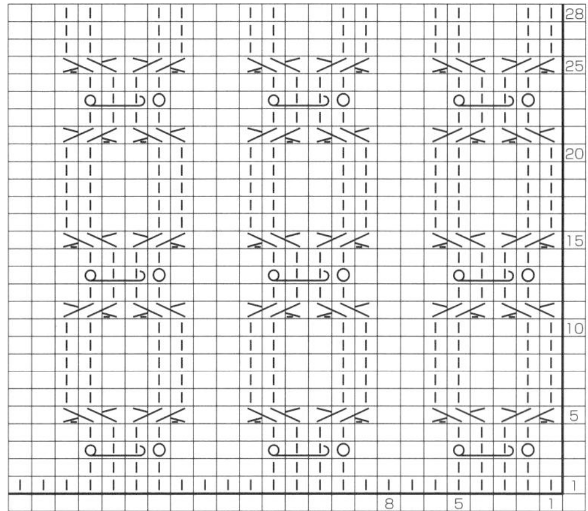

□ = ㊀ 上針　＝參照P.133

227

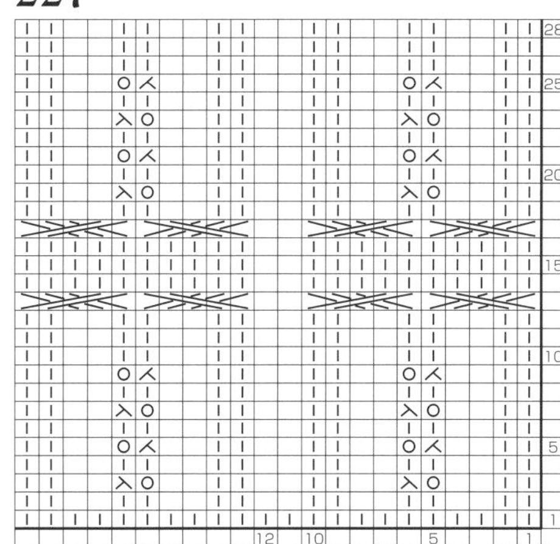

□ = ㊀ 上針

228

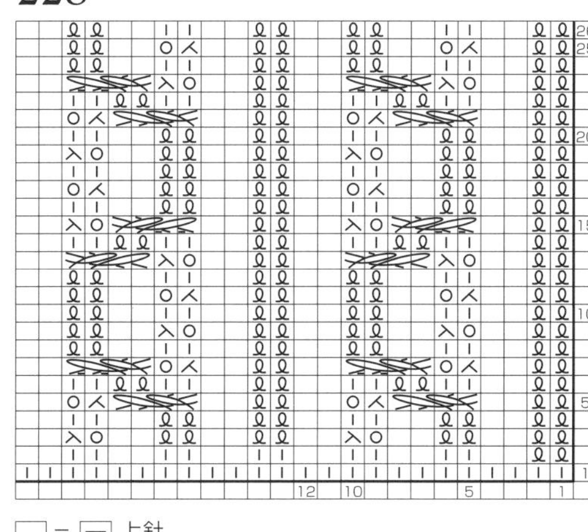

□ = ㊀ 上針

＊作品229～234／P.106、作品235～239／P.107

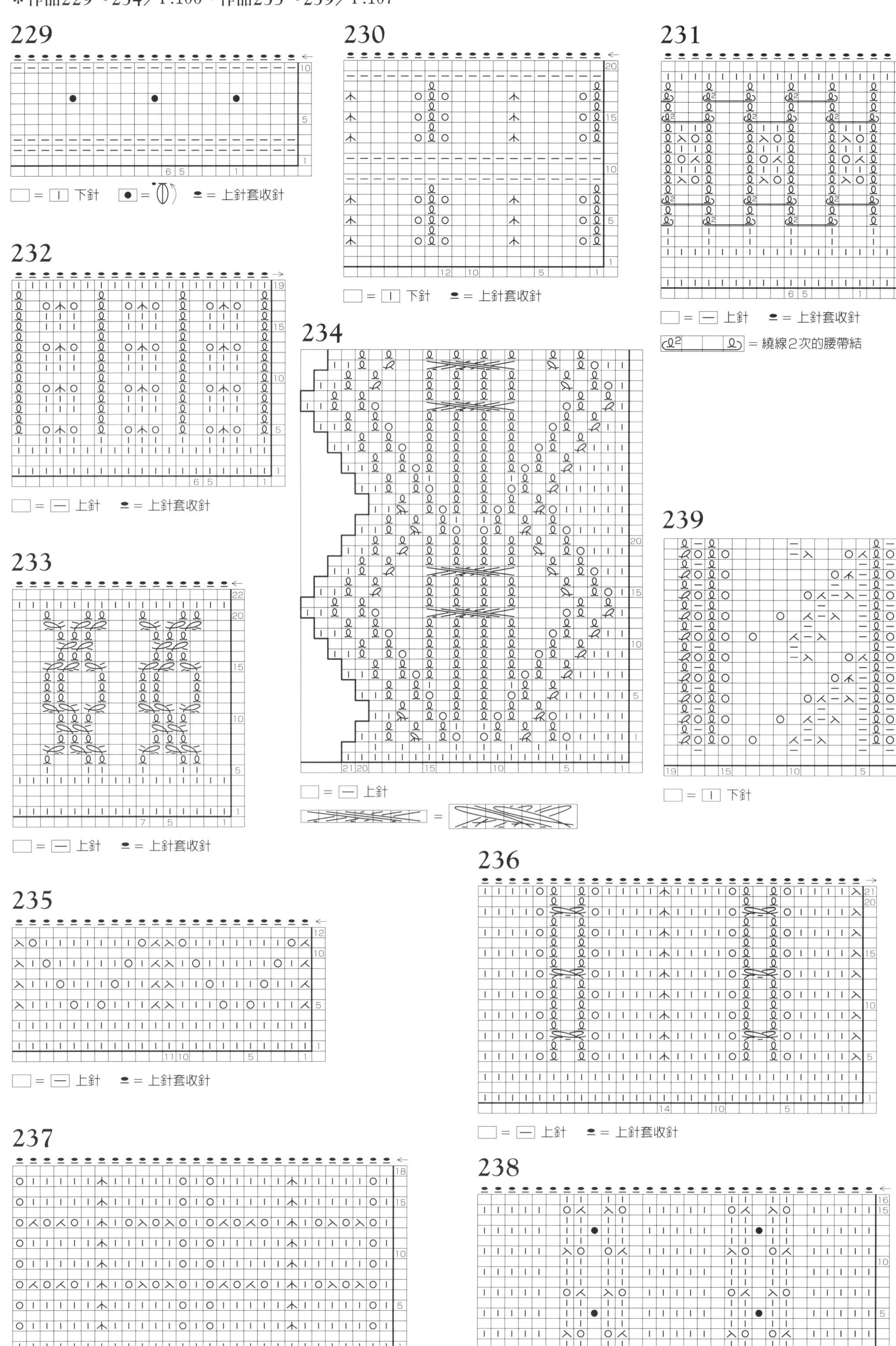
229
□ = | 下針　● = 　⌓ = 上針套收針
230
□ = | 下針　⌓ = 上針套收針
231
□ = — 上針　⌓ = 上針套收針
= 繞線2次的腰帶結
232
□ = — 上針　⌓ = 上針套收針
233
□ = — 上針　⌓ = 上針套收針
234
□ = — 上針
235
□ = — 上針　⌓ = 上針套收針
236
□ = — 上針　⌓ = 上針套收針
237
□ = — 上針　⌓ = 上針套收針
238
□ = — 上針　● = 　⌓ = 上針套收針
239
□ = | 下針

＊作品240～245／P.108、作品246～250／P.109

240

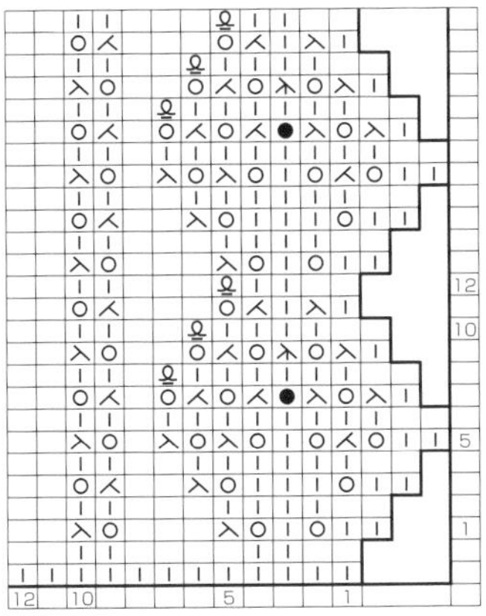

□ = — 上針　● =

241

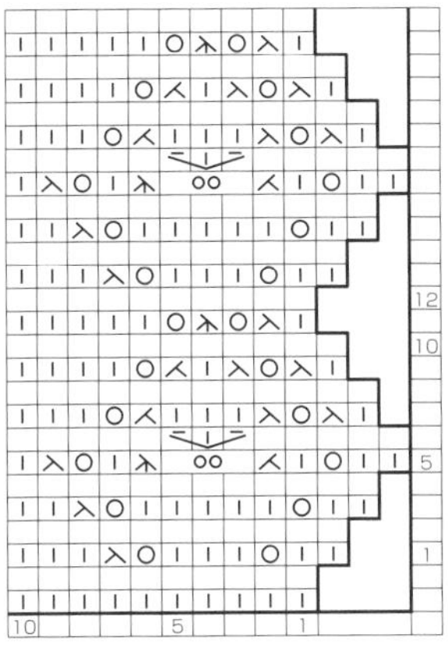

□ = — 上針

○○ = 在針上繞線2次（掛針），
下一段鬆開後編織「下針・上針・下針」。

247

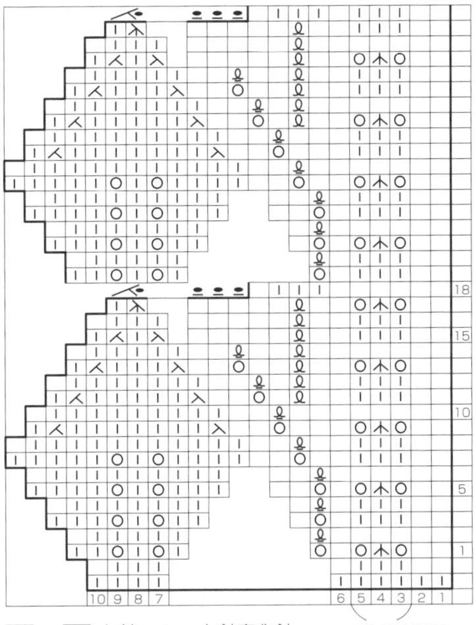

□ = — 上針　● = 上針套收針　4段1組花樣

242

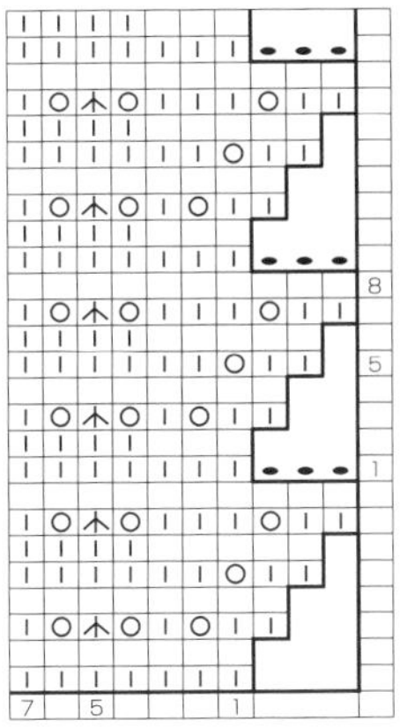

□ = — 上針

243

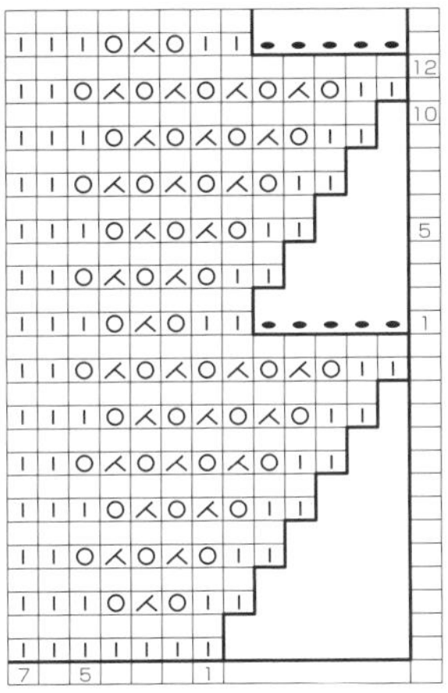

□ = — 上針

248

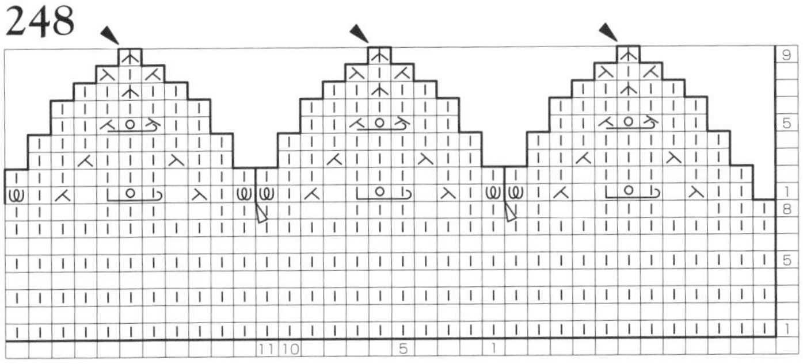

□ = — 上針

3 2 1 = ①針目3覆蓋目套在針目1、2上，
形成套織左側針目的模樣。
②針目1與右側針目織右上2併針，織一針掛針。
③針目2與左側針目織左上2併針。

◁ =接線

◀ =剪線

244

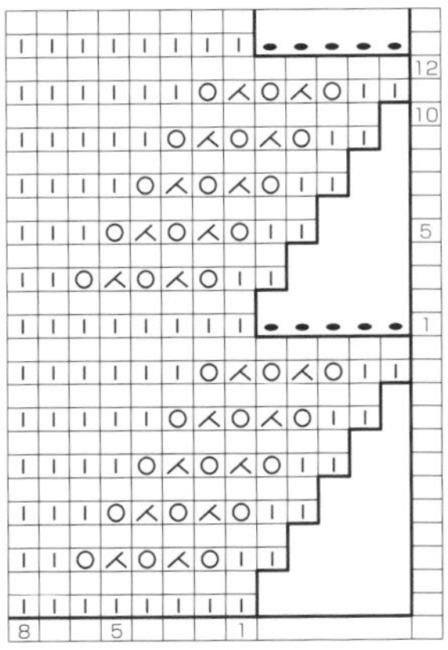

□ = — 上針

245

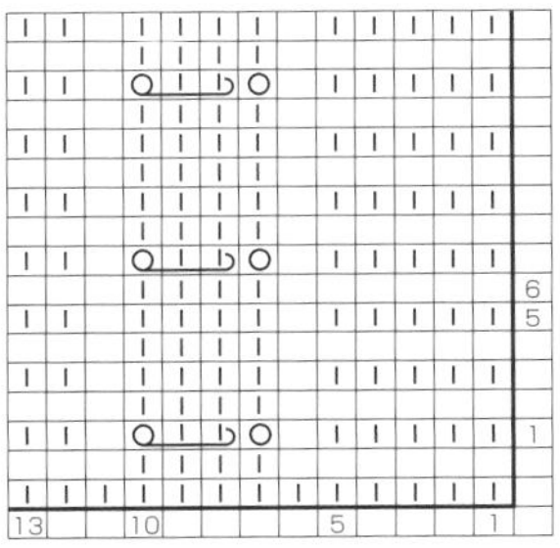

□ = — 上針

= 參照P.133

249

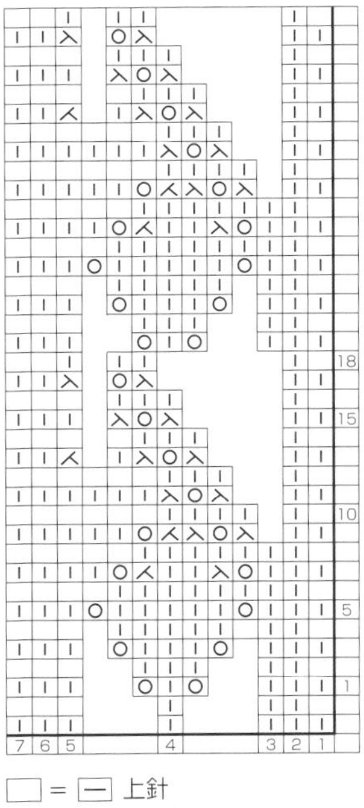

□ = — 上針

250

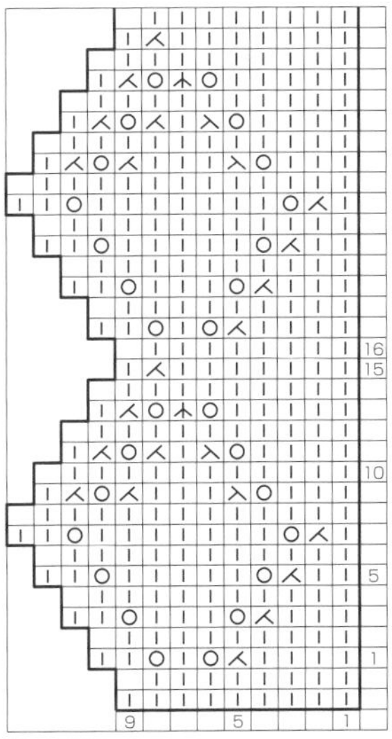

□ = — 上針

246

※兩端針目覆蓋後織套收針。

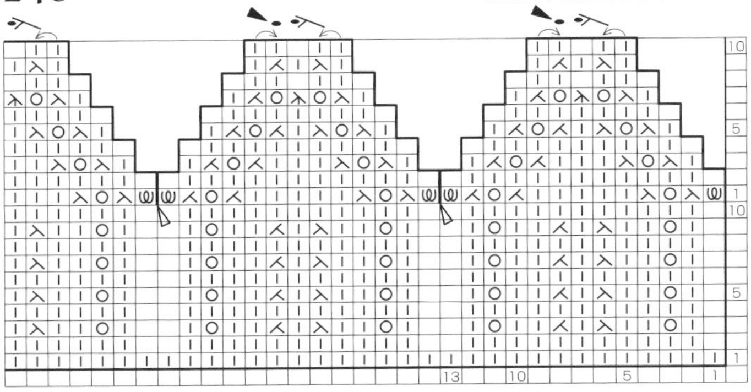

□ = — 上針　◁ =接線　◀ =剪線

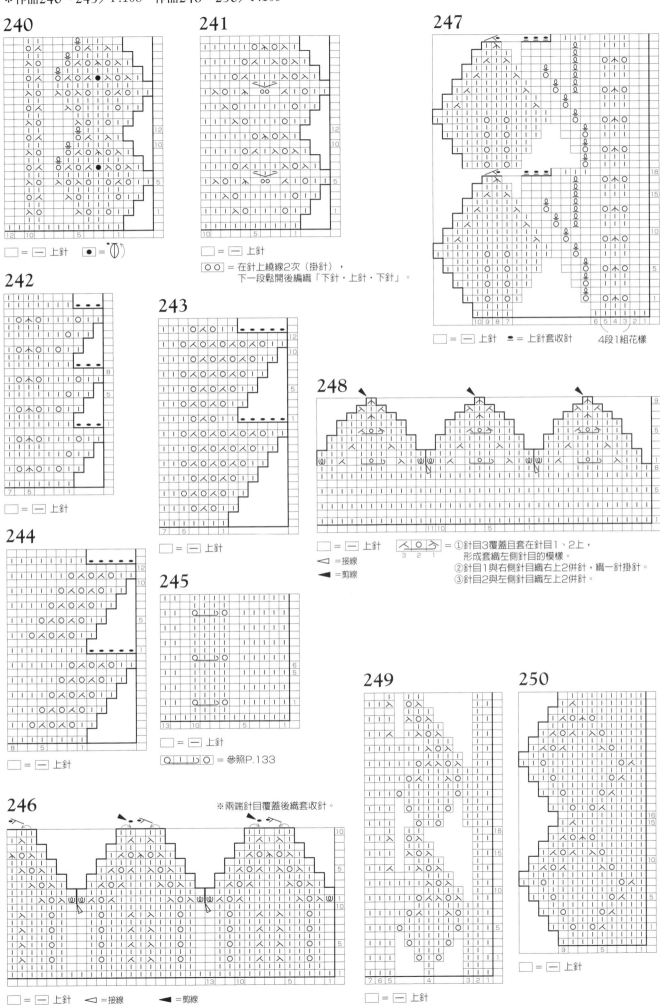

＊作品251～255／P.110、作品256～260／P.111

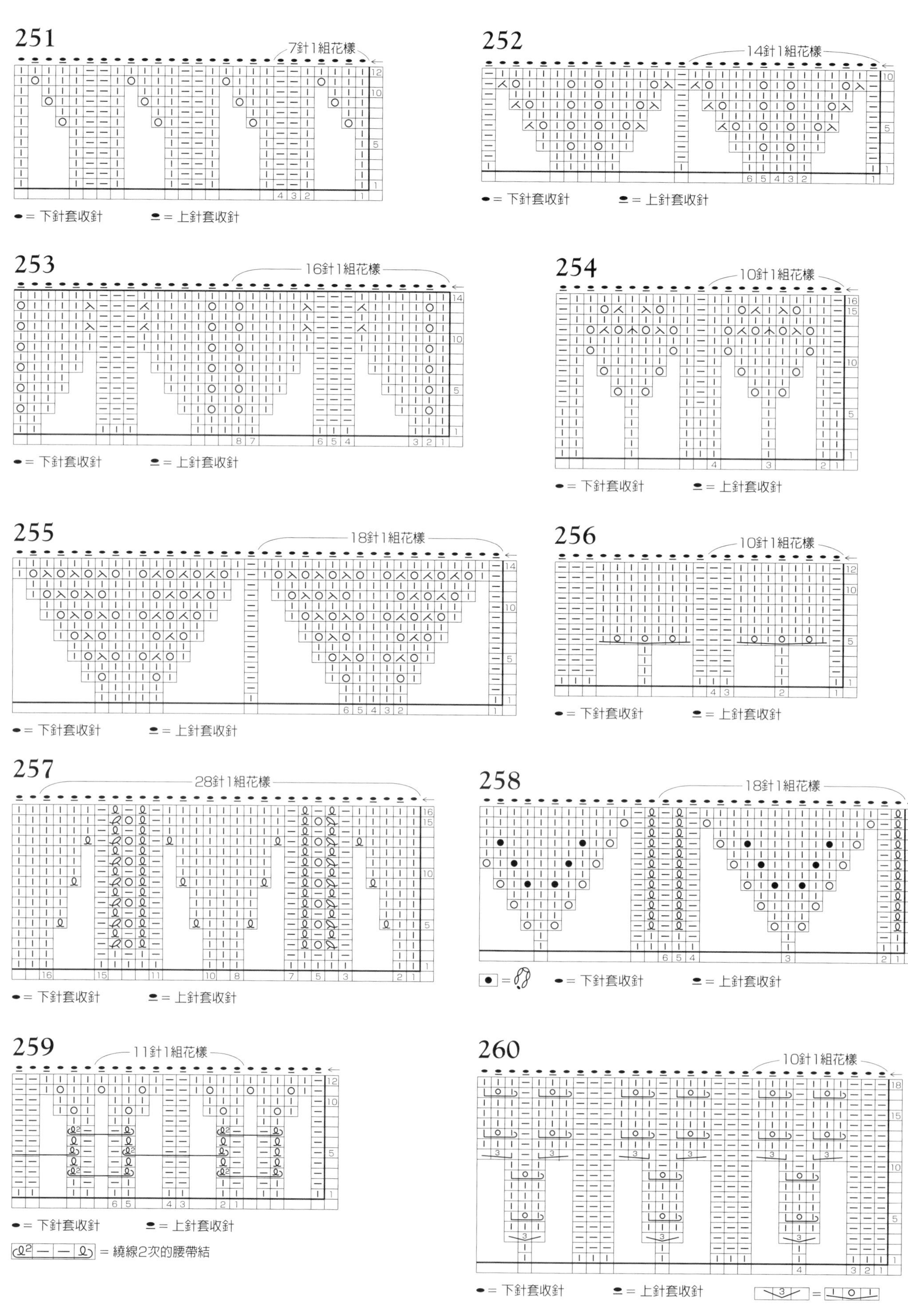

251
7針1組花樣
● = 下針套收針　● = 上針套收針
252
14針1組花樣
● = 下針套收針　● = 上針套收針
253
16針1組花樣
● = 下針套收針　● = 上針套收針
254
10針1組花樣
● = 下針套收針　● = 上針套收針
255
18針1組花樣
● = 下針套收針　● = 上針套收針
256
10針1組花樣
● = 下針套收針　● = 上針套收針
257
28針1組花樣
● = 下針套收針　● = 上針套收針
258
18針1組花樣
● = 下針套收針　● = 上針套收針
259
11針1組花樣
● = 下針套收針　● = 上針套收針
= 繞線2次的腰帶結
260
10針1組花樣
● = 下針套收針　● = 上針套收針

＊作品174・175／P.91

174

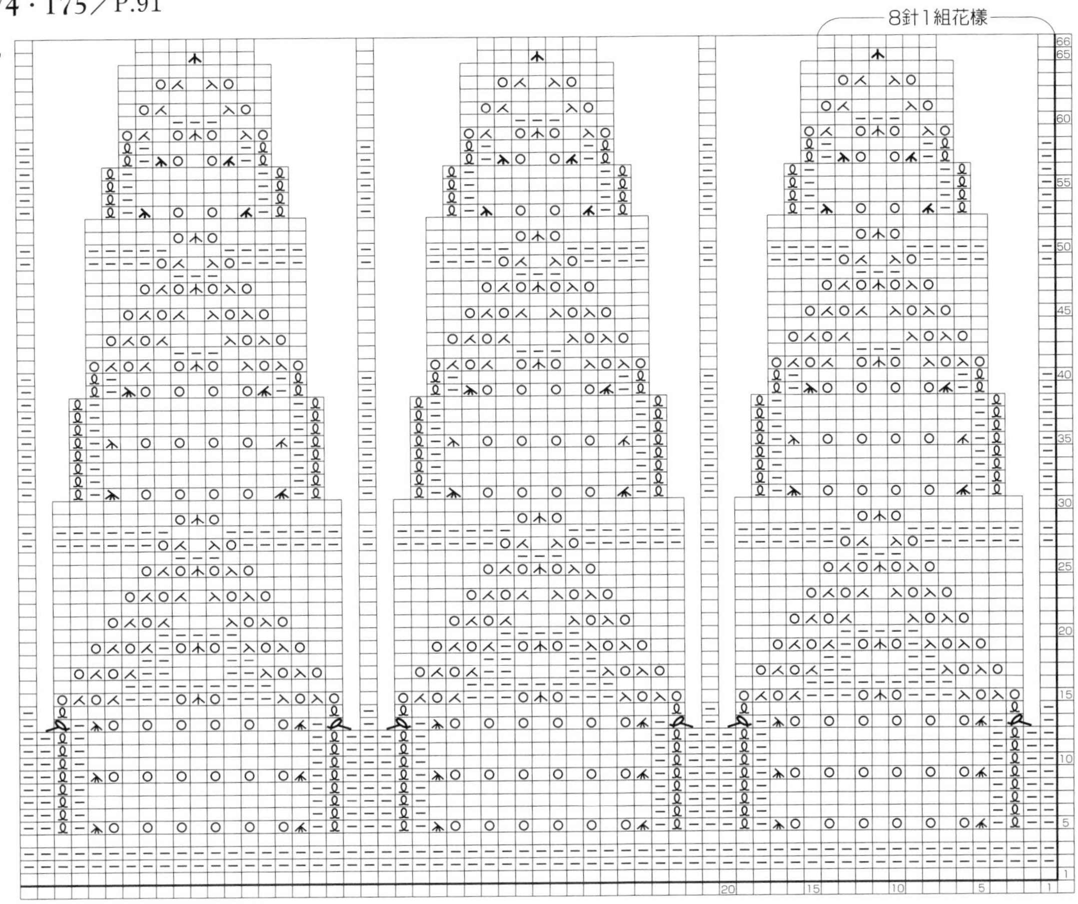

□ = [I] 下針

175

6針1組花樣

● =

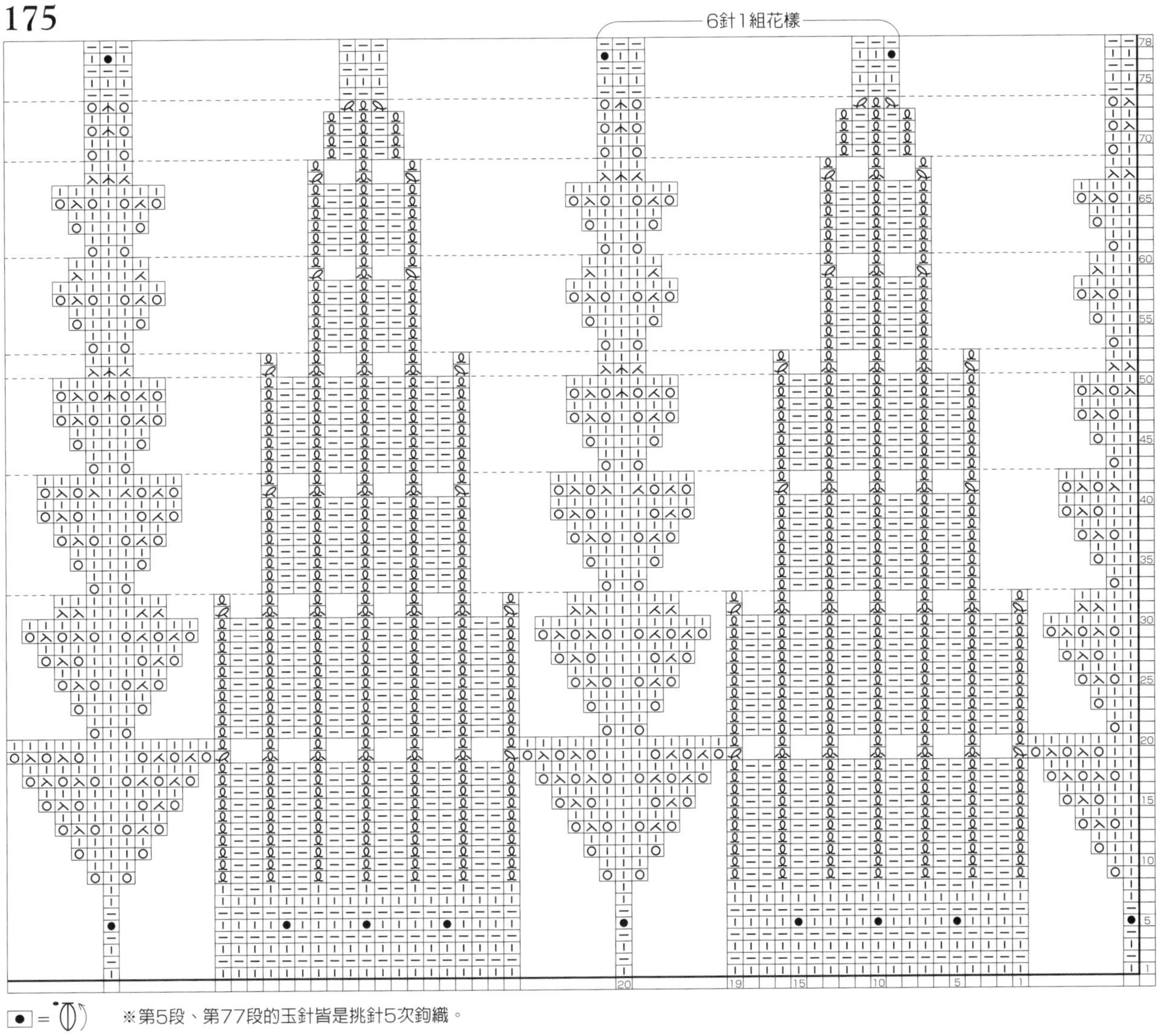

※第5段、第77段的玉針皆是挑針5次鉤織。

＊作品176・177／P.92

176

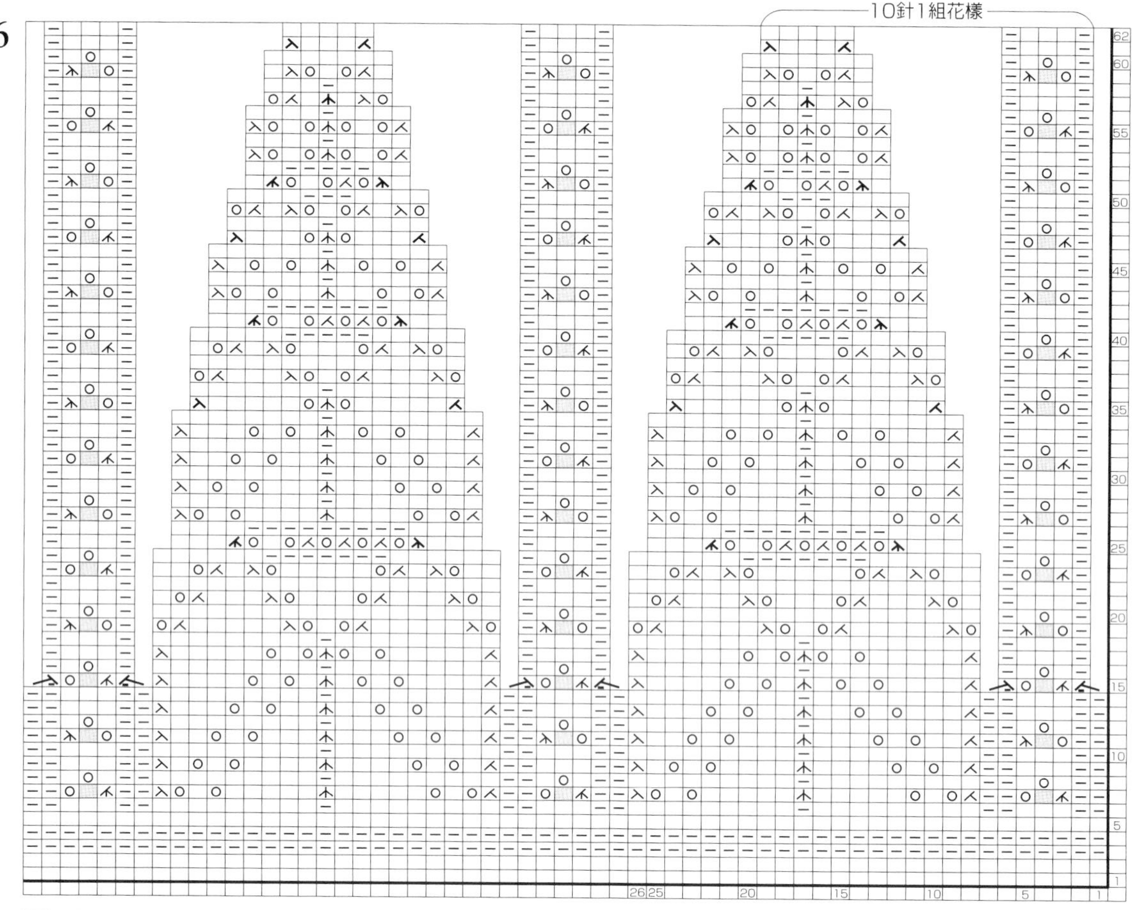

□ = Ｉ 下針　▒ = 無針目部分

177

□ = Ｉ 下針　▒ = 無針目部分　= 繞線2次的腰帶結

＊作品178・179／P.93

178

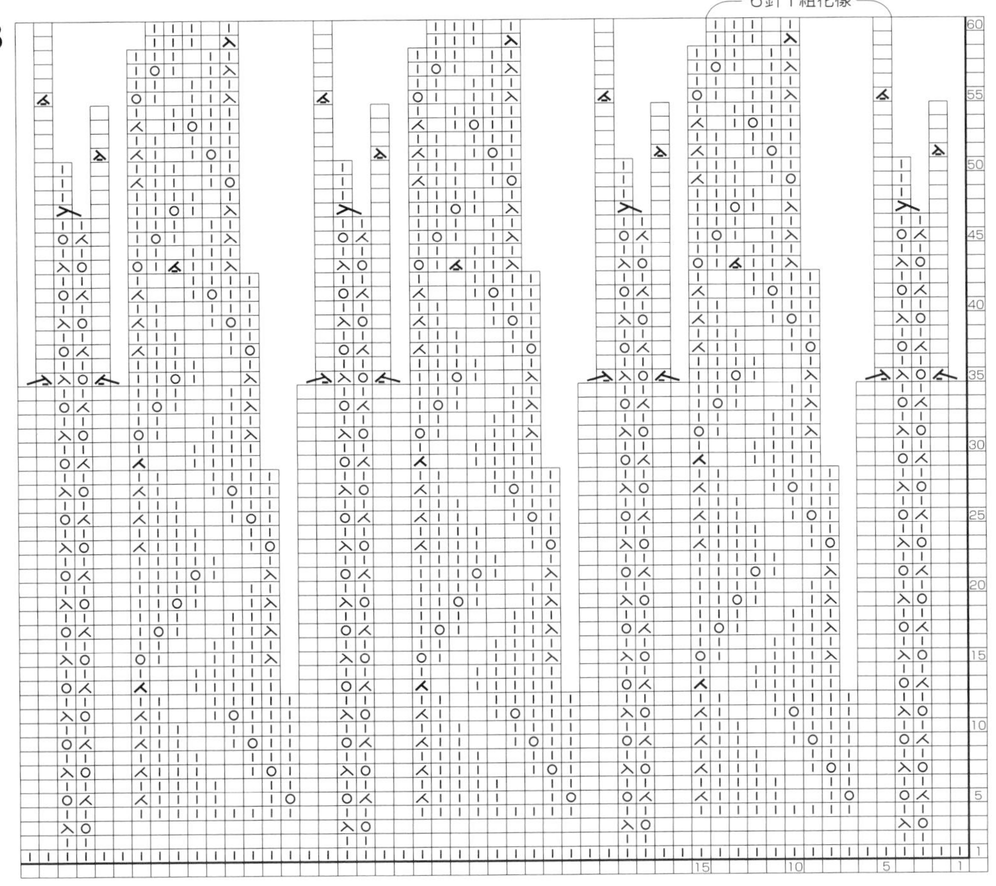
6針1組花樣
□＝□ 上針

179

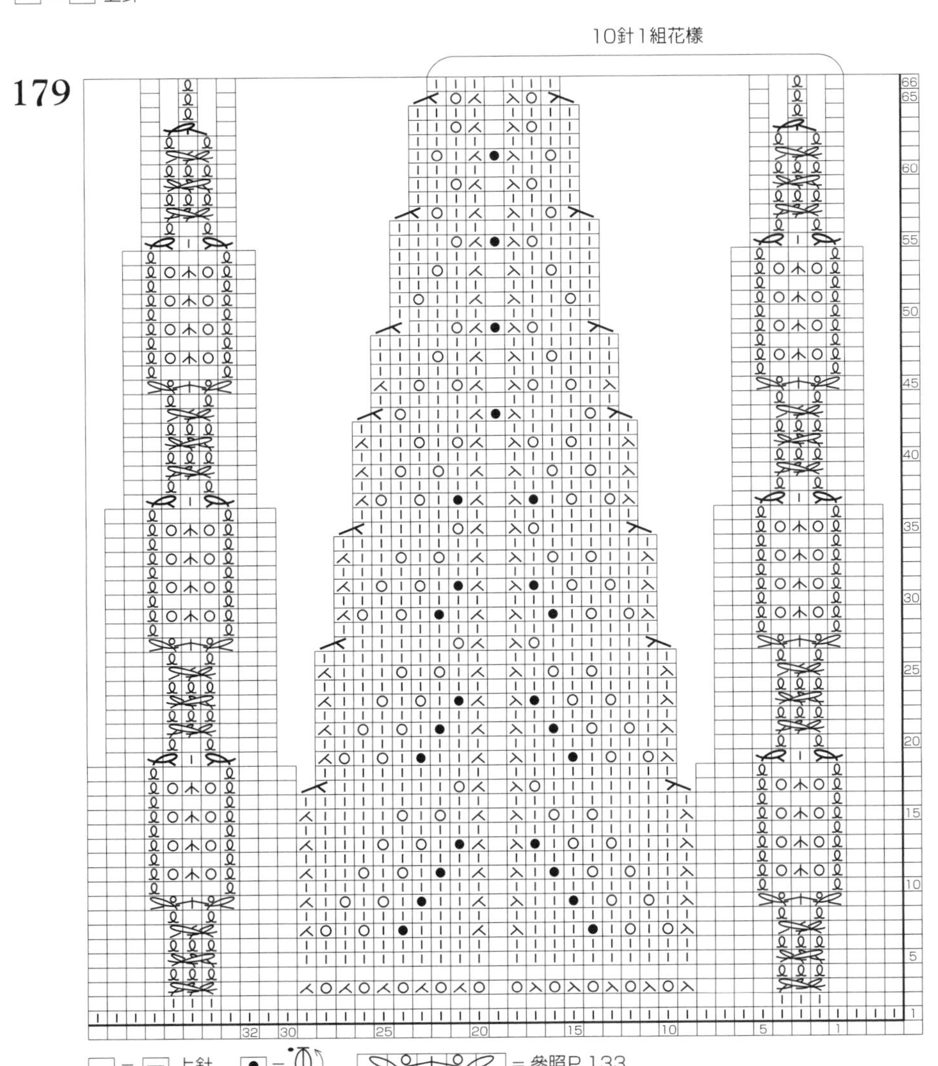
10針1組花樣
□＝□ 上針
＝參照P.133

＊作品180・181／P.94

180

32針1組花樣

60 55 50 45 40 35 30 25 20 15 10 5 1

8 7 6 5 4 3 2 1

● =

181

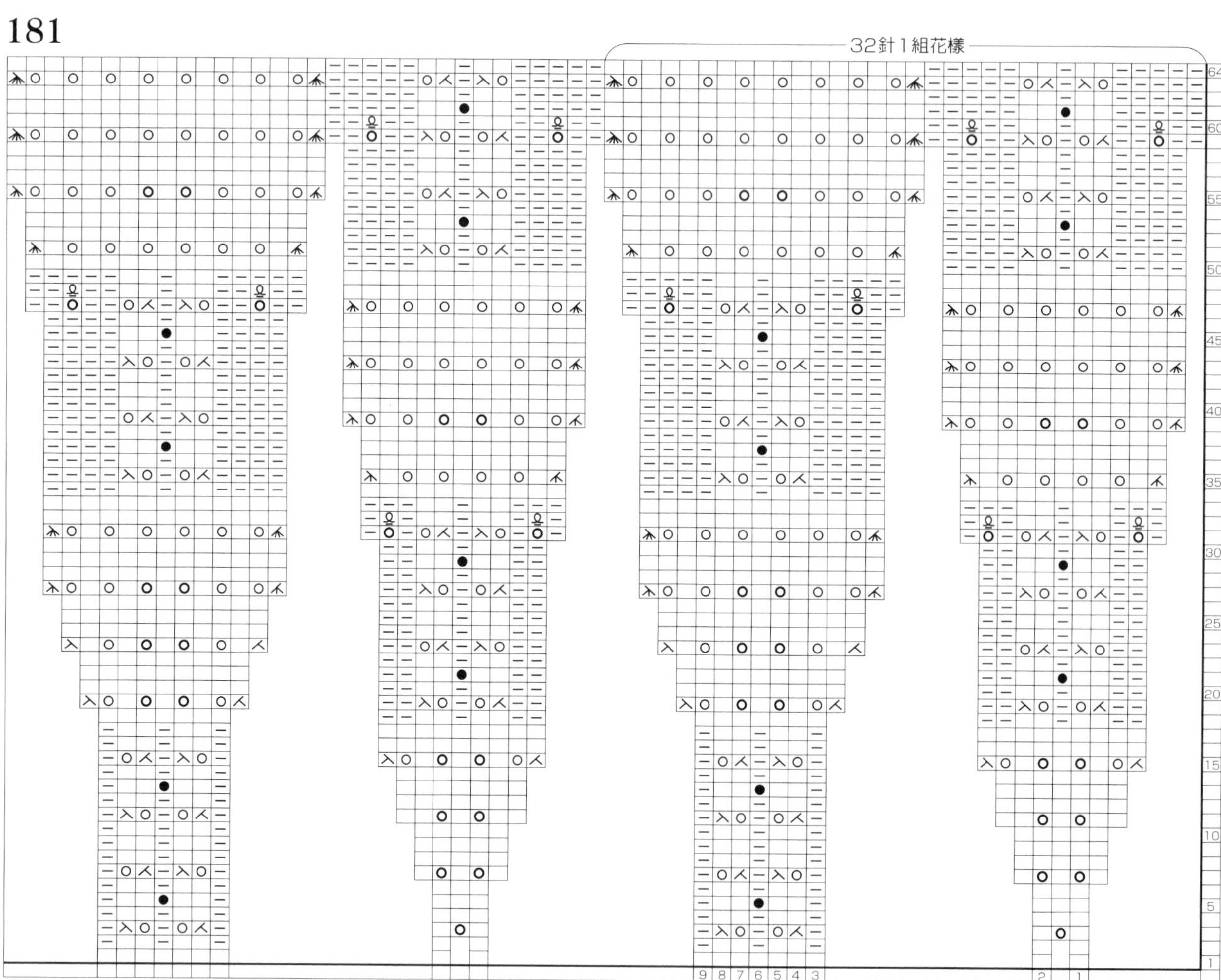

□ = 丨 下針　● =

＊作品182・183／P.95

182

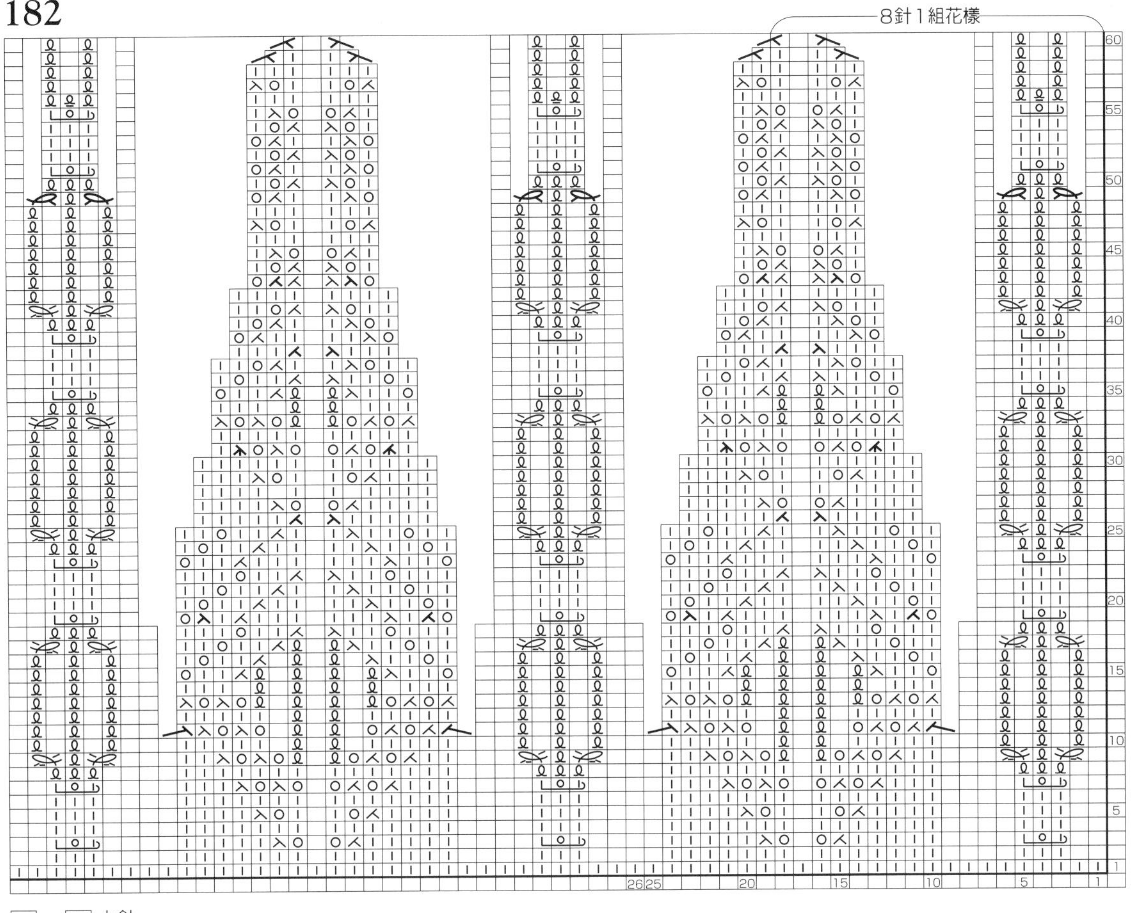

183

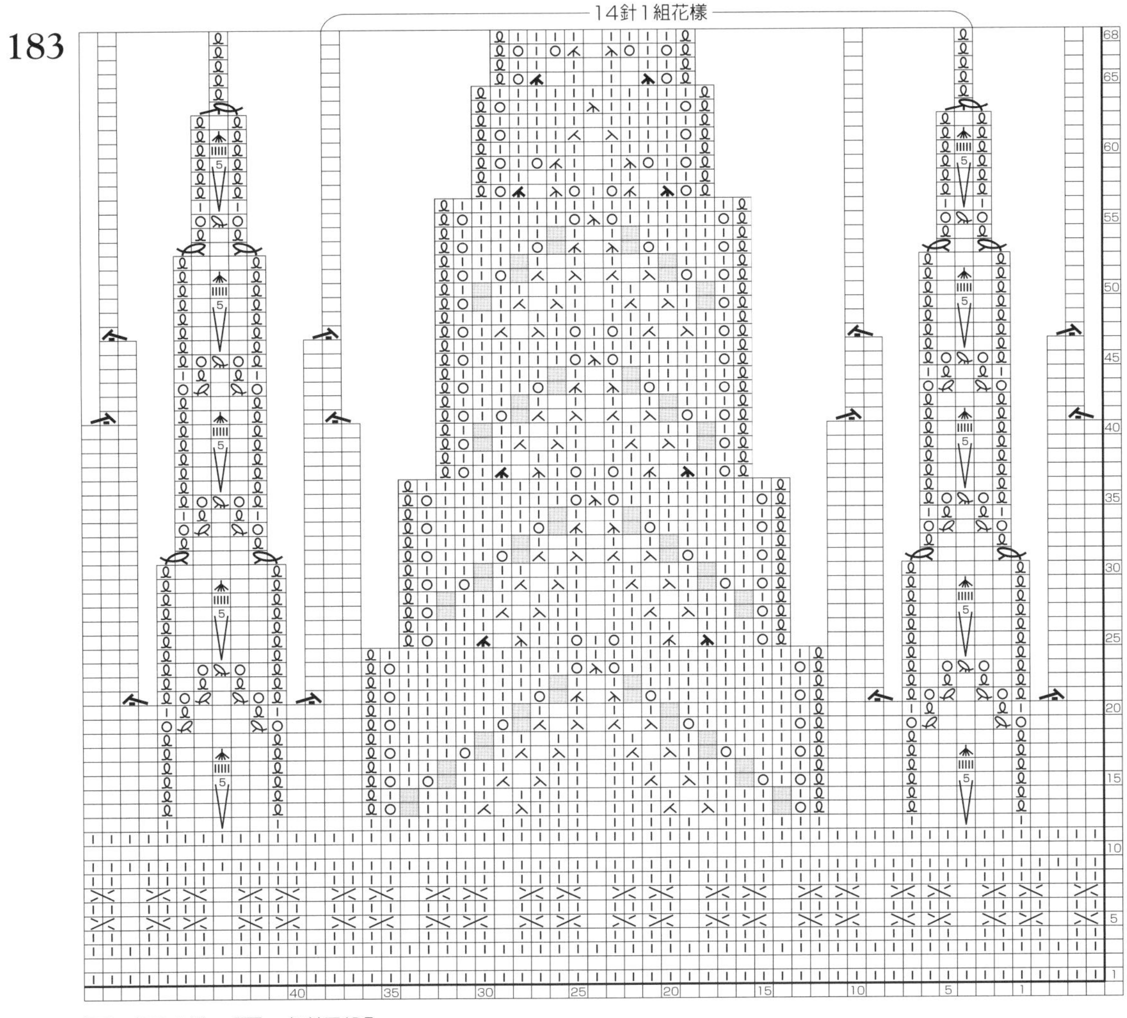

＊作品184・185／P.96

184

7針1組花樣

□ = ㊀ 上針

185

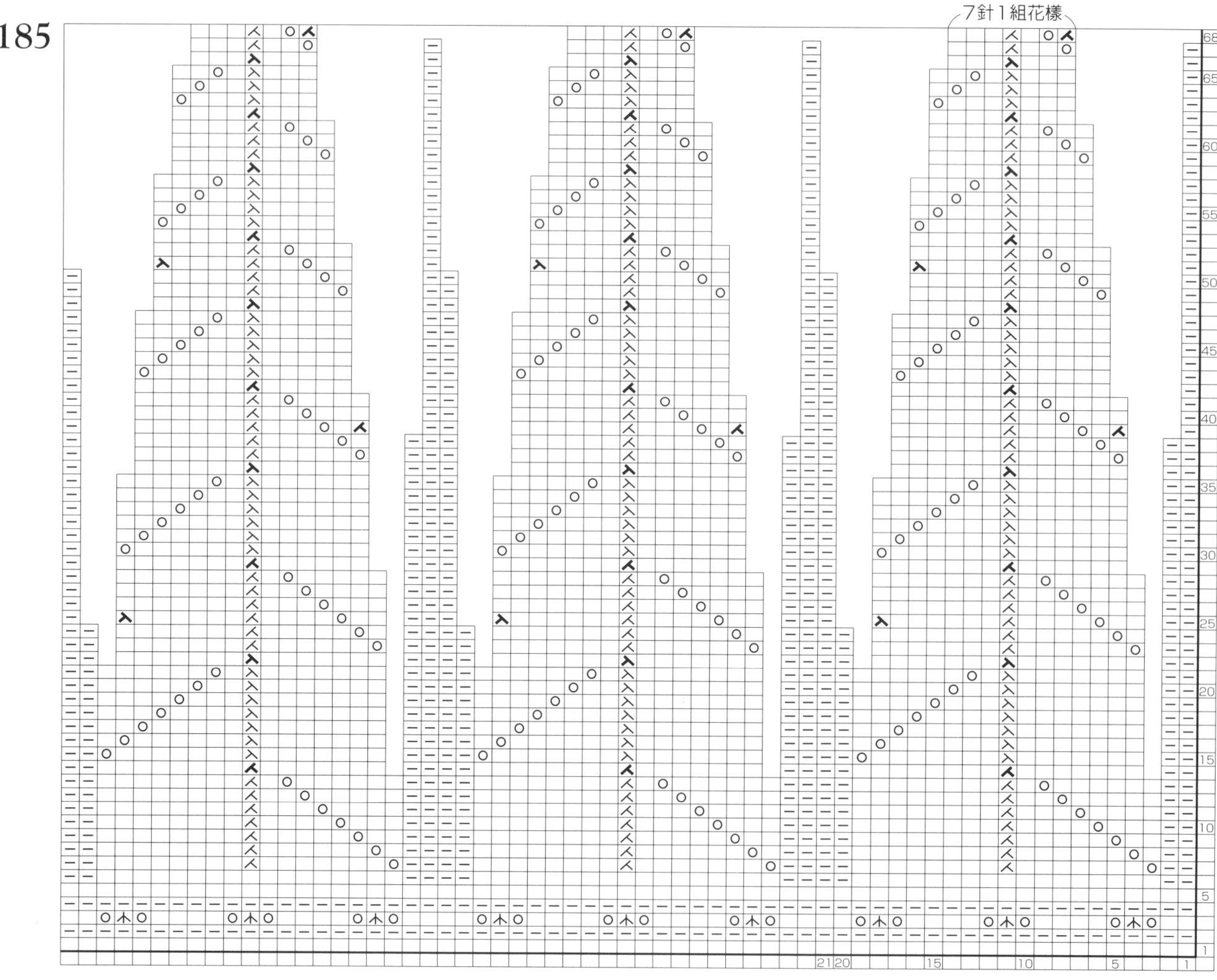

□ = ① 下針

＊作品186・187／P.97

186

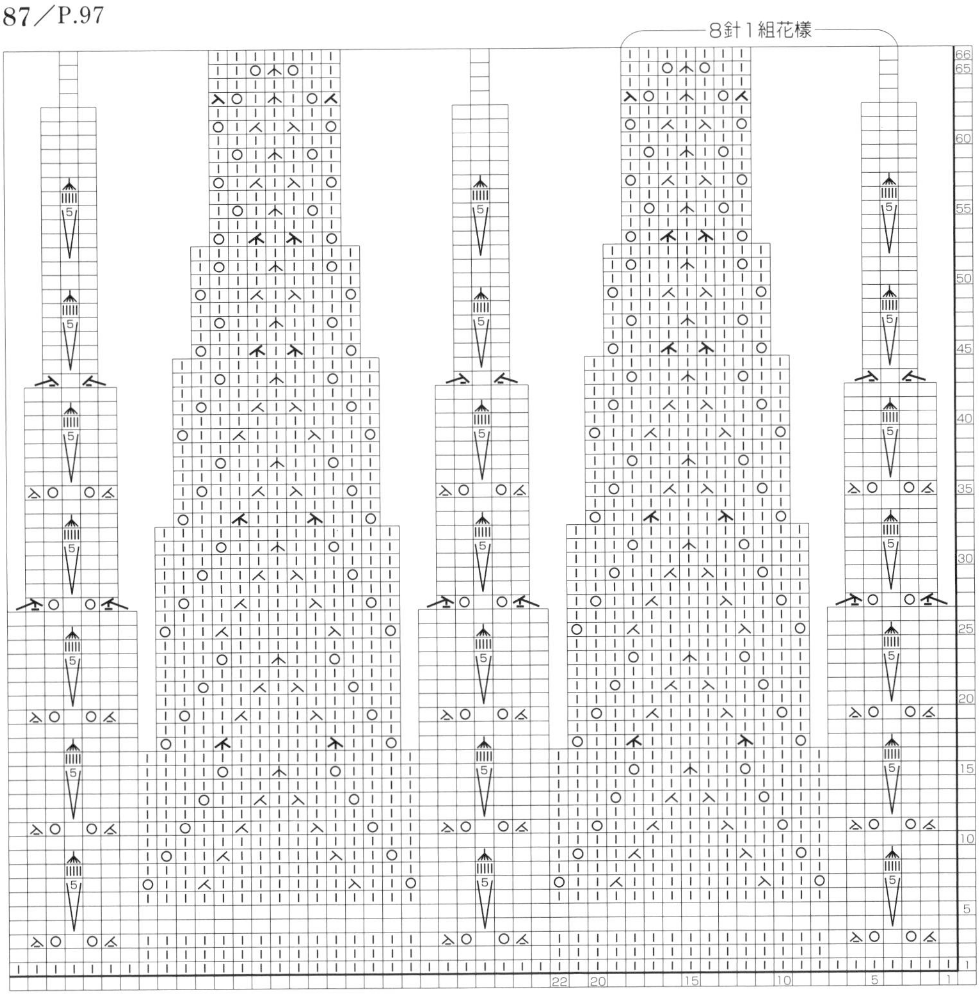

□ = ー 上針

187

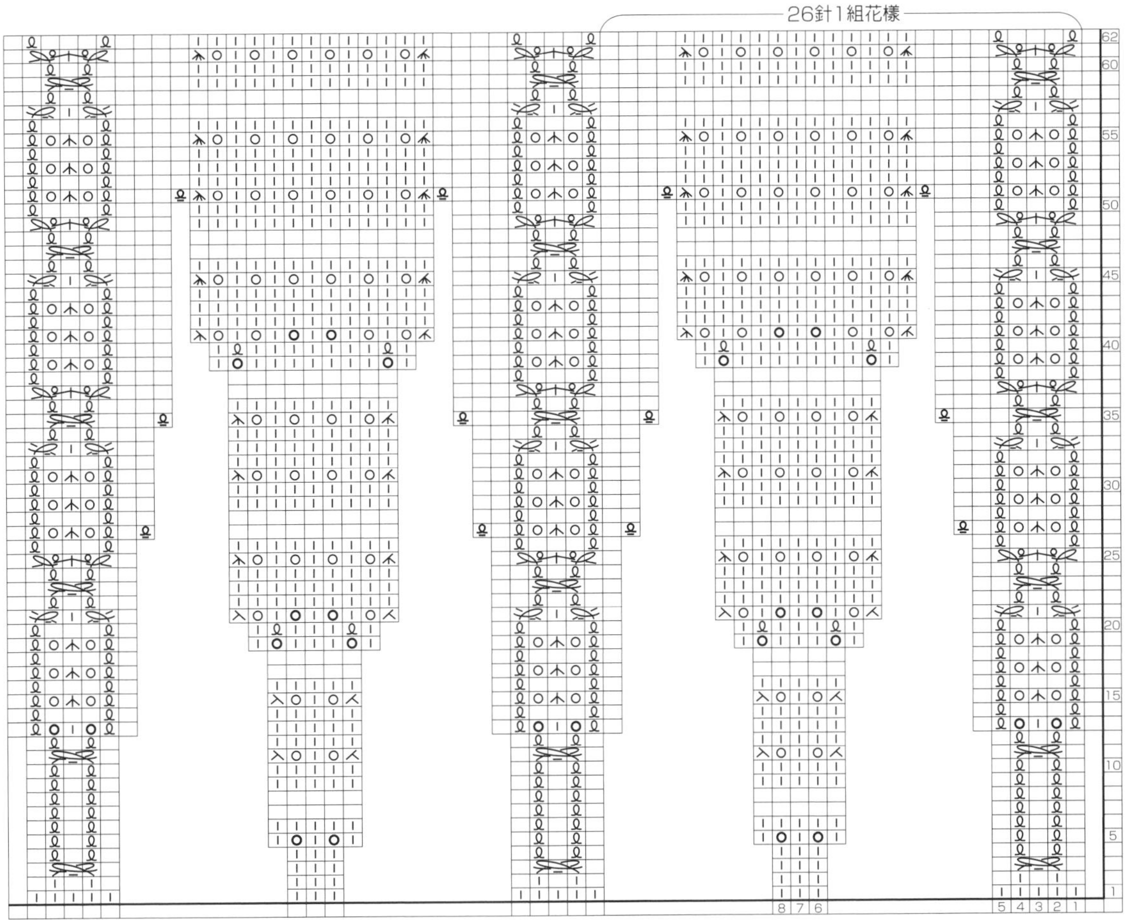

□ = ー 上針　= 參照P.133　= 上針的扭加針

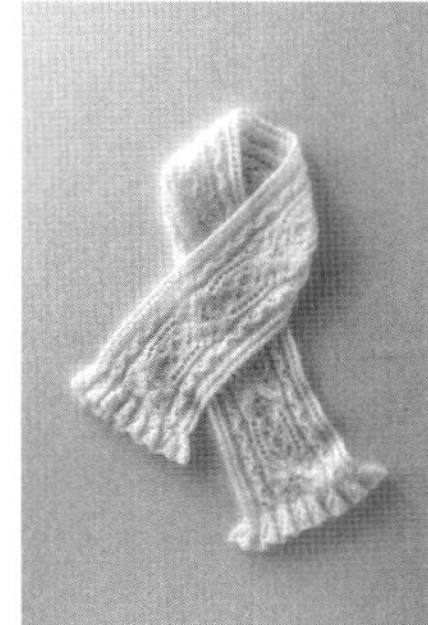

Lacy Patterns | page4

荷葉邊迷你圍巾

花樣編使用P.14・24號花樣，圍巾兩端的荷葉邊緣飾為P.110・255號花樣的變化織法。

＊材料　Diamohairdeux〈羊駝〉（並太）
白（701）55g＝2球

＊工具　棒針6號

＊完成尺寸　寬15.5cm、長103.5cm

＊密度　10cm正方形＝花樣編26.5針×27段

＊編織步驟

①手指掛線起針，筆直編織258段花樣編，最終段織套收針。

②分別在起針段與最終段挑針，依織圖編織分散加針的荷葉邊緣飾。

③依照織圖，進行緣飾最終段針目的下針套收針、上針套收針。

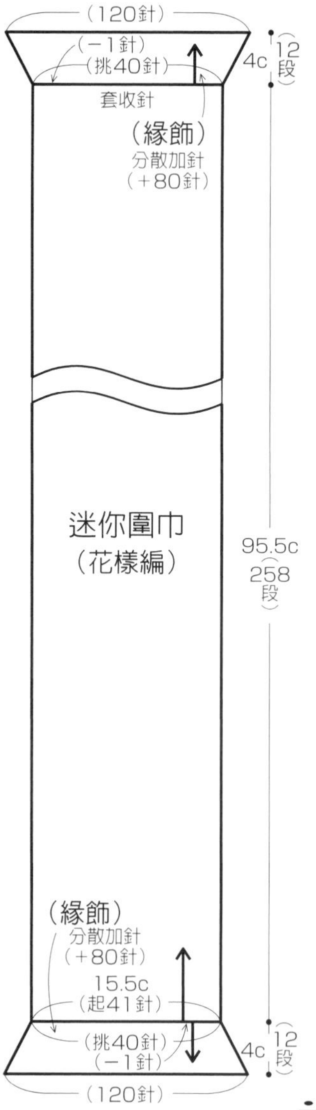

(120針)
(−1針)
(挑40針)
4c
12段
套收針
(緣飾)
分散加針
(+80針)
迷你圍巾
(花樣編)
95.5c
258段
(緣飾)
分散加針
(+80針)
15.5c
(起41針)
(挑40針)
(−1針)
4c
12段
(120針)

花樣編

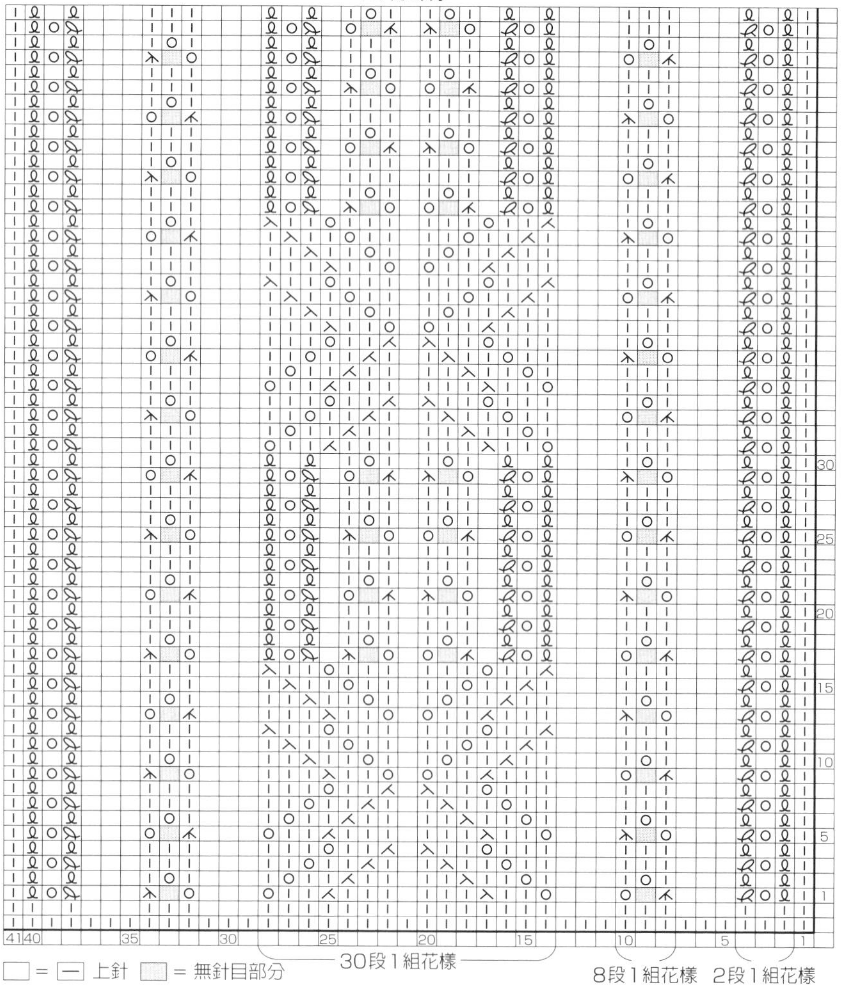

30
25
20
15
10
5
1
41 40
35
30
25
20
15
10
5
1
□ = ㅡ 上針　▒ = 無針目部分
30段1組花樣
8段1組花樣　2段1組花樣

緣飾

15針1組花樣
12
10
5
1
5 4 3
2
1
左端
右端
● = 下針套收針
● = 上針套收針

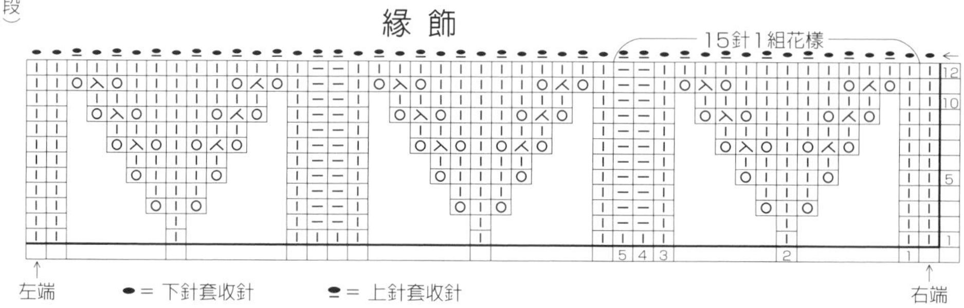

Various Patterns | page38

織一雙溫暖雙腳的手織襪

花樣編使用P.47・106號花樣。

＊材料　Dia Passage（並太）灰色（101）55g＝2球

＊工具　6號、4號棒針

＊完成尺寸　腳踝圍20cm、襪筒高19.5cm、襪底長21cm

＊密度　10cm正方形＝平面編25針×35段、花樣編27針×35段

＊編織步驟

①別鎖起針26針，輪編3段平面編，接下來則是挑起針段的渡線編織上針，作出1針鬆緊針的起針段。

②接著繼續編織20段扭針1針鬆緊針，腳背部分織花樣編，腳底部分織平面編。

③依織圖減針編織腳跟、腳尖。腳背與腳底的最終段以平面針接縫。

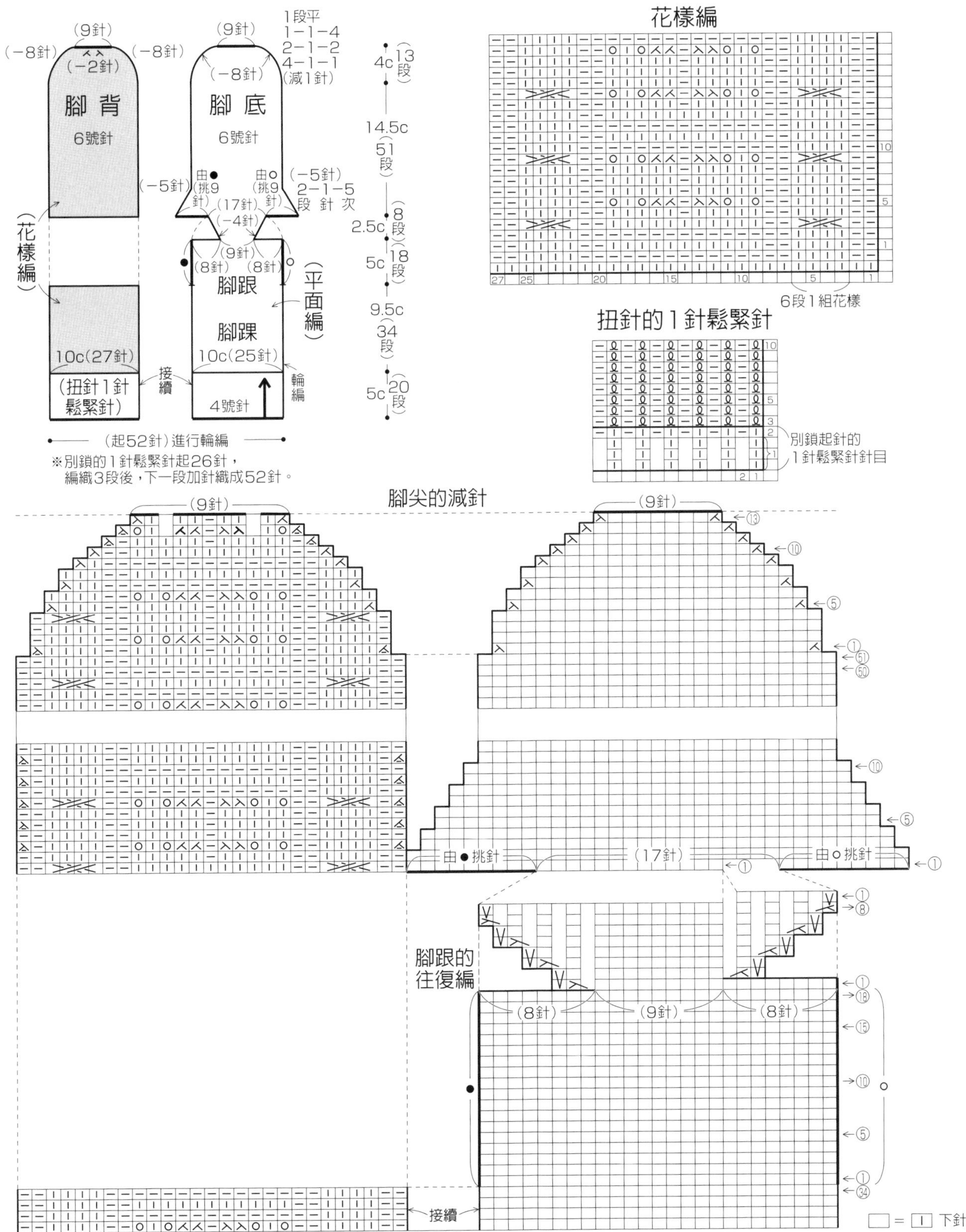

Large Patterns | page58

交叉與鏤空花樣的帽子

花樣編使用P.61・131號花樣局部。

＊材料　Dia Tasmanian Merino〈Tweed〉（並太）
駝色（911）50g＝2球

＊工具　6號、4號棒針

＊完成尺寸　頭圍50cm、高22cm

＊密度　10cm正方形＝花樣編29針×34段

＊編織步驟

①別鎖起針，以輪編進行花樣編。並排5組花樣編，不加減針編織28段。

②依織圖一邊進行花樣編的分散減針，一邊編織至帽頂。

③將最終段的15針穿線2圈，確實地縮口束緊。

④鬆開別鎖起針的針目，挑針進行輪編的扭針2針鬆緊針，最終段以輪編的扭針2針鬆緊針收針。

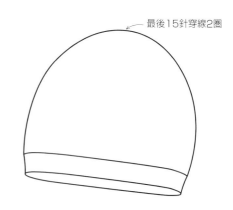

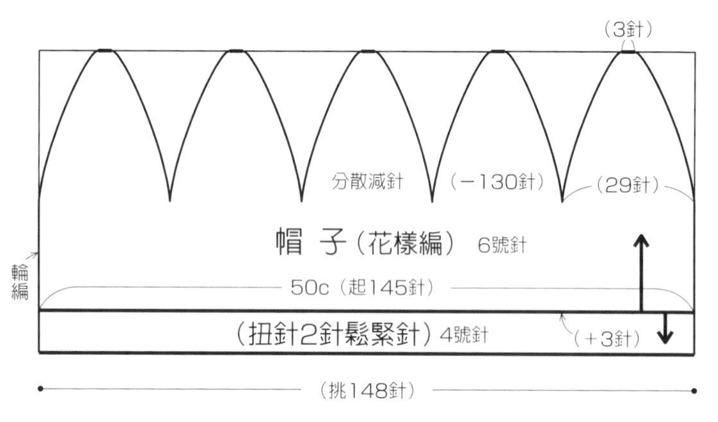

花樣編

(3針)

(－15針) (－5針) (－10針) (－15針) (－15針) (－10針) (－10針) (－10針) (－10針) (－10針) (－10針) (－10針)

扭針2針鬆緊針

□＝□ 上針

Pattern Arrangement | page74

可愛的露指長手套

花樣編使用P.86・167號花樣。

＊材料　Dia Alpacabis（並太）紅色（409）
45g＝2球

＊工具　6號、5號棒針

＊完成尺寸　手掌圍18cm、長20.5cm

＊密度　10cm正方形＝平面編23針×31段、
花樣編32針×31段

＊編織步驟

①左、右手分別編織，別鎖起針，輪編進行8段的花樣編，第9段起，左右手對稱配置花樣編與平面編。在手掌側的拇指位置織入別線。

②繼續編織20段後，織2段1針鬆緊針，最終段以輪編的1針鬆緊針收針。

③鬆開別鎖起針的針目，挑針進行2段輪編的起伏編，最終段織上針套收針。

④鬆開拇指位置的別線，挑16針進行輪編的平面編，但最後一段改織1針鬆緊針，最終段以輪編的1針鬆緊針收針。

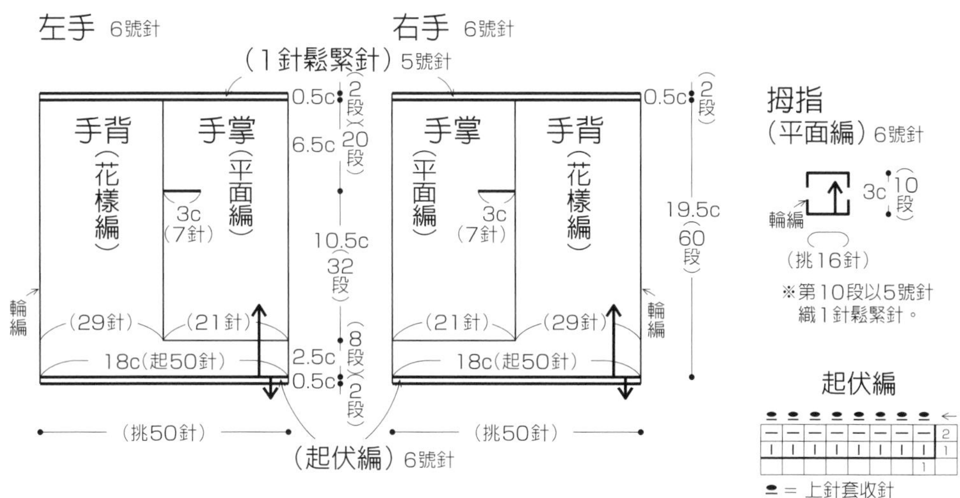

1針鬆緊針

□ = | 下針

右手　花樣編

織入別線

(7針)

平面編

(32段)

(8段)

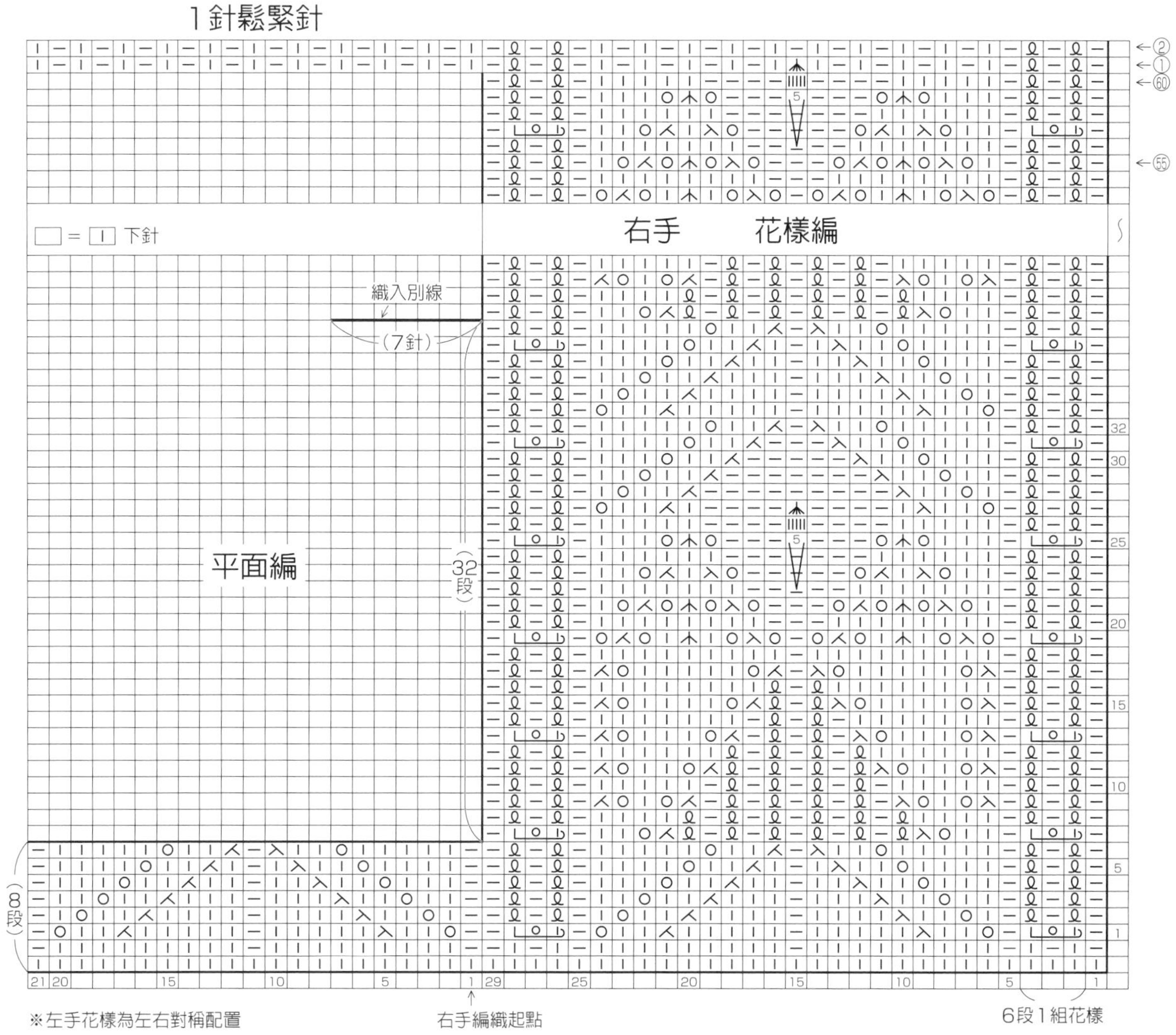

※左手花樣為左右對稱配置

右手編織起點

6段1組花樣

Round Yokes | page90

典雅大方的領片

花樣編使用P.91・175號花樣。

＊材料　Dia Tasmanian Merino〈金蔥〉（並太）原色（601）40g＝1球

＊工具　5號、4號、7號棒針、2/0號鉤針

＊完成尺寸　領圍42.5cm、寬10.5cm

＊密度　10cm正方形＝花樣編（外圍）25針×37段

＊編織步驟

①以7號針作手指掛線起針。第2段起換成5號針，依織圖以花樣編兩側加上起伏編的配置，一邊加減針一邊編至35段。第3段的玉針以鉤針鉤織相同大小的針目。第35段作出釦眼。。

②編織4段起伏編，最終段針目織上針套收針。

③鈕釦起針為4針鎖針，連接成環後織2段短針。第2段時，鉤針穿入起針針目中央，一邊包入第1段的短針一邊鉤織。最後以內側為鈕釦正面，縫在左前襟。

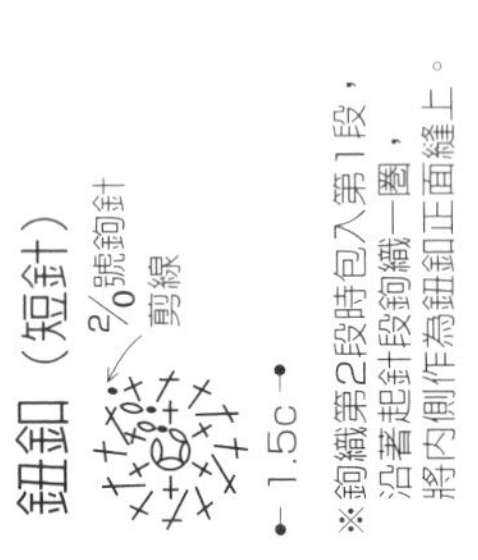

鈕釦（短針）
2/0號鉤針
剪線
1.5c
※鉤織第2段時包入第1段，沿著起針段鉤織一圈，將內側作為鈕釦正面縫上。

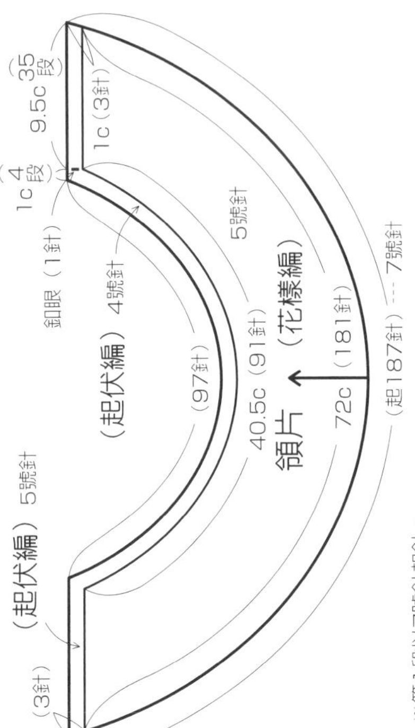

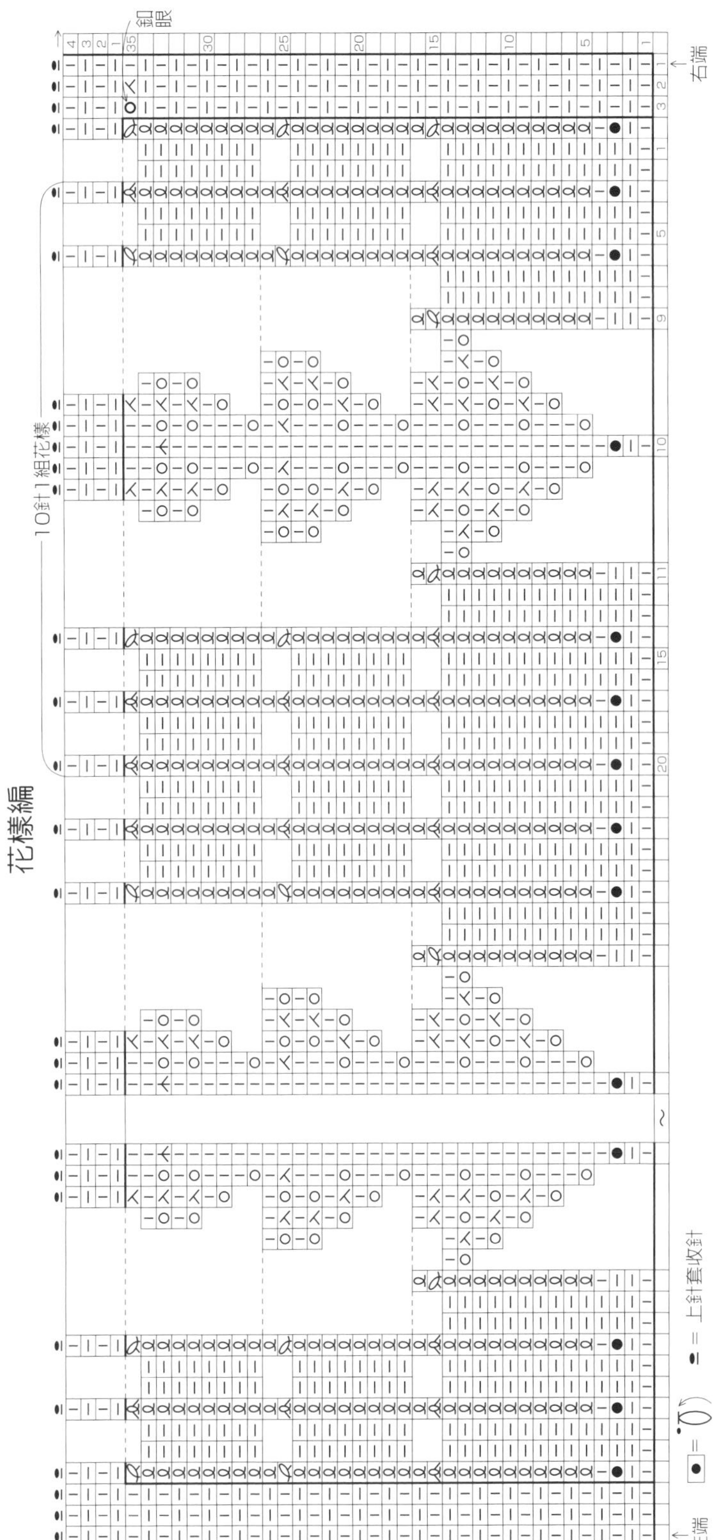

針目記號織法

編織立體加針與交叉

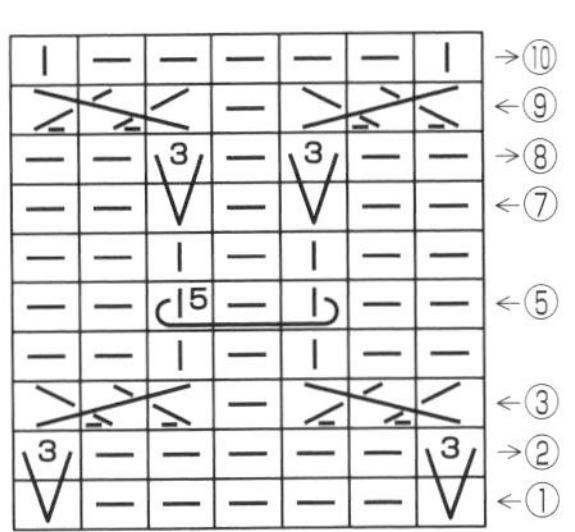

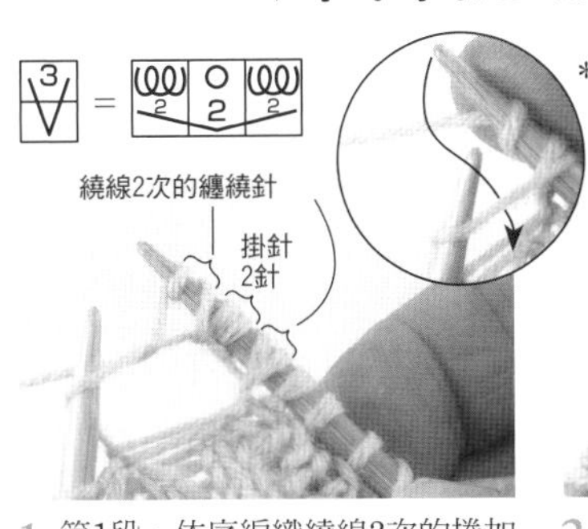

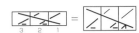

＊繞線2次的捲加針，是將右棒針穿入針目，繞線2次後鉤出。

1 第1段，依序編織繞線2次的捲加針、2針掛針、繞線2次的捲加針。

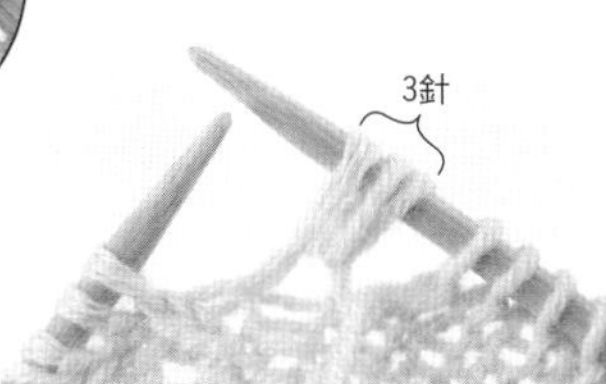

2 第2段，將捲加針的針目鬆開後，編織3針滑針。

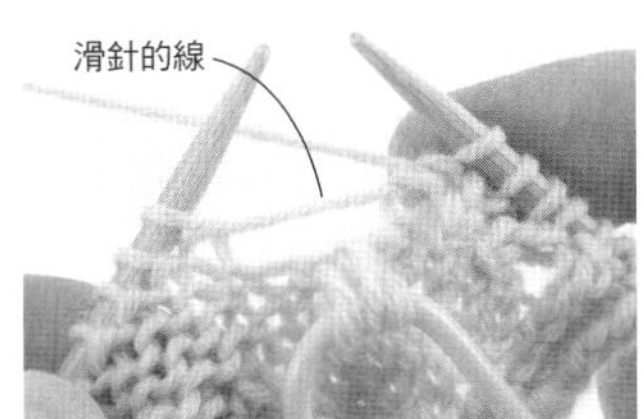

3 第3段，將前段的3針滑針移至麻花針上，放在內側暫休針。

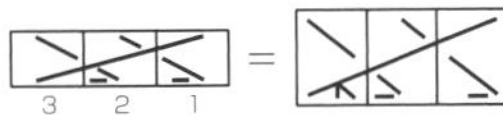

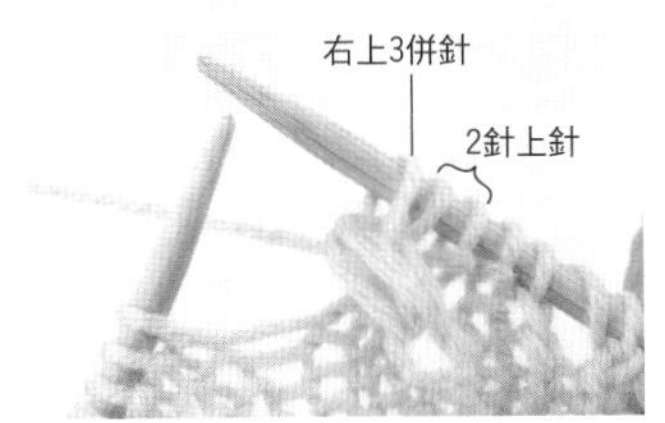

4 針目2、3織上針，移至麻花針上的針目織右上3併針。

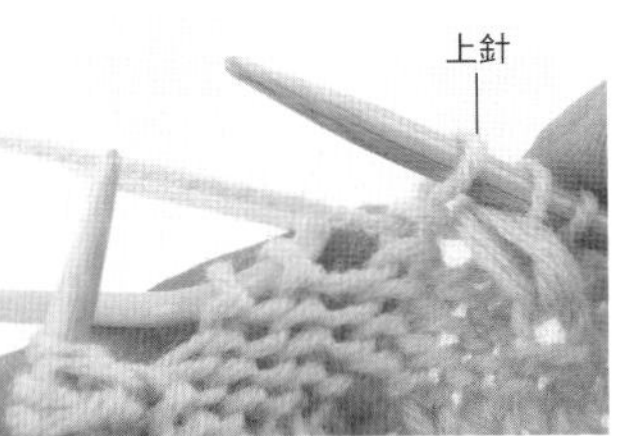

5 編織上針，針目1、2移至麻花針上，放在外側暫休針。

6 前段的3針滑針織3併針，移至麻花針上的2針織上針。

7 第5段編織繞線5次的腰帶結，第7至9段依步驟1～6的要領編織，織好第10段即完成。

5針上針浮針・每2段共4次的中心引上針

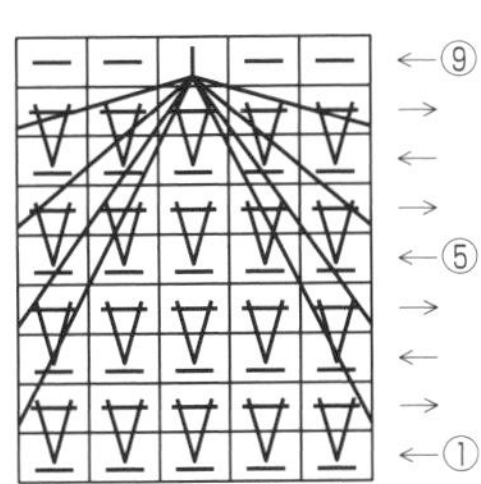

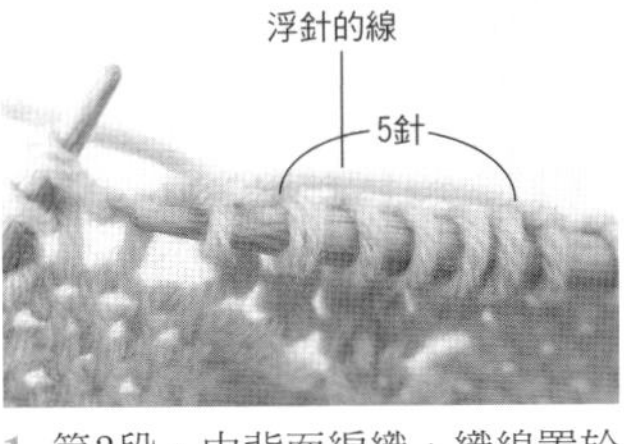

1 第2段，由背面編織，織線置於外側，5針不編織直接移至右針上，然後重複3次。

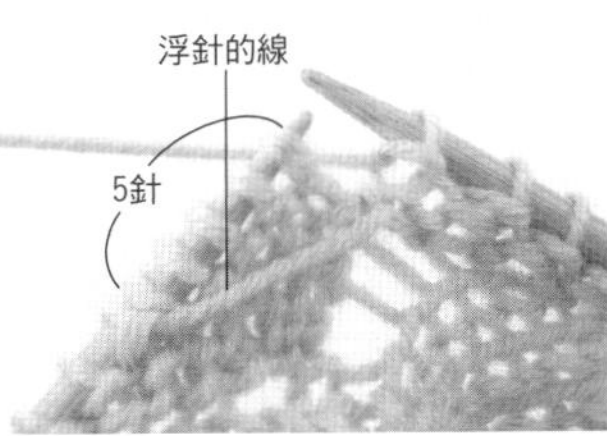

2 第3段，浮針的線在正面渡線的模樣。5個針目皆織上針。

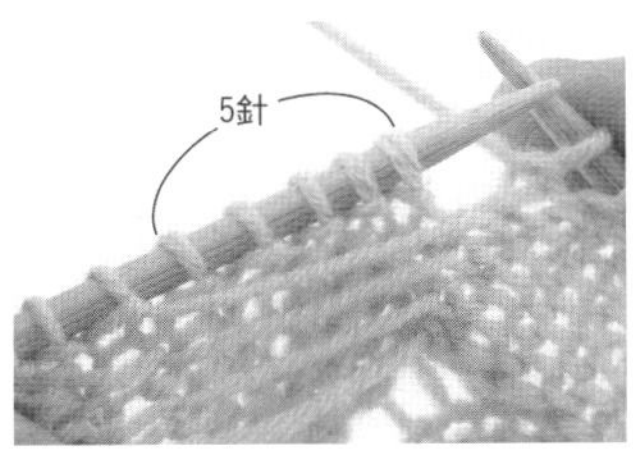

3 第9段，由正面編織，圖為浮針4條線渡線的模樣。

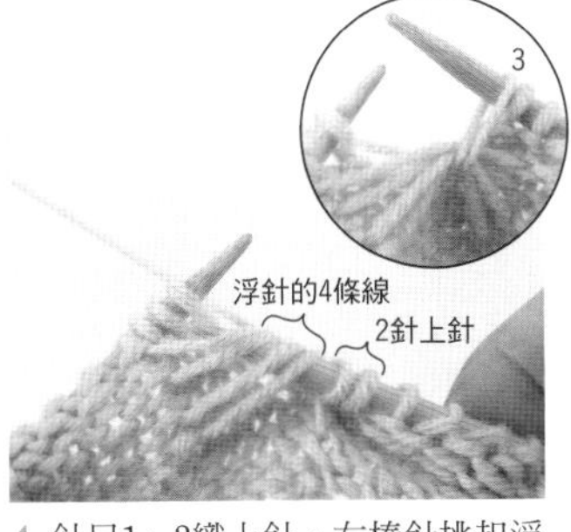

4 針目1、2織上針，右棒針挑起浮針的4條線，穿入針目3之後織上針。

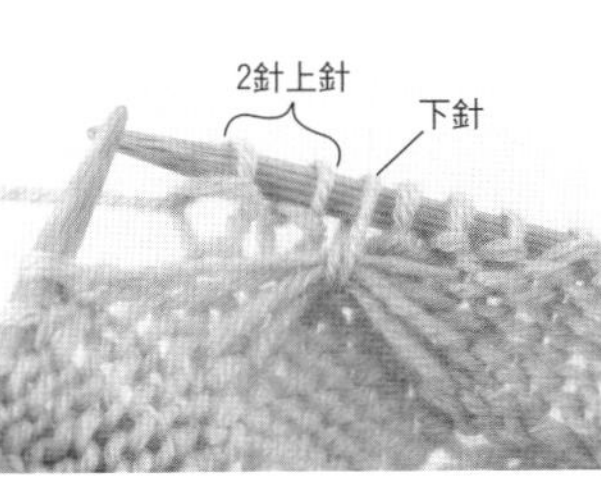

5 針目4、5織上針，完成上針浮針的中心引上針。

金錢花針與右上交叉（下方為1針上針）

1 正面段，以針目3覆蓋針目1、2後，將針目移至麻花針上，置於內側，再依箭頭指示，將右棒針穿入針目4。

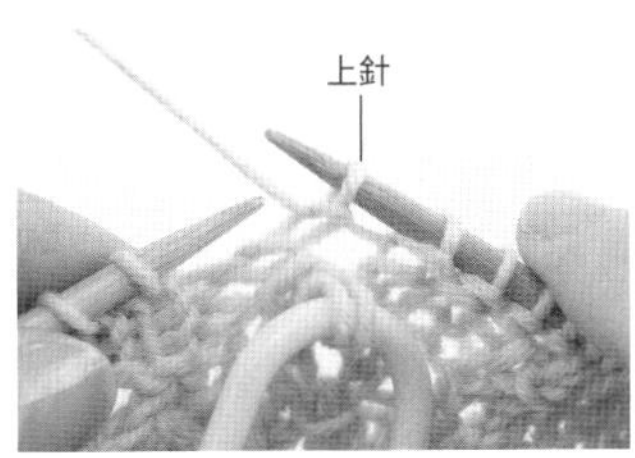

2 針目4織上針。也有針目4織下針的情況。

金錢花針與左上交叉（下方為1針上針）

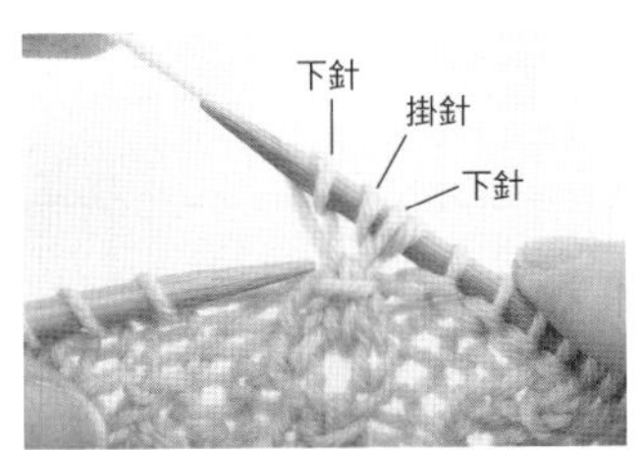

3 移至麻花針上的針目依序織下針、掛針、下針。

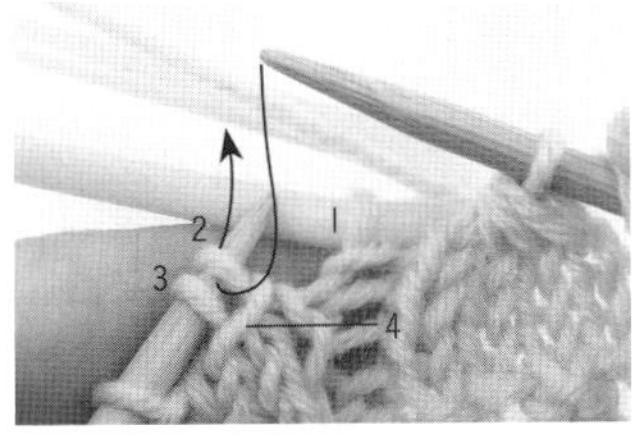

1 正面段，針目1移至麻花針上，置於外側，以針目4覆蓋針目2、3後，依箭頭指示，將右棒針穿入針目2。

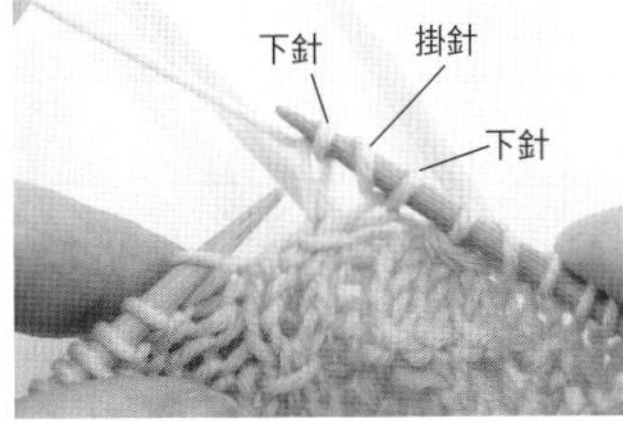

2 針目2織下針、掛針，針目3織下針。

3 移至麻花針上的針目1織上針。也有針目1織下針的情況。

右上3針與2針交叉

1 將針目1、2、3移至麻花針上，置於內側。

2 針目4、5織左上2併針，接著編織掛針。

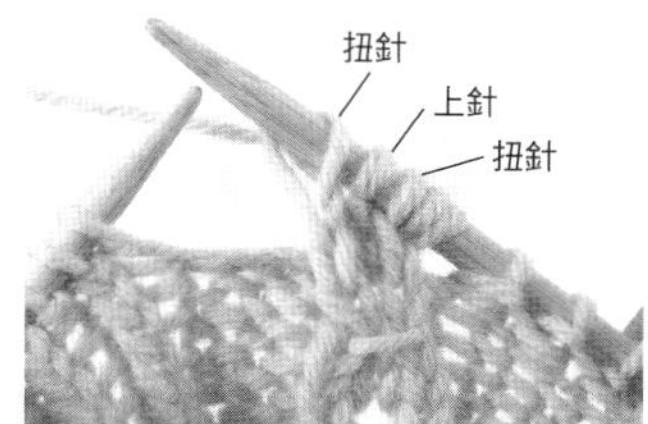

3 移至麻花針上的針目1織扭針，針目2織上針，針目3織扭針。

左上3針與2針交叉

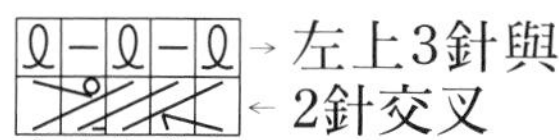

1 將針目1、2移至麻花針上，置於外側。

2 針目3織扭針，針目4織上針，針目5織扭針。

3 移至麻花針上的針目則是先織掛針，針目1、2再織右上2併針。

左上3併針與上針交叉

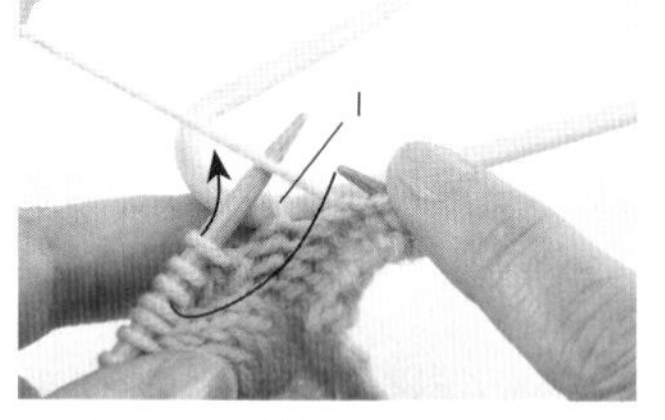

1 正面段，針目1移至麻花針上，置於外側，右棒針依箭頭指示插入針目2、3、4。

2 針目2、3、4織左上3併針。

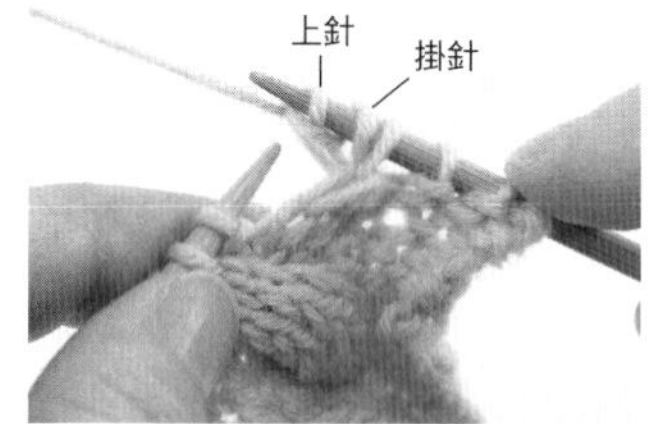

3 織一針掛針，移至麻花針上的針目1織上針。由於編織後減1針，因此下段需織掛針加一針。

上針與右上3併針交叉

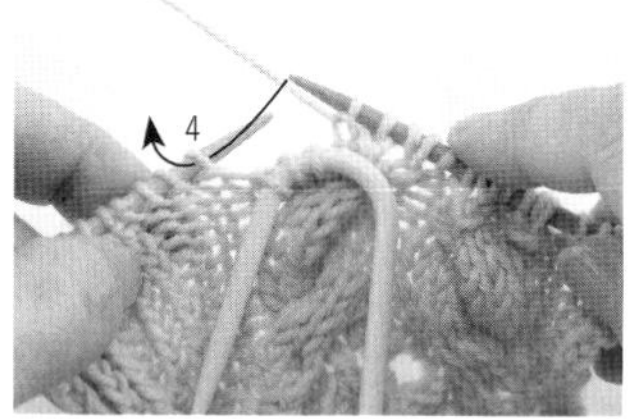

1 正面段，針目1、2、3移至麻花針上，置於內側。右棒針依箭頭指示，穿入針目4。

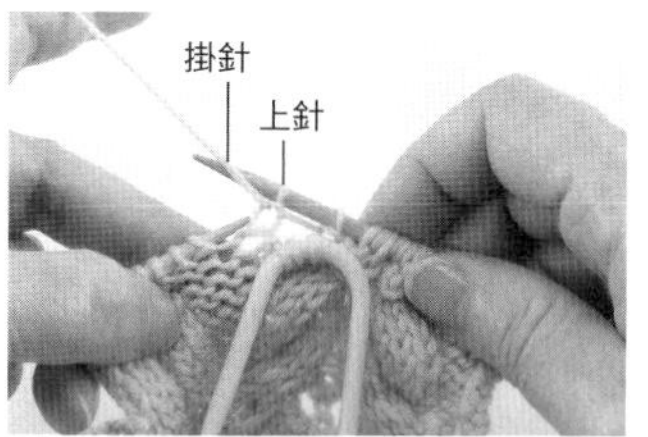

2 針目4織上針，再織一針掛針。

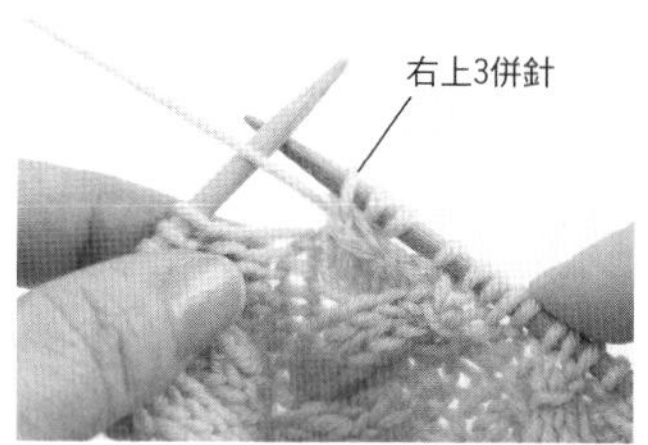

3 移至麻花針上的針目1、2、3織右上3併針。由於編織後減1針，因此下段需織掛針加一針。

右套左的腰帶結（織5針時）

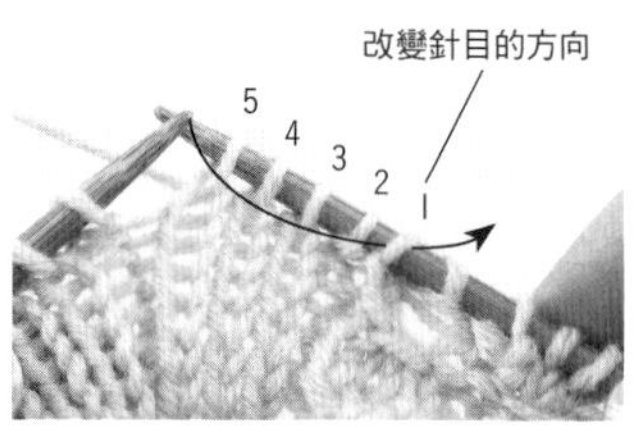

1 改變針目1的方向，將針目1至5移至右棒針上。

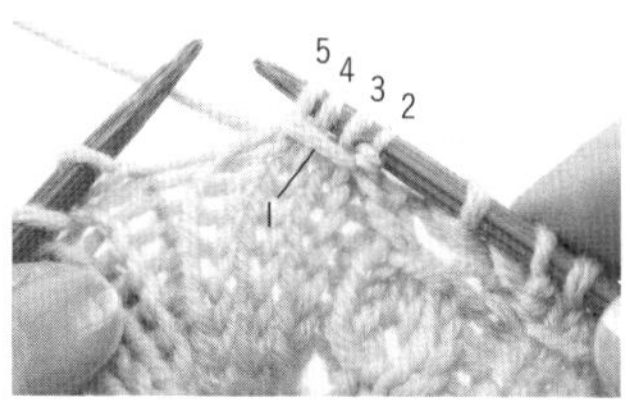

2 左棒針依步驟1箭頭指示穿入針目1，向後覆蓋針目2至5。

3 將針目2至5移回左棒針上。

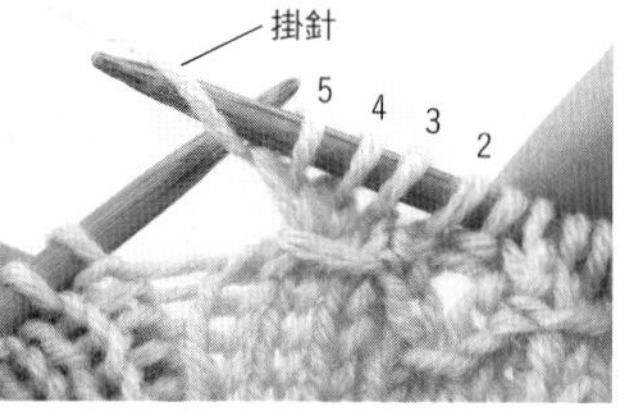

4 針目2至5織下針，織好掛針後即完成。

左套右的腰帶結（織5針時）

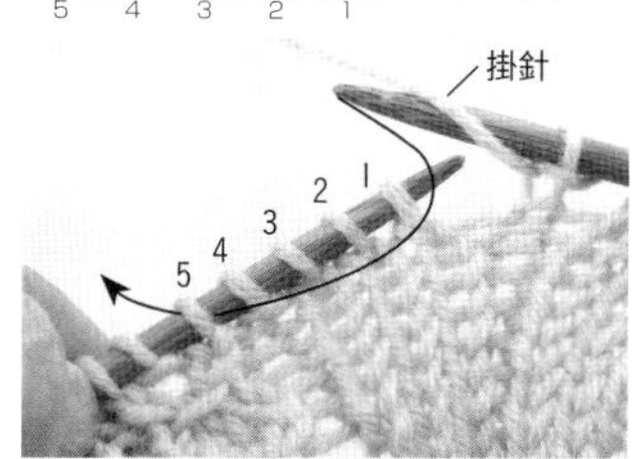

1 編織掛針。

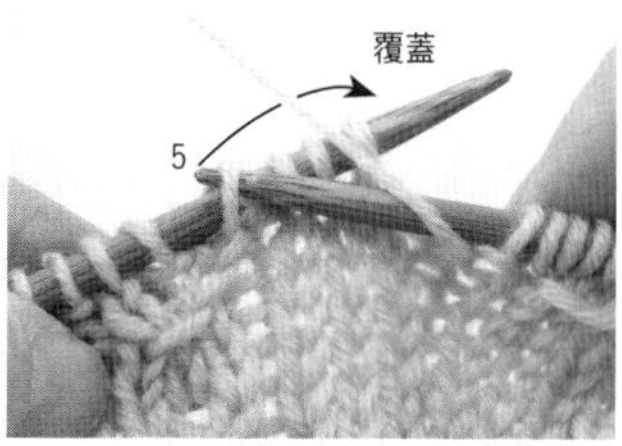

2 右棒針依步驟 1 的箭頭指示穿入針目5。

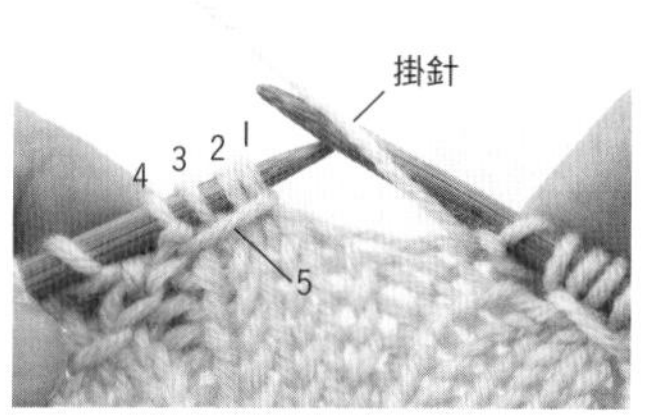

3 針目5向前覆蓋針目1至4。

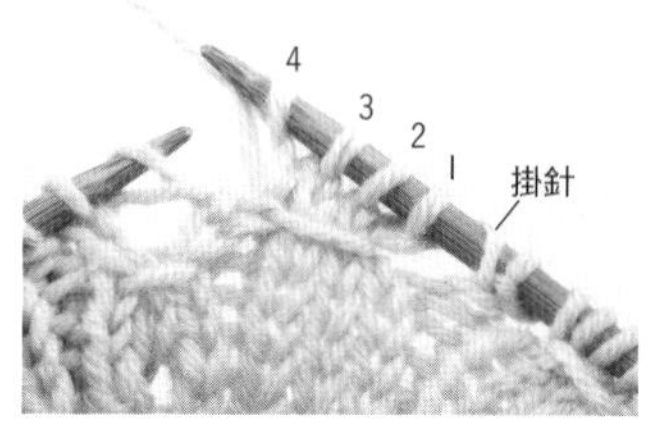

4 針目1至4織下針，完成。

左套右的腰帶結（織4針時）

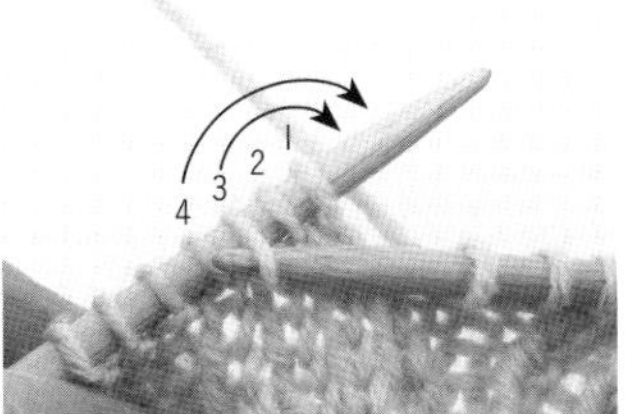

1 右棒針分別穿入針目3、4後，依箭頭指示覆蓋針目1、2。

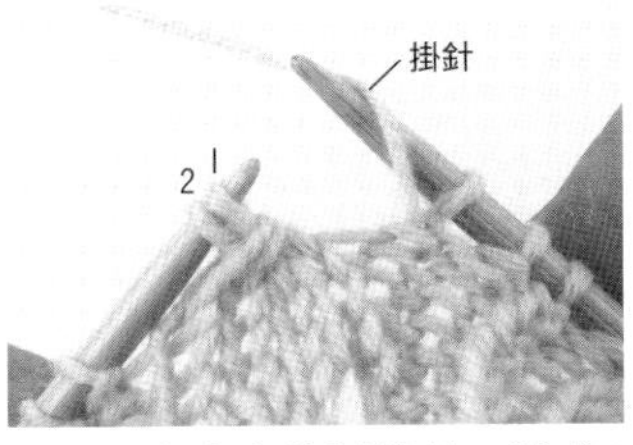

2 完成左套右的腰帶結，減成2針。接著編織掛針。

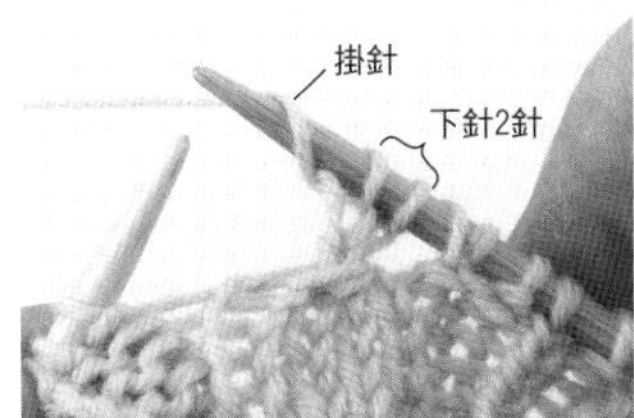

3 編織2針下針、掛針。

4 編織下一個針目後，就能清楚地看出花樣。

的織法

1 將針目1至4移至麻花針上，置於內側，針目5、6織下針。

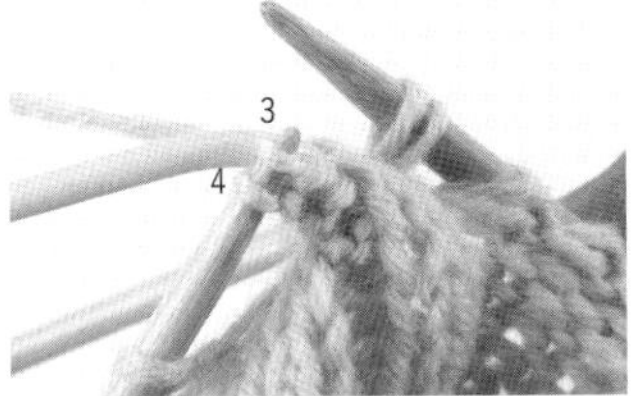

2 將針目3、4移回左棒針上，再將掛著針目1、2的麻花針置於外側。

3 針目3、4織5段上針。

4 麻花針上的針目1、2織下針，完成。

左套右的腰帶結（織5針時）

1 右棒針穿入針目3，依箭頭指示拉起針目，覆蓋右側的針目1、2。

2 接著以針目4、5覆蓋右側的針目1、2。

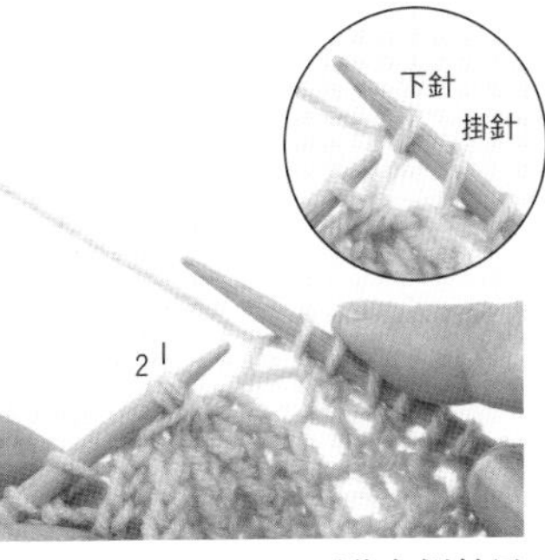

3 完成針目3、4、5覆蓋右側針目1、2的模樣。接著織掛針、下針。

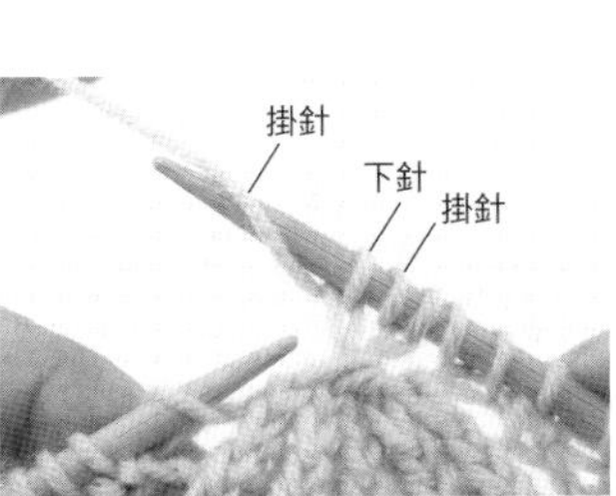

4 繼續編織掛針、下針、掛針。完成左套右的腰帶結。

的織法

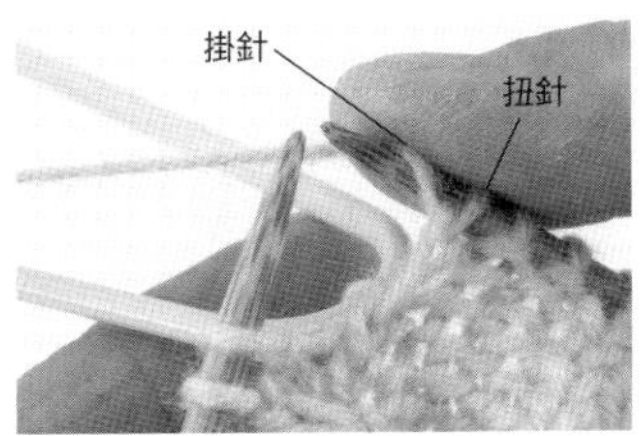

1 將針目1移至麻花針上，置於外側，針目2織扭針、掛針。

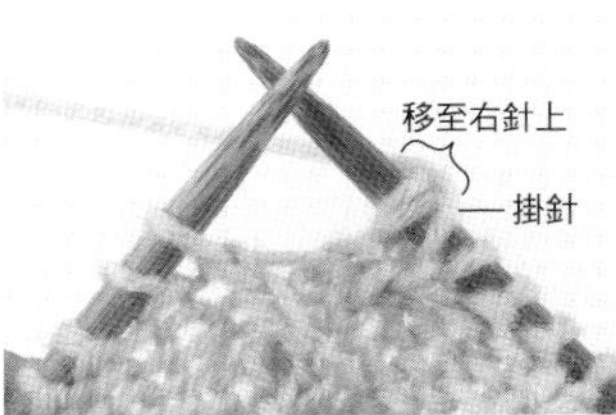

2 麻花針上的針目1移回左棒針，再以針目3在針目1上方的模樣，移往右棒針。

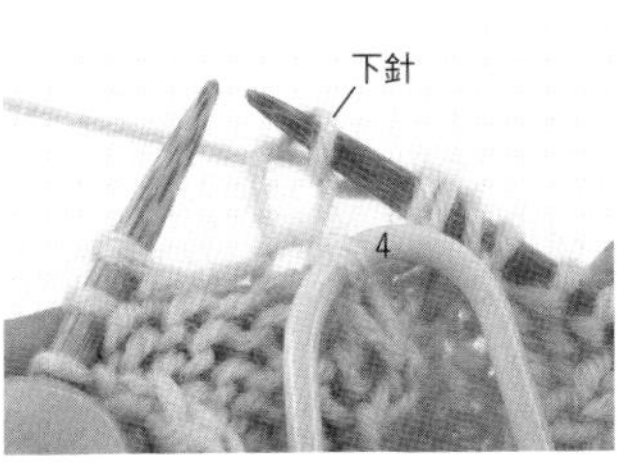

3 將針目4移至麻花針上，置於內側，針目5織下針。

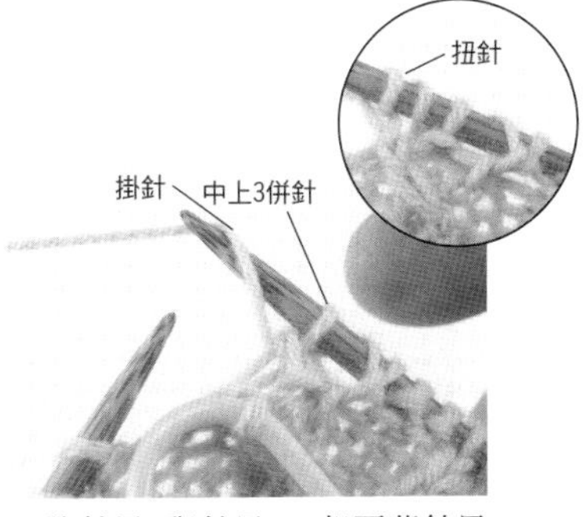

4 將針目3與針目1一起覆蓋針目5，編織中上3併針、掛針，移至麻花針的針目4織扭針，完成。

3針變形中長針的玉針

1 以鉤針鉤出織線後，在同一個針目上編織3針未完成的中長針，然後鉤針掛線，一次引拔掛在鉤針上的6個線圈。

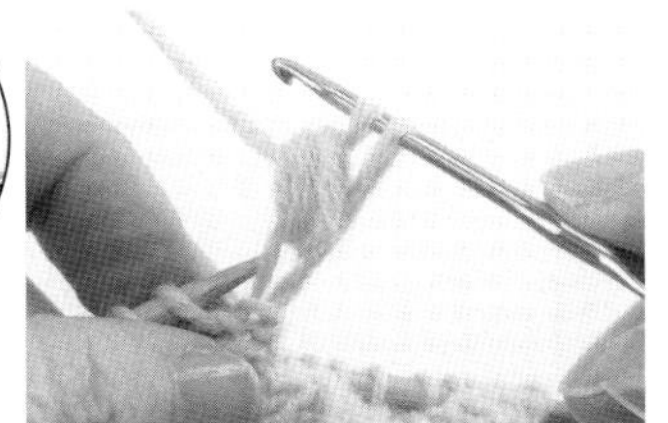

2 圖為引拔後的模樣。鉤針再次掛線，一次引拔掛在鉤針上的2個線圈。

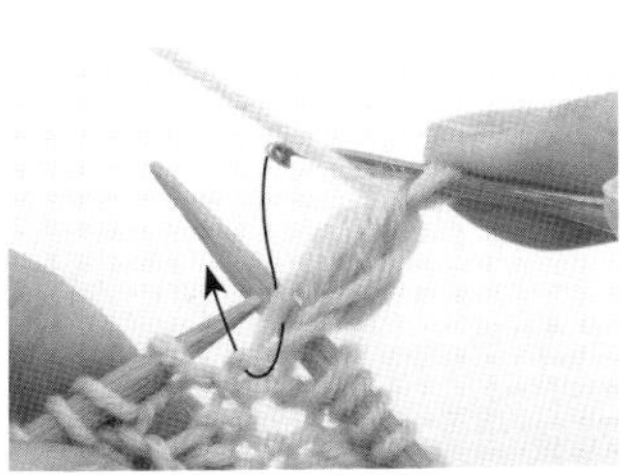

3 鉤針依箭頭指示，由裡側挑起編織玉針段下一段的渡線，鉤出織線。

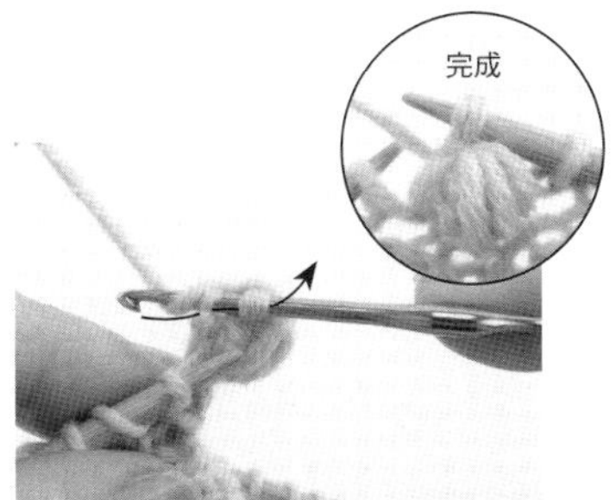

4 鉤針掛線，一次引拔掛在鉤針上的2個線圈。將針目移至右棒針上。

扭針的右上2併針

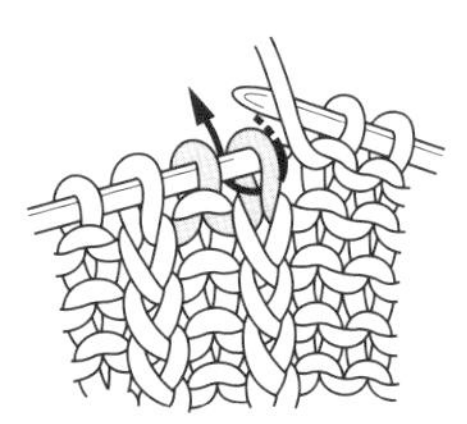

1 棒針依箭頭指示穿入右側針目，不編織直接移至右棒針上。

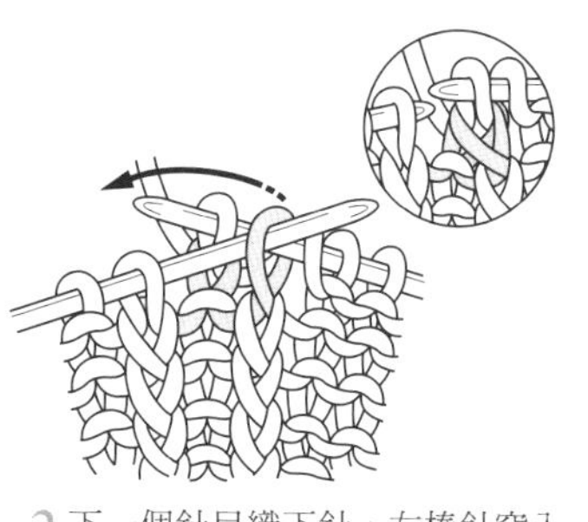

2 下一個針目織下針，左棒針穿入移至右針上的針目，覆蓋織好的針目。

扭針的左上2併針

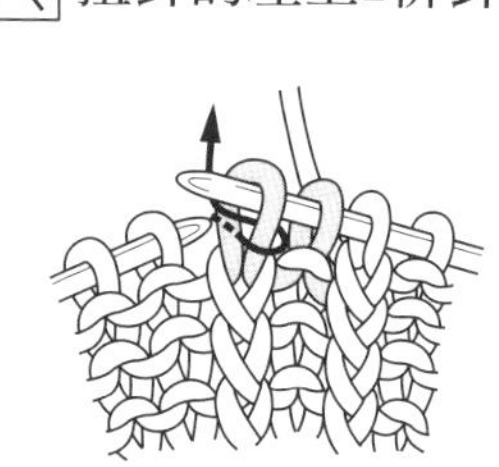

1 2針目不編織，直接移至右棒針上，棒針依箭頭指示穿入針目，移至左針上。

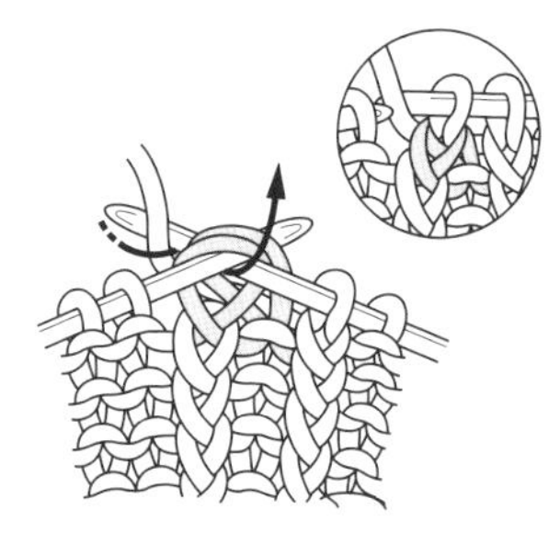

2 右棒針穿入針目，掛線鉤出，2針一起織下針。

扭針的右上3併針

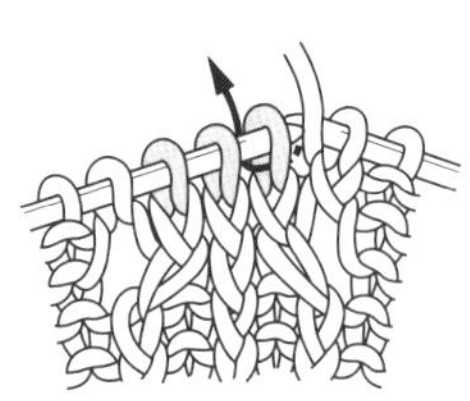

1 棒針依箭頭指示穿入第一個針目，不編織直接移至右棒針上。

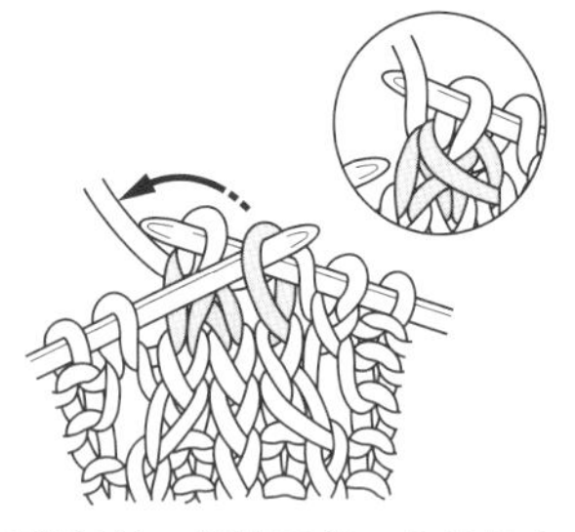

2 下面2針一起織下針，左棒針穿入移至右棒針上的針目，覆蓋織好的針目。

扭針的左上3併針

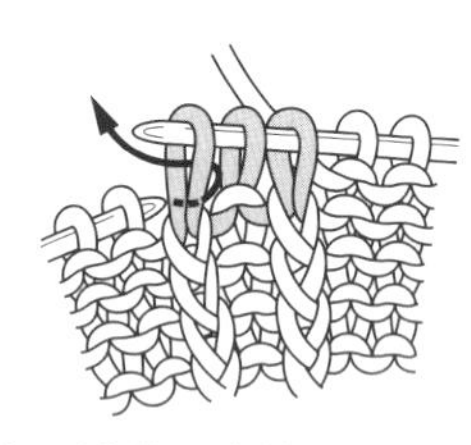

1 3針不編織，直接移至右棒針上。棒針依箭頭指示穿入第3針織扭針，另2針維持原狀，3個針目移回左棒針上。

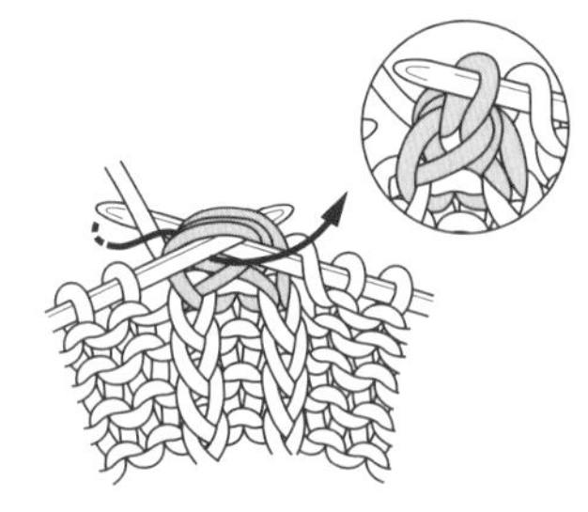

2 棒針掛線鉤出，3針一起織下針。

扭針的中上3併針

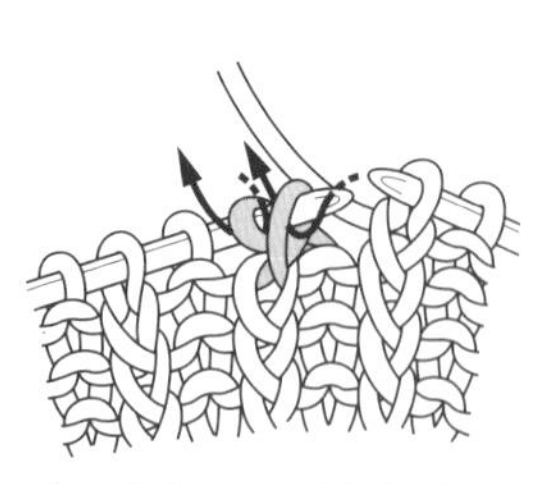

1 交換2針位置，再依箭頭指示穿入棒針，不編織直接移至右棒針上。

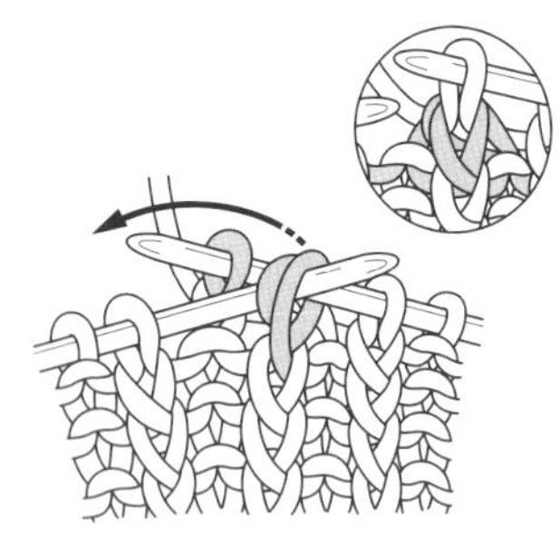

2 下一個針目織下針，左棒針穿入移至右棒針的2針，覆蓋織好的針目。

扭針的右上1針交叉（中央織1針上針）

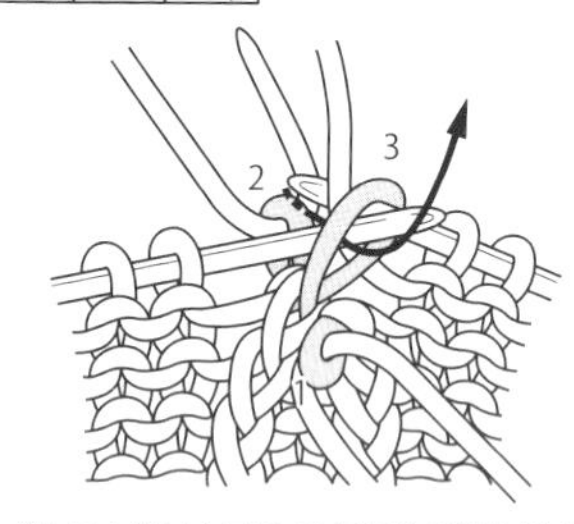

1 針目1與針目2分別移至麻花針上，針目1置於內側，針目2置於外側，針目3織扭針。

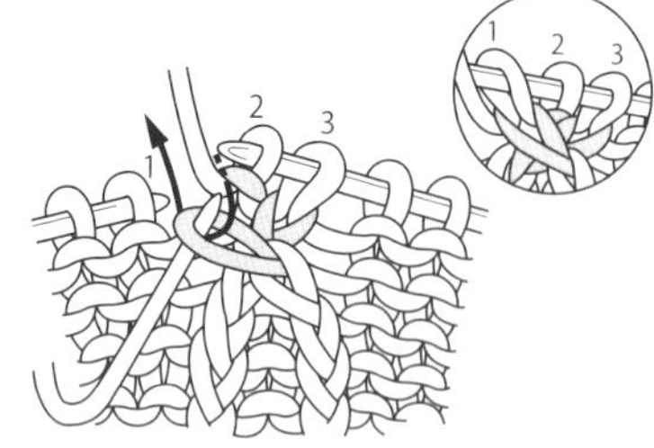

2 接著，針目2織上針，針目1織扭針。

在前3段挑針編織的3針玉針

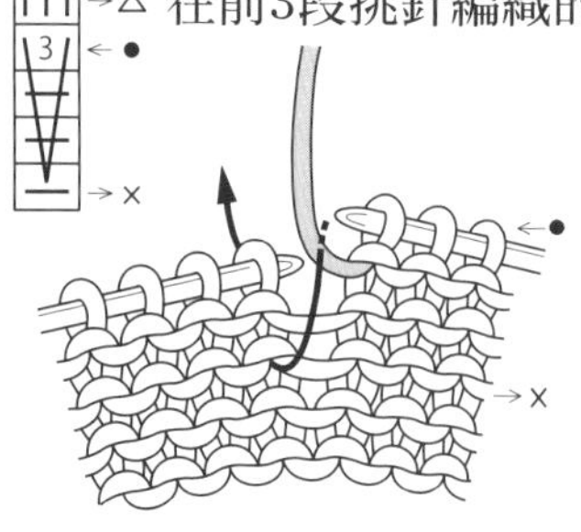

1 編織至●段時，右棒針依箭頭指示穿入前3段的×記號針目。

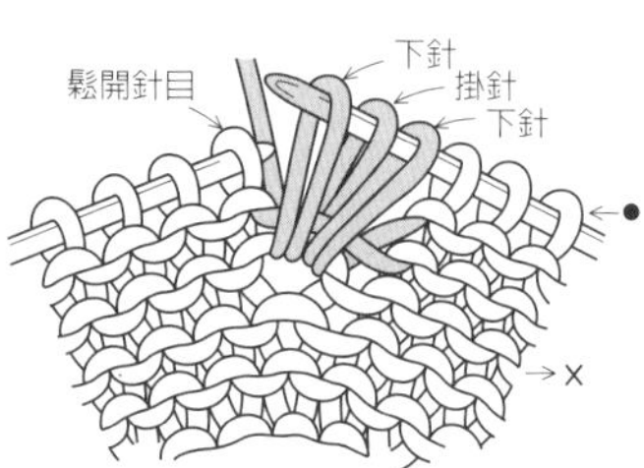

2 在同一個針目編織相同高度的下針・掛針・下針，再鬆開左棒針上的一針。

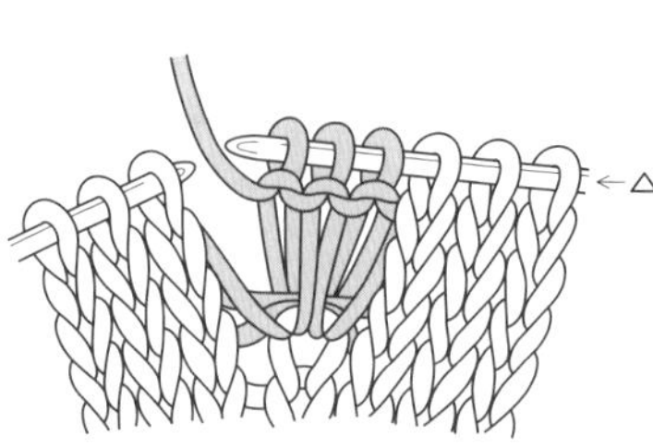

3 下一段是看著背面編織的段，一般是織上針。

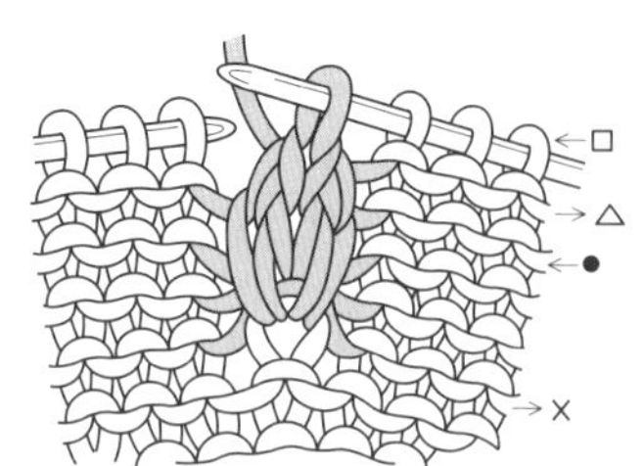

4 編織至□段時，將3針編織中上3併針即完成。

在前3段挑針編織的5針玉針

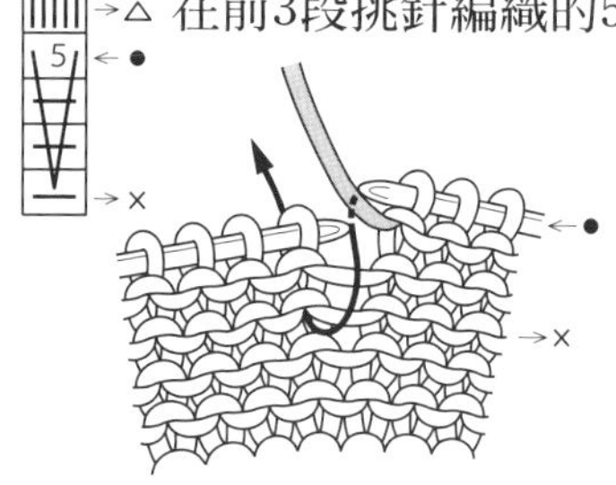

1 編織至●段時，右棒針依箭頭指示穿入前3段的×記號針目。

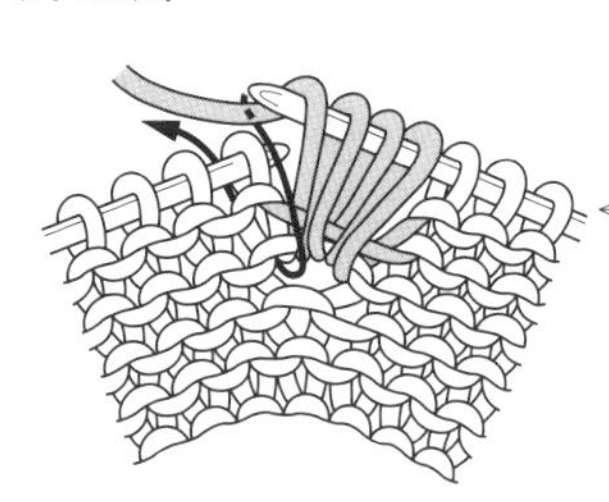

2 在同一個針目編織相同高度的下針・掛針・下針・掛針・下針

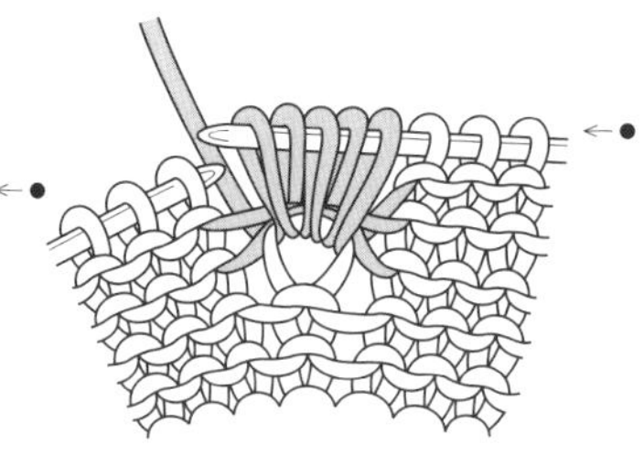

3 挑5針後，鬆開左棒針上的一針，下一段是看著背面織上針。

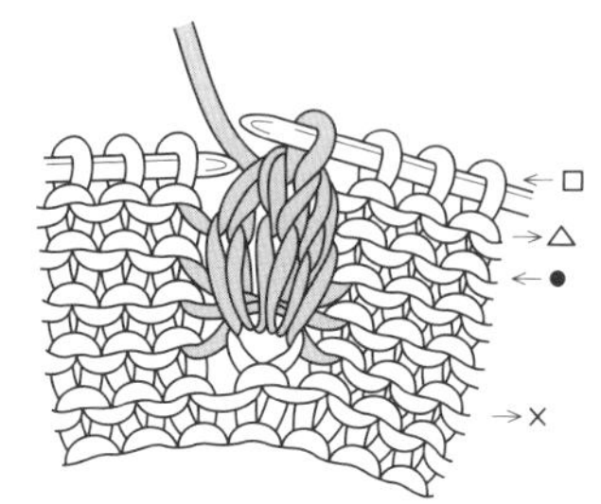

4 編織至□段時，將5針編織中上5併針即完成。

繞線2次的腰帶結

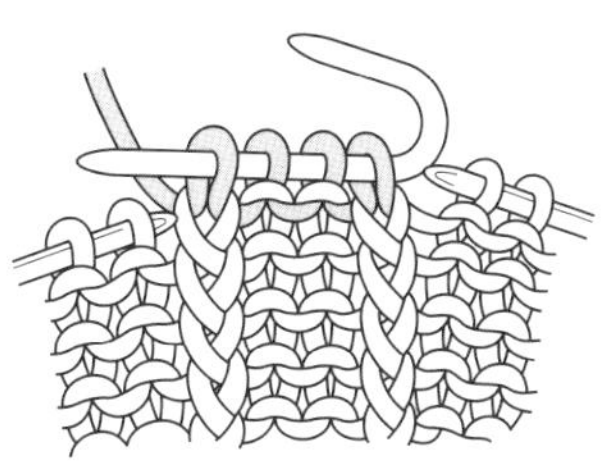
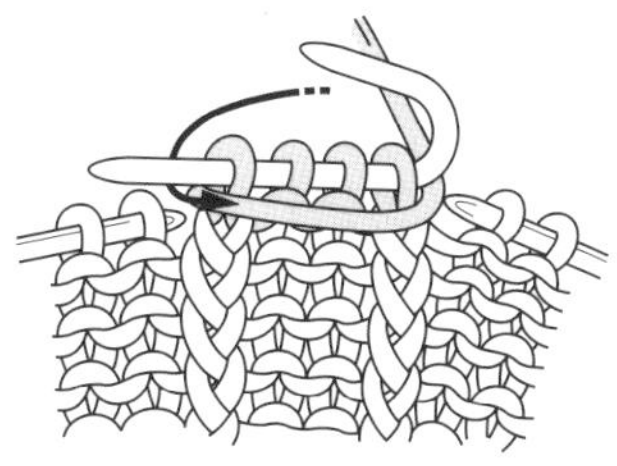
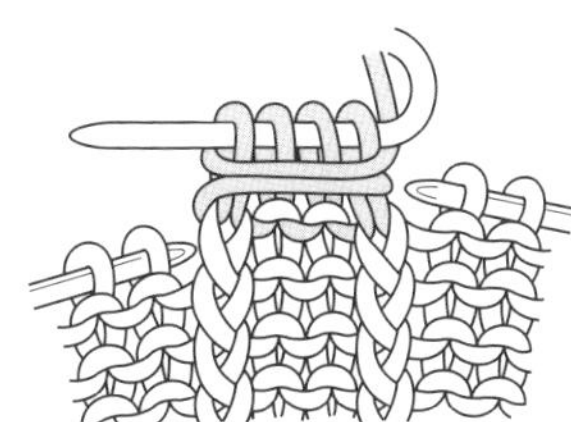
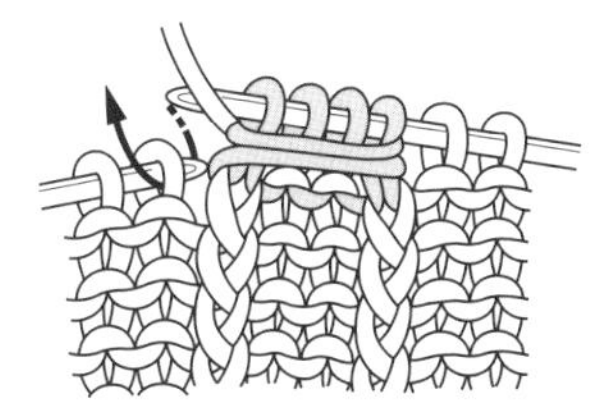

1 編織4針後移至麻花針上。

2 織線依箭頭指示，在移至麻花針的4個針目上繞線。

3 逆時針方向繞線2次。

4 針目直接由麻花針移回右棒針上即完成。

金錢花針（織3針時）

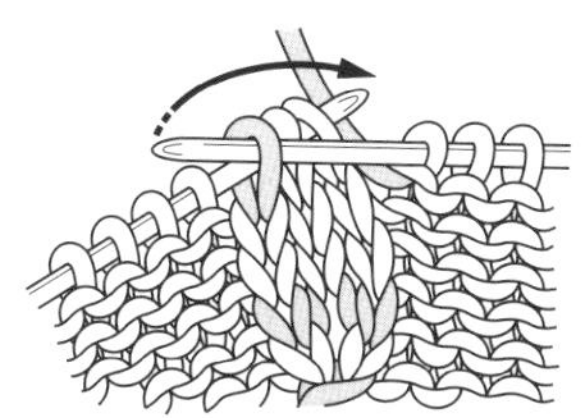
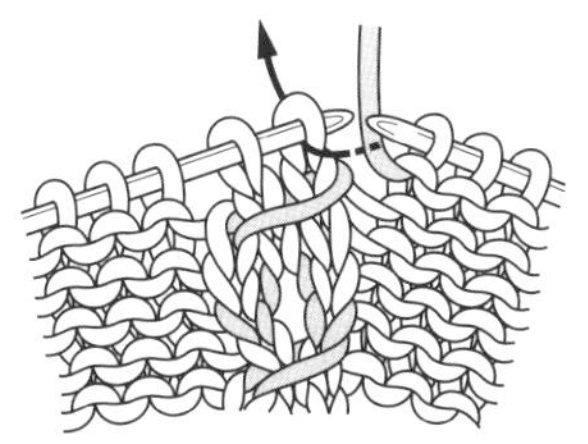
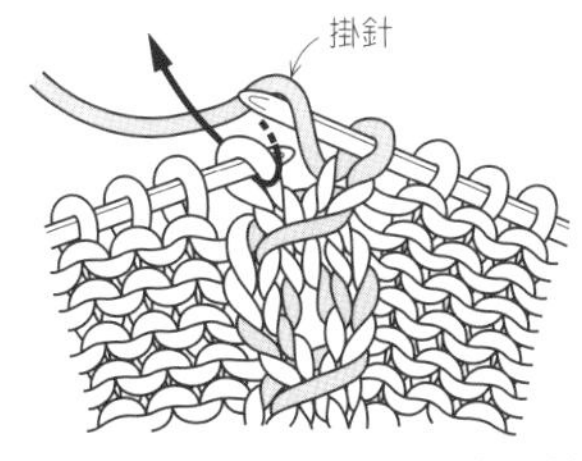

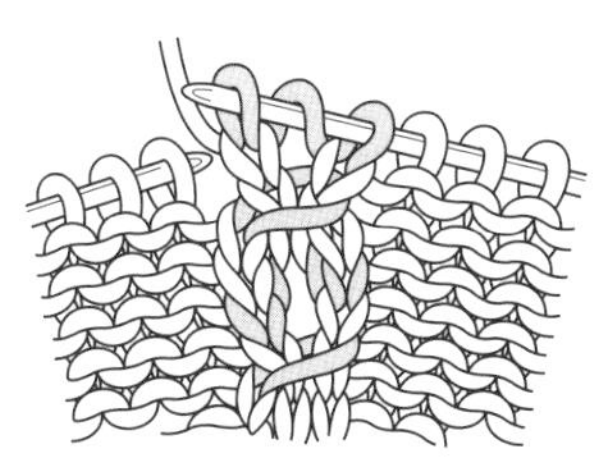

1 右棒針挑起左側的第3針，依箭頭指示套在右側的前2個針目上。

2 右棒針由內往外穿入第1針，掛線織下針。

3 接著織掛針，再將棒針穿入第2針織下針。

4 完成金錢花針。

左套右的腰帶結與右上2併針

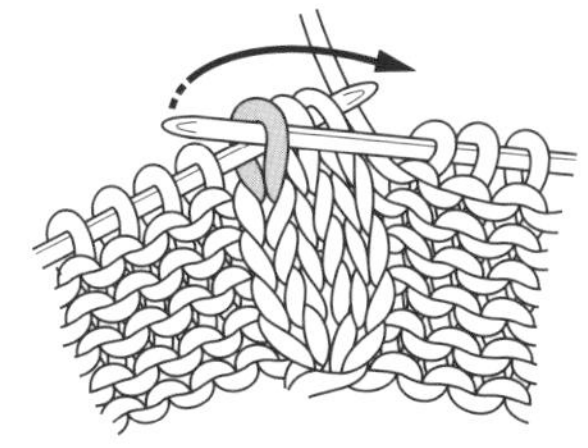
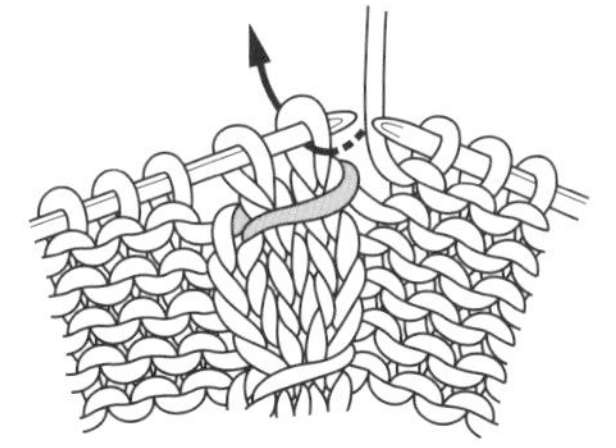
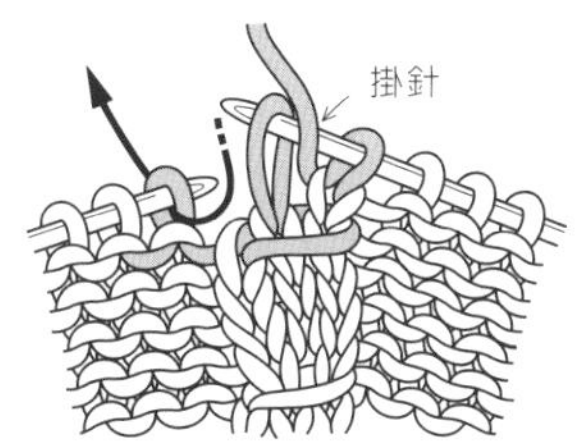

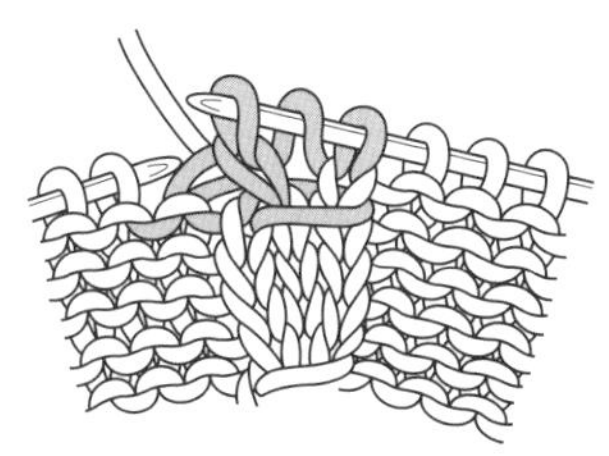

1 右棒針挑起左側的第3針，依箭頭指示套在右側的前2個針目上。

2 棒針由內往外穿入第1針，掛線織下針。

3 編織掛針，下一個針目不編織，轉換針目方向後移至右棒針上，下一個針目織下針。

4 將不編織直接移至右棒針的針目，覆蓋在剛織好的下針即完成。

左套右的腰帶結與左上2併針

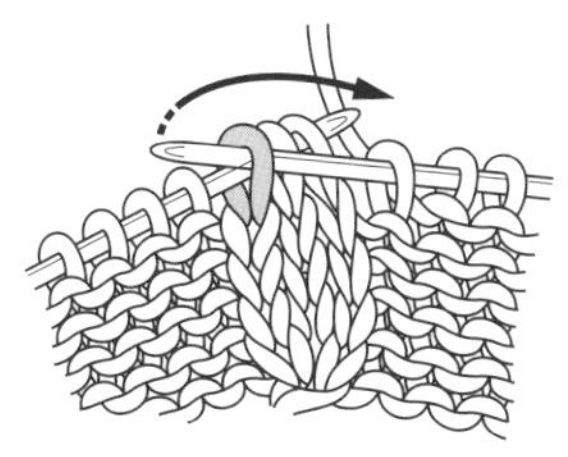
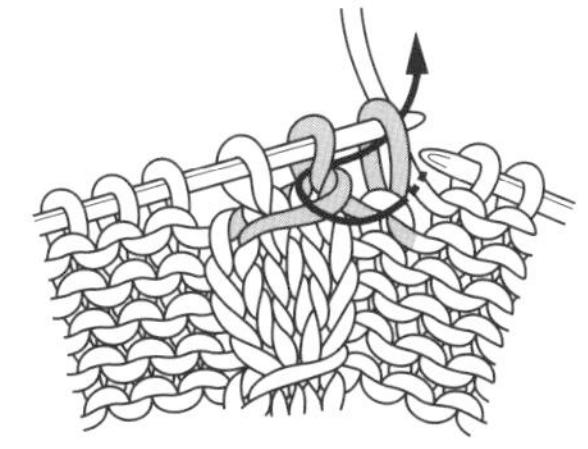
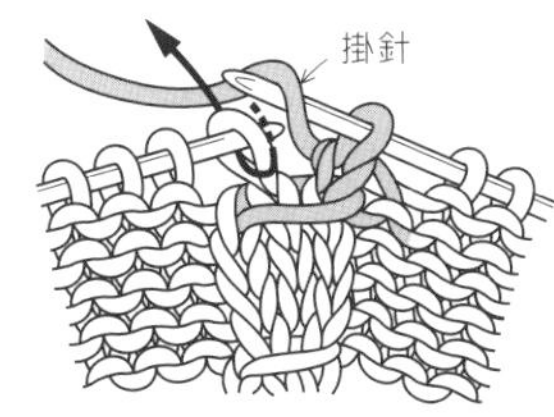

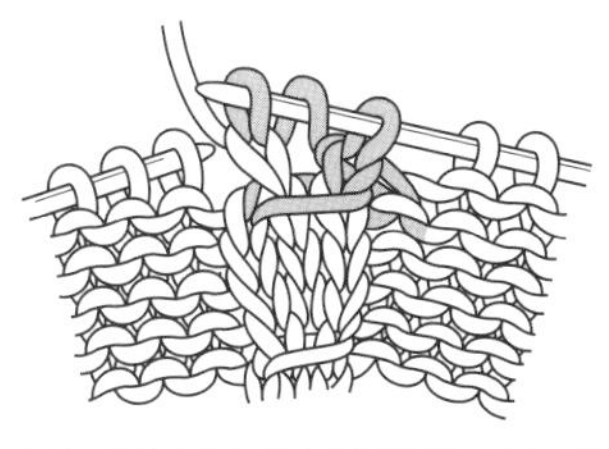

1 一針不編織直接移至右棒針上，再以接下來的第3針套在右側的2個針目上。

2 將最先移至右棒針的不編織針目移回左棒針，再依箭頭指示挑針，2針一起織下針。

3 編織掛針，再依箭頭指示挑針，編織下針。

4 完成左套右的腰帶結與左上2併針。

3針中長針的玉針

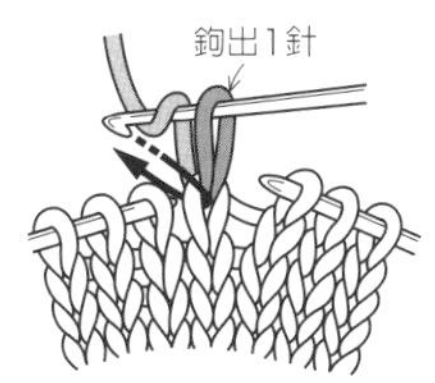

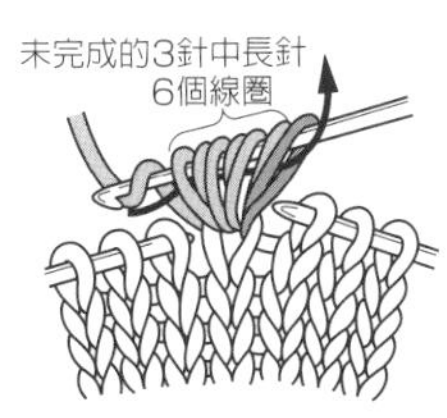

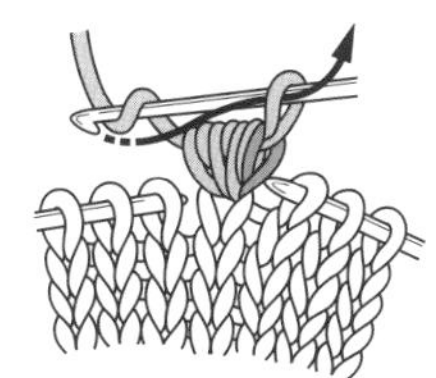
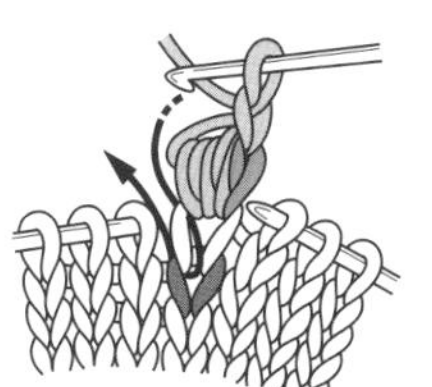
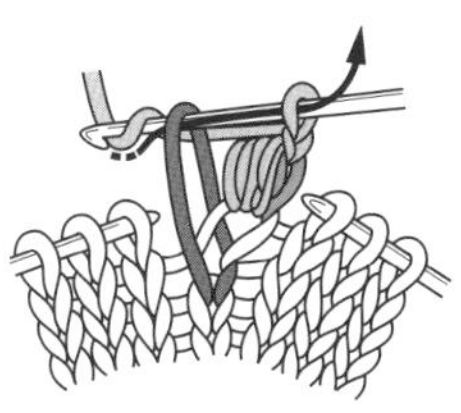

1 先以鉤針鬆鬆地鉤出1針，鉤針掛線後，穿入同一針目。

2 重複3次「鉤針掛線鉤出」的步驟，一次引拔掛在鉤針上的所有線圈。

3 鉤針掛線，依箭頭指示再次引拔，收緊針目。

4 鉤針依箭頭指示，由內側挑起玉針下方一段的渡線。

5 鉤針掛線，一次引拔鉤針上的2個線圈，將針目移至右棒針上。

國家圖書館出版品預行編目(CIP)資料

極美訂製.時尚棒針花樣典藏集260款 / 志田瞳著
; 林麗秀譯. -- 二版. -- 新北市 : 雅書堂文化事業
有限公司, 2022.04
面 ; 公分. -- (愛鉤織 ; 47)
譯自 : クチュール ニット棒針の模様編み集260
ISBN 978-986-302-620-4(平裝)

1.CST: 編織 2.CST: 手工藝

426.4 111002916

作者簡介

Hitomi Shida

志田 瞳

生於日本青森縣，成長於埼玉縣。

- ◆ 1980年起開始學習編織。
- ◆ 1990年於日本原宿IKAT舉辦初次個展，繼而開始出版社與線材廠商的委託工作。
- ◆ 1996年開始出版《大人的Couture Knit》系列。
- ◆ 2001年至2002年擔任VOGUE學園、手織教室講師
- ◆ 2005年《Couture Knit花樣編250》出版。
- ◆ 2009年開始出版《Couture Knit春夏》系列。
- ◆ 2012年《Couture Knit 17 美麗花樣手織服》出版。簡體中文版《Couture Knit》系列開始出版，並且在美國、英國的編織雜誌上發表作品。
- ◆ 2013年《Couture Knit春夏5》出版。於英國編織雜誌上發表作品。《Couture Knit 18 優美花樣手織服》出版。
- ◆ 2014年《Couture Knit春夏6》出版。前往中國上海舉辦演講。《Couture Knit 19 大人的優雅花樣手織服》出版。
- ◆ 2015年《Couture Knit春夏7》出版。《Couture Knit 20 華麗花樣手織服》出版。《Couture Knit極美訂製 時尚棒針花樣典藏集260款》出版。

【Knit・愛鉤織】47

極美訂製
時尚棒針花樣典藏集260款

作　　者／志田瞳
譯　　者／林麗秀
發 行 人／詹慶和
選 書 人／蔡麗玲
執行編輯／蔡毓玲
編　　輯／劉蕙寧・黃璟安・陳姿伶
執行美編／韓欣恬
美術編輯／陳麗娜・周盈汝
內頁排版／造極
出 版 者／雅書堂文化事業有限公司
發 行 者／雅書堂文化事業有限公司
郵撥帳號／18225950
戶　　名／雅書堂文化事業有限公司
地　　址／新北市板橋區板新路206號3樓
電　　話／(02) 8952-4078
傳　　真／(02) 8952-4084
網　　址／www.elegantbooks.com.tw
電子郵件／elegantbooks@msa.hinet.net

2022年04月二版一刷　定價 450 元

COUTURE KNIT BOBARI NO MOYOAMISHU 260 (NV70318)

Photographer: Noriaki Moriya
Original Japanese edition published in Japan by Nihon Vogue Co., Ltd.
Traditional Chinese translation rights arranged with Nihon Vogue Co., Ltd. through Keio Cultural Enterprise Co., Ltd.

經銷／易可數位行銷股份有限公司
地址／新北市新店區寶橋路 235 巷 6 弄 3 號 5 樓
電話／(02) 8911-0825　傳真／(02) 8911-0801

作品・織片設計

志田 瞳

製作者姓名

伊藤和子　今井泰子　勝又富子　草川澄子
櫻井由香　島村孝子　田澤育子　梨本明美
西村知子　畑山頼絵　牧野けい子

日文版 Staff

書籍設計／鷲巣設計事務所
攝影／森谷則秋
製圖／まるり
編輯協力／生方博子　高澤敦子
責任編輯／矢野年江

Couture Knit

Couture Knit

Couture Knit